李万君，中车长客股份公司高级技师，首席操作师，“大国工匠2018年度人物”“感动中国2016年度人物”，被赞誉为“中国第一代高铁工人”“全国劳动模范”“国务院特殊津贴获得者”“全国技术能手”“吉林省特等劳模”。

寄语：无论我们从事什么工作，都可以在平凡的岗位上，用工匠精神做好每一件工作，只要坚守下去，我们一定会活出人生的精彩！

宋俊贤，北京巴布科克·威尔科克斯有限公司焊接责任工程师，高级工程师，国际焊接工程师，“北京市三八红旗奖章获得者”，先后担任六届全国职业院校技能大赛焊接技术赛项专家组长和裁判长。

寄语：任何一个专业都是没有尽头的，任何一个行业都可以出状元，任何一个行业的状元都是受人尊重的，你们是最棒的，焊就自己的将来，成就美好的人生。

李桓，天津大学教授、博士生导师，教育部职业院校技能大赛中职组焊接技术赛项特聘专家，中国职工焊接技术协会常务理事。《焊管》《电焊机》《焊接技术》《金属加工》《机械工程与自动化》杂志编委。

寄语：学习强国，实践强国，制造强国。技术技能型人才，未来的蓝领精英，是伟大祖国发展的主力军。同学们，加油！

毛琪钦，中冶集团首席高级技师、上海工匠、全国优秀技术能手、国际焊接高级技师。

寄语：年轻人一定要沉下身、静下心，先去艰苦的一线磨炼，这样才能成就新时代所急需的复合型人才。

"十四五"职业教育国家规划教材
"十二五"职业教育国家规划教材
经全国职业教育教材审定委员会审定
修订版

焊接生产基础

HANJIE SHENGCHAN JICHU

主　编　许　莹
副主编　刘德文　毛琪钦（企业）
参　编　郄恒昌　宋维清　臧希尧　付　于

第 3 版

机械工业出版社
CHINA MACHINE PRESS

本书是在“十二五”职业教育国家规划教材《焊接生产基础》第2版的基础上，依据教育部最新颁布的《中等职业学校焊接技术应用专业教学标准》，同时参照国家职业技能标准和行业职业技能鉴定规范修订而成的。

本书从焊接零起点开始，以中级工达标为主要教学目标，主要介绍常用焊接方法的原理、特点、设备、材料、工艺参数及基本操作，并简要介绍了焊接结构制造与检验的全过程。通过本书的学习，学生能够结合实际生产，掌握基本操作技能，并初步掌握与实际生产相关的专业基本知识。本书在编写中力求体现知识的先进性，突出实用性，使书中内容反映岗位能力要求，体现新模式，凸显信息化，突出中等职业教育特色。

本书既可作为焊接技术应用专业核心课程教材，也可作为加工制造类专业的专业基础教材，或作为技能培训、技能等级考核等的参考书。

为便于教学，本书在重要知识点处插入了二维码链接，通过手机扫码即可观看链接内容，并配套有电子教案、助教课件、教学视频等教学资源，选择本书作为授课教材的教师可来电（010-88379375）索取，或登录www.cmpedu.com网站，注册、免费下载。

图书在版编目（CIP）数据

焊接生产基础/许莹主编. —3版. —北京：机械工业出版社，2021.4（2025.8重印）

“十二五”职业教育国家规划教材：修订版

ISBN 978-7-111-67869-4

Ⅰ.①焊… Ⅱ.①许… Ⅲ.①焊接-中等专业学校-教材 Ⅳ.①TG4

中国版本图书馆CIP数据核字（2021）第054906号

机械工业出版社（北京市百万庄大街22号 邮政编码100037）

策划编辑：王海峰 责任编辑：王海峰

责任校对：李 婷 封面设计：张 静

责任印制：常天培

河北虎彩印刷有限公司印刷

2025年8月第3版第6次印刷

184mm×260mm · 13印张 · 1插页 · 318千字

标准书号：ISBN 978-7-111-67869-4

定价：42.00元

电话服务

客服电话：010-88361066

010-88379833

010-68326294

网络服务

机 工 官 网：www.cmpbook.com

机 工 官 博：weibo.com/cmp1952

金 书 网：www.golden-book.com

机工教育服务网：www.cmpedu.com

关于“十四五”职业教育
国家规划教材的出版说明

为贯彻落实《中共中央关于认真学习宣传贯彻党的二十大精神的决定》《习近平新时代中国特色社会主义思想进课程教材指南》《职业院校教材管理办法》等文件精神，机械工业出版社与教材编写团队一道，认真执行思政内容进教材、进课堂、进头脑要求，尊重教育规律，遵循学科特点，对教材内容进行了更新，着力落实以下要求：

1. 提升教材铸魂育人功能，培育、践行社会主义核心价值观，教育引导学生树立共产主义远大理想和中国特色社会主义共同理想，坚定“四个自信”，厚植爱国主义情怀，把爱国情、强国志、报国行自觉融入建设社会主义现代化强国、实现中华民族伟大复兴的奋斗之中。同时，弘扬中华优秀传统文化，深入开展宪法法治教育。

2. 注重科学思维方法训练和科学伦理教育，培养学生探索未知、追求真理、勇攀科学高峰的责任感和使命感；强化学生工程伦理教育，培养学生精益求精的大国工匠精神，激发学生科技报国的家国情怀和使命担当。加快构建中国特色哲学社会科学学科体系、学术体系、话语体系。帮助学生了解相关专业和行业领域的国家战略、法律法规和相关政策，引导学生深入社会实践、关注现实问题，培育学生经世济民、诚信服务、德法兼修的职业素养。

3. 教育引导学生深刻理解并自觉实践各行业的职业精神、职业规范，增强职业责任感，培养遵纪守法、爱岗敬业、无私奉献、诚实守信、公道办事、开拓创新的职业品格和行为习惯。

在此基础上，及时更新教材知识内容，体现产业发展的新技术、新工艺、新规范、新标准。加强教材数字化建设，丰富配套资源，形成可听、可视、可练、可互动的融媒体教材。

教材建设需要各方的共同努力，也欢迎相关教材使用院校的师生及时反馈意见和建议，我们将认真组织力量进行研究，在后续重印及再版时吸纳改进，不断推动高质量教材出版。

机械工业出版社

第3版前言

本书是在“十二五”职业教育国家规划教材《焊接生产基础》第 2 版的基础上，依据教育部最新颁布的《中等职业学校焊接技术应用专业教学标准》，同时参照国家职业技能标准和行业职业技能鉴定规范修订而成的。

本书在编写过程中，认真贯彻党的二十大报告和《国家职业教育改革实施方案》的有关精神，以培养素质高、专业技术全面、技术熟练的高技能人才为目标。修订过程中，力求体现以下特色。

1. 深化产教融合，注重校企“双元”

本书按照工学结合人才培养要求，基于焊接职业岗位工作过程中对知识、能力、素质的要求，主要侧重焊接专业基础知识和基本技能。本书一方面结合作者多年企业培训经验，同时力邀上海宝冶集团、全国优秀技术能手毛琪钦参与教材的编写与指导，书中新增加的一线焊接生产实践案例，皆由其提供和审核，重点强调培养学生新型工业化生产中的工程实践应用能力。

2. 体现新模式，促进新教改

本书采用模块式与任务式、实践案例相结合的灵活编写模式，更符合焊接技术热加工属性的特点，从感性认识入手，促进教学模式改革。同时兼顾书证融通的改革新要求，设有考级练习环节，并引入全国技能大赛试题案例，以期达到规范引领焊接教学的作用。

3. 渗透思政内容，凸显信息化

本书加入了焊接领域名人的深情寄语、大国工匠的事迹案例，充分落实党的二十大提出的用社会主义核心价值观铸魂育人思想。为适应信息化教学需求，在重要知识点处嵌入二维码，读者扫描二维码即可获取相关知识与技能的拓展延伸学习资料。

4. 体现先进性，执行新标准

本书依据最新教学标准和课程大纲要求组织内容，对接职业标准和岗位需求，并体现焊接新技术、新工艺、新方法和新标准，旨在提高学生的可持续发展能力，增强学生在新型工业化生产中的职业和岗位适应能力。

5. 突出实用性，注重科学性

本书全面系统地介绍了焊接专业基础知识，使学生对本专业所涉及的生产领域与知识范畴有初步的、较全面的了解，并建立起基本的焊接知识结构。本书遵循中等职业学校学生的认知规律，知识内容循序渐进、语言简洁、通俗易懂，具有较强的可读性。

本课程属于专业核心课程，建议在教学中多采用实物演示、实际操作等手段教学，辅以多媒体、信息化教学，多联系生产实践的应用，培养学生的生产实践应用能力。

本书由吉林机械工业学校许莹主编，共分8个模块。具体编写分工如下：石家庄装备制造学校郄恒昌编写绪论，吉林机电工程学校宋维清编写模块二，重庆职业技术学校刘德文编写模块四，吉林石化工程学校付于编写模块五，吉林机械工业学校臧希尧编写模块六，上海宝冶集团毛琪钦编写全书的生产实践案例部分，其余部分由吉林机械工业学校许莹编写。在编写过程中，编者参阅了国内外出版的有关教材和资料，在此对相关作者一并表示衷心感谢！

由于编者水平有限，书中不妥之处在所难免，恳请读者批评指正。

编　者

第2版前言

本书是根据教育部《关于中等职业教育专业技能课教材选题立项的函》（教职成司［2012］95 号），由全国机械职业教育教学指导委员会和机械工业出版社联合组织编写的“十二五”职业教育国家规划教材，是根据教育部于 2014 年公布的《中等职业学校焊接技术应用专业教学标准》，同时参考最新焊工国家职业资格标准在第 1 版的基础上进行修订的。

本书主要介绍焊接专业基础知识，强调培养工程实践应用能力，修订过程中力求体现以下的特色。

（1）执行新标准　本书依据最新教学标准和课程大纲要求组织内容，对接职业标准和岗位需求，培养高素质的技术应用型人才。

（2）体现新模式　本书采用“理实一体化”的编写模式，将常用焊接方法的工艺与实践操作、金属材料的工艺与工程实践案例相结合，突出“做中教，做中学”的职业教育特色，培养学生的专业素质和职业理念。

（3）注重科学性　本书遵循中等职业学校学生的认知规律，充分汲取中等职业学校的焊接专业教学经验，内容由浅入深，循序渐进，语言简洁，通俗易懂，具有较强的可读性。

（4）突出实用性　本书全面系统地介绍了焊接专业基础知识，对本专业所涉及的生产领域与知识范畴有初步的、较全面的了解，使学生建立起基本的焊接知识结构，并且力求紧贴生产实际，使教学过程与生产过程有机对接。

（5）体现先进性　本书体现焊接新技术、新工艺、新方法和新标准，提高学生的可持续发展能力，增强学生的职业和岗位适应能力。

本书结合现代职业教育教学实际，在内容处理上作了较大改动，有以下几点说明：

1）本书着重介绍的是常用焊接方法的工艺及基本操作要领，实操部分可结合其他课程灵活掌握学时。

2）在金属材料基本知识这一章的编写中，主要是侧重与焊接相关的金属材料知识，它是焊接理论知识的重要基础，尤其对于一些焊接培训学员和自学者是必需、应知的基本知识，而对于已学过“金属材料与热处理”、“金属工艺学”课程的学生，本部分内容起到了衔接和巩固作用，也可作为选学章节。

3）为保证知识的完整性，本书含有焊接结构生产与检验的基础内容，在焊接专业的后续课程设置中，如有重复，本部分可作为选学章节。

4）本书建议理论学时为 70 学时，学时分配建议见下表。

章　节	学时分配	说　明
绪论	2	
第一章　金属材料基本知识	6	可选学
第二章　焊接电弧与弧焊电源	8	
第三章　焊条电弧焊	10	
第四章　气体保护电弧焊	6	
第五章　等离子弧焊接与切割及碳弧气刨	4	
第六章　气焊与气割	8	
第七章　常用金属材料的焊接	14	
第八章　焊接结构生产与检验	12	可选学
合计	70	

本课程属于专业技能课，建议在教学中多采用实物演示、实际操作等手段教学，增强学习的直观性，辅以多媒体教学，多联系生产实践的应用，培养学生的生产实践应用能力。

全书共八章，由吉林机械工业学校许莹、四川工程职业技术学院英若采任主编。具体分工如下：吉林机械工业学校张刚三编写绪论，吉林机械工业学校马力编写第一章，吉林市教育学院赵大志编写第五章，吉林机械工业学校张洪波、吉林市广播电视大学刘巍共同编写第六章，公主岭市职教中心学校柳笑峰、柳州钢铁厂职工培训中心王延林共同编写第三章的实践操作训练部分，河南机电职业学院王琴编写第四章的实践操作训练部分，其余章节由吉林机械工业学校许莹编写。本书经全国职业教育教材审定委员会专家吕一中、牛小铁审定，在此对他们表示衷心的感谢！编写过程中，编者参阅了国内外出版的有关教材和资料，在此一并表示衷心感谢！

由于编者水平有限，书中不妥之处在所难免，恳请读者批评指正。

编　者

第1版前言

本书是焊接专业的试用教材，是根据焊接专业新的指导性教学计划及《焊接生产基础》教学大纲编写的。

本书内容共分7章，其中第二、三两章，全面、系统地介绍了手弧焊、气焊与气割的原理、工艺、设备特点及基本操作，其他各章主要介绍焊接结构常用材料及焊接结构制造和检验的全过程，并对其他焊接方法作一定概述。

根据教学计划的安排，本教材在专业教学实习中使用。教材内容中除二、三两章外，其他各章均以简单的低碳钢结构为研究对象，以适应低年级学生的年龄及知识特点。

本书由英若采主编。其中第二章由雷世明编写；第三章由王建勋编写；第四章由王云鹏编写；其余各章均由英若采编写，并由英若采统稿。本书由王一戎教授主审。

编　者

二维码索引

（续）

序号	二维码名称	图　　形	页码	序号	二维码名称	图　　形	页码
15	横对接打底焊		64	25	等离子弧切割演示		111
16	横对接填充焊		64	26	埋弧焊		115
17	横对接盖面焊		64	27	钎焊		115
18	立对接打底焊		70	28	激光点焊		115
19	立对接填充焊		70	29	半自动气割示例 1		133
20	立对接盖面焊		70	30	半自动气割示例 2		133
21	二氧化碳气体保护焊		89	31	不锈钢压力容器焊接工艺		153
22	TIG 焊枪结构与安装		102	32	铜及铜合金焊接技术		153
23	TIG 焊送丝法		102	33	X 射线探伤		179
24	TIG 焊直线运行		102	34	超声波探伤		179

目 录

绪 论

认识焊接

在金属的结构和机械制造工业中采用的连接方法主要有两大类：一类是可拆卸的连接，拆卸时零件基本上不被破坏，如螺栓、键、销钉等的连接；另一类是永久的连接，其拆卸只有在毁坏零件后才能实现，如铆接、焊接等。目前，焊接已成为大型金属结构制造中必不可少的加工手段，在机器制造业中获得了广泛的应用，它不仅可以连接金属，甚至也可连接玻璃、塑料、陶瓷等非金属。

一、焊接的概念和分类

焊接就是将两种或两种以上同种或异种材料通过原子或分子之间的结合和扩散连接成一体的工艺过程。

促使原子或分子间产生结合和扩散的方法是加热或加压，或同时加热又加压。按照基本金属焊接时所处的状态和工艺特点，可以把焊接方法分为熔焊、压焊和钎焊三类。

（1）熔焊　熔焊是在焊接过程中，将焊件接头加热至熔化状态，不加压力完成焊接的方法。

（2）压焊　压焊是在焊接的同时对焊件施加压力（加热或不加热）以完成焊接的方法，在施加压力的同时，被焊金属接触处可以加热至熔化状态，如点焊和缝焊；也可以加热至塑性状态，如电阻焊、锻焊和摩擦焊；也可以不加热，如冷压焊和爆炸焊等。

（3）钎焊　钎焊是采用比母材熔点低的钎料，将焊件和钎料加热到高于钎料且低于母材熔点的温度，利用液态钎料润湿母材，填充接头间隙并与母材相互扩散实现连接焊件的方法，常见的有烙铁钎焊、火焰钎焊等。

目前焊接方法的分类如图 0-1 所示。

二、焊接结构的特点

1. 焊接结构的优点

1）与铆接相比，焊接可以节省金属材料，从而减轻结构的重量。

2）焊接工艺过程比较简单，生产率高。焊接既不需像铸造那样要进行制作木型、造砂型、熔炼、浇注等一系列工序，也不需像铆接那样要开孔、制造铆钉并加热等，因而缩短了生产周期。

3）质量高。焊接接头不仅强度高，而且其他性能（物理性能、耐热性、耐蚀性及密封性）都能够与焊件材料相匹配。

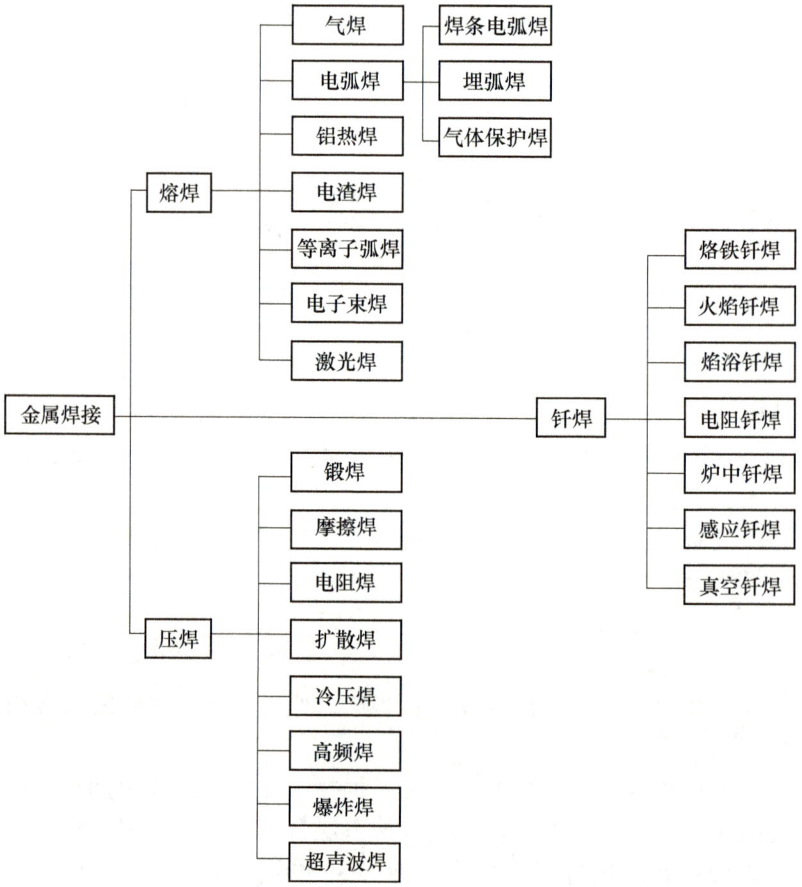

图 0-1 焊接方法分类

4）焊接可以化大为小，并能将不同材料连接成整体制造双金属结构；还可将不同种类的毛坯连成铸—焊、铸—锻—焊复合结构，从而充分发挥材料的潜力，提高设备利用率，用较小的设备制造出大型的产品。

2. 焊接结构的缺点

1）焊接容易引起变形和产生内应力，焊后有时要作矫正处理，对重要构件还要进行焊后热处理，以改善焊缝组织和消除内应力。

2）某些焊接方法会产生强光或有害气体和烟尘，必须采取相应的劳保措施，以保护工人的身体健康。

三、焊接技术的现状和展望

焊接制造工艺具有多学科综合技术的特点，使得焊接技术能够更多更快地融入最新科学技术的成就而具有时代发展的特征。我国是世界上最早应用焊接技术的国家之一。

近代焊接技术是在19世纪末期出现的，电力生产得到发展以后人们才有条件研究电弧的实际应用，从1882年发明电弧焊到现在已有一百余年的历史，在电弧焊的初期，不成熟的焊接工艺使焊接在生产中的应用受到限制。直到20世纪40年代，焊接科学技术的发展迈进了一个新的历史阶段，特别是进入50年代之后，新的焊接方法以前所未有的发展速度相继研究成功，如用电弧作热源的CO_2焊（1953年）和等离子弧焊（1957年）；属于其他热源的电渣焊（1951年）、超声波焊（1956年）、电子束焊（1956年）、摩擦焊（1957年）、爆炸焊（1963年）、脉冲激光焊（1965年）和连续激光焊（1970年）等。到目前为止，基本的焊接方法已多达20余种。此外还有多种派生出来的焊接方法，例如活性气体保护焊、各种形式的脉冲电弧焊、窄间隙焊、搅拌摩擦焊和全位置焊等。

近些年来，中国制造业焊接技术的创新和进步举世瞩目，焊接技术在国民经济建设和社会发展中起着无可替代的作用。焊接技术的应用已遍及航空、造船、化工、电力、桥梁、建筑等各行各业，例如，中国第一艘30万t超大型原油船（长333m，宽58m）、三峡水电站700MW水轮机转轮（世界最大、最重的铸-焊结构转轮）、千吨级加氢反应器、神舟飞船、西气东输工程、“鸟巢”工程（用钢量最多、规模最大、施工难度最大的全焊钢结构体育场馆）、国家大剧院（世界最大的穹顶建筑）、“奋斗者”号潜水艇、“嫦娥五号”探测器等，如图0-2～图0-7所示。

图0-2 国家体育场馆“鸟巢”

图0-3 汽车制造中的焊接机器人生产线

图 0-4　西气东输工程最后一道坡口焊接

图 0-5　大型热壁加氢反应器（中国一重）

图 0-6　“奋斗者”号潜水艇

图 0-7　“嫦娥五号”探测器

焊接技术的发展趋势是“发展高效、自动化、智能型、节能、环保型的焊接，并适应21 世纪新型工程材料发展趋势的焊接工艺、设备和耗材”。据工业发达国家统计，每年用于制造焊接结构的钢材占钢材总产量的70%左右。焊接工作量越来越大，对焊接技术要求也越来越严格，我们必须加倍努力，刻苦钻研，为发展我国的焊接技术贡献力量。

四、学习要求

开设该课程的目的是使学生在掌握焊接基本操作技能的同时，初步掌握与实习内容有关的基本理论，并对本专业所涉及的生产领域与知识范畴有初步的、较全面的了解。学习时要注意与其他课程和生产实习相配合，理论与实践结合，通过实践深化所学知识。

【拓展学习】榜样的力量

高铁焊接大师——李万君

劳动圆梦——毛琪钦

【考级练习与课后思考】

一、判断题

1. 焊接是一种可拆卸的连接方式。(　　)
2. 铆接不是永久性连接方式。(　　)
3. 焊接只能将金属材料永久地连接起来，而不能将非金属材料永久性地连接起来。(　　)
4. 压焊是依靠对焊件施加压力进行焊接，而不能加热。(　　)
5. 电阻焊是常用的压焊方法。(　　)

二、简答题

1. 什么是焊接？焊接方法分为哪几类？各有何特点？
2. 焊接与铆接、铸造等方法相比有哪些优缺点？
3. 如何才能学好“焊接生产基础”这门课程？

模块一 金属材料基本知识

【目标导读】

金属材料与人类文明的发展及社会的进步密切相关，它在一个国家的国民经济中具有重要的作用和地位，是国民经济、国防工业、科学技术发展所必不可少的基础性材料和重要的战略物资。金属具有广泛的优异的性能，不同的金属，其性能与特点各不相同。当前的焊接结构几乎全部采用金属制造，作为一名焊接技术工人，首先要具备金属材料的基本知识，为后面的焊接工艺与操作的学习奠定基础。

第一节 金属材料的性能

金属材料的性能包括使用性能和工艺性能两类。使用性能就是保证工件的正常工作应具备的性能，主要包括力学性能、物理性能、化学性能等。工艺性能是材料在被加工过程中适应各种冷热加工的性能，包括铸造性能、锻压性能、焊接性能、热处理性能、切削加工性能等。金属的使用性能在这里只介绍与焊接技术紧密相关的力学性能。

一、金属的力学性能

力学性能是指金属在外力作用下所表现出来的性能。产品设计选用材料时，除考虑材料的物理、化学性能外，大多是以力学性能指标来作为确定产品主要几何尺寸的依据。力学性能包括强度、塑性、硬度、韧性及疲劳强度等。

金属材料在加工和使用过程中所受的外力称为载荷，按载荷作用性质不同，可分为静载荷和动载荷。

静载荷——力的大小不变或变化缓慢的载荷，如静拉力、静压力等。

动载荷——力的大小和方向随时间而发生改变，如冲击载荷、交变载荷等。

1. 强度

材料在力的作用下抵抗塑性变形和断裂的能力称为强度，根据外力作用方式不同，强度又可分为抗拉强度、抗压强度、抗扭强度和抗剪强度，以抗拉强度应用最普遍。

抗拉强度是通过拉伸试验测定的。拉伸试验的方法是用静拉力（即缓慢施以拉力）对标准试样进行轴向拉伸，同时连续测量力和相应的伸长量，直至试样断裂，根据测得的数据，即可得出有关的力学性能，即强度和塑性。

拉伸试样按国家标准制作，常用的圆形拉伸试样如图 1-1 所示。

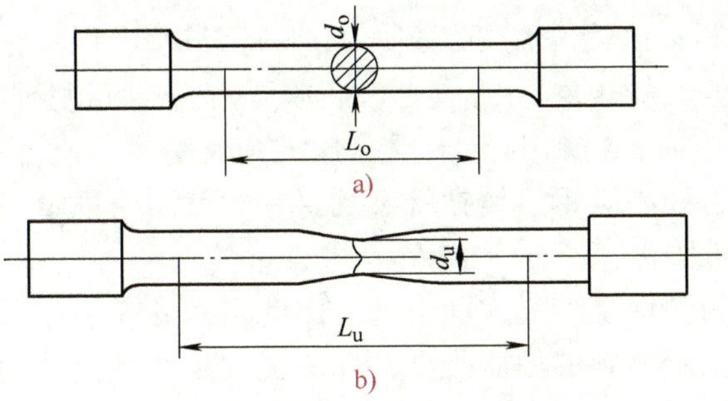

图 1-1　圆形拉伸试样

a）拉伸前　b）拉断后

图中，L_o 为原始标距长度，d_o 为原始直径，L_u 为拉断后试样标距长度，d_u 为拉断后试样断口直径。

通过拉伸试验可画出力-伸长曲线图，如图 1-2 所示。

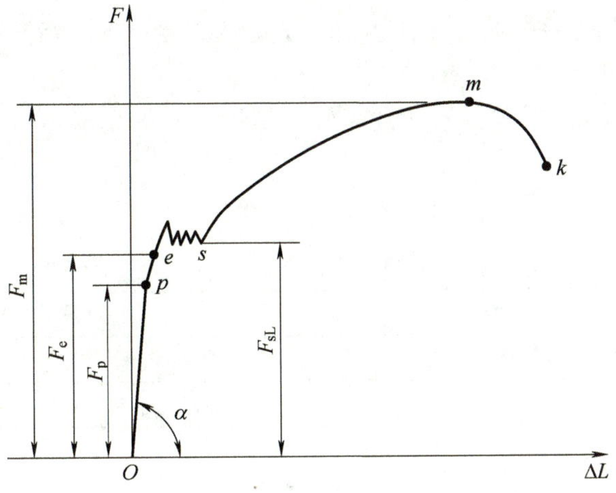

图 1-2　退火低碳钢的力-伸长曲线

从曲线图中可以看出：试样从开始拉伸到断裂，要经过弹性变形阶段（*Op*）、屈服阶段（*es*）、变形强化阶段（*sm*）、缩颈与断裂阶段（*mk*）。其中：F_p 表示试样保持完全弹性变形所能承受的最大拉伸力；F_{sL} 表示屈服拉伸力；F_m 表示试样被拉断前所能承受的最大拉伸力，称为极限拉伸力。

金属受外力作用时，为保持其不变形，其内部作用着与外力相对抗的力称为内力。单位面积上的内力称为应力。单位采用 N/mm^2（或 MPa，兆帕）。

强度一般用力-伸长曲线上所对应某点的应力来表示，即

$$R = F/S_o$$

式中　R——应力（MPa）；

F——拉力（N）；

S_o——截面积（mm^2）。

金属强度指标主要有：

（1）屈服强度　材料在外力作用下，开始发生屈服现象（即在载荷不增加或略有减小的情况下，试样还继续伸长的现象）的应力。屈服强度分上屈服强度和下屈服强度，分别以 R_{eH} 和 R_{eL} 来表示。屈服后，材料开始出现明显的塑性变形。对于无明显屈服现象，也不会产生缩颈现象的材料，如高碳钢、铸铁等金属材料，就需要规定一个相当于屈服强度的强度指标，即规定残余延伸强度来表示，如 $R_{r0.2}$。

由于大多数构件常因塑性变形过大而失效，因此，构件在工作过程中一般不允许产生塑性变形，即工作应力应低于材料的屈服强度。屈服强度是产品设计的主要强度指标，也是评定金属材料力学性能的重要指标。

（2）抗拉强度　试件在拉断前所承受的最大拉应力称为抗拉强度，以 R_m 来表示。

2. 塑性

材料在外力作用下，能够产生永久变形而不破坏的能力叫作材料的塑性。它是用开始破坏时的永久变形量来衡量的，常用的塑性指标是拉断后的伸长率和断面收缩率。

断后伸长率是指拉断后标距的残余伸长量（L_u-L_o）与原始标距长度（L_o）之比的百分数，以 A 表示。

断面收缩率是指拉断后试样横截面积的最大缩减量（S_o-S_u）与试样原始横截面积（S_o）的百分比，以 Z 表示。

A 和 Z 的数值越大，表明材料的塑性越好。塑性良好的金属可进行各种塑性加工，同时使用安全性也较好。

金属强度与塑性新、旧标准对照见表 1-1。

表 1-1　金属强度与塑性新、旧标准对照表

新标准 GB/T 228.1—2010		旧标准 GB/T 228—1987	
性能名称	符　号	性能名称	符　号
断面收缩率	Z	断面收缩率	φ
断后伸长率	A	断后伸长率	δ_5
	$A_{11.3}$		δ_{10}
屈服强度	—	屈服点	σ_s
上屈服强度	R_{eH}	上屈服点	σ_{sU}
下屈服强度	R_{eL}	下屈服点	σ_{sL}
规定残余伸长强度	R_r	规定残余伸长应力	σ_r
	例如 $R_{r0.2}$		例如 $\sigma_{r0.2}$
抗拉强度	R_m	抗拉强度	σ_b

3. 硬度

硬度是表示材料局部表面抵抗弹性变形，特别是塑性变形、压痕或划痕的能力，是衡量金属软硬的力学指标。

常用的硬度试验方法有：

（1）布氏硬度试验法　布氏硬度试验是以相应的试验压力 F 将直径为 D 的碳化钨合金

球压入试件表面，经规定时间后卸载，其原理如图 1-3 所示。

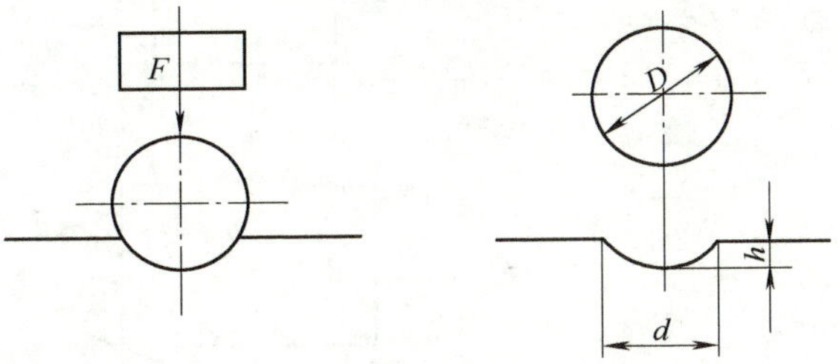

图 1-3　布氏硬度试验原理图

布氏硬度值以球冠形压痕单位表面积上所受的平均压力表示。布氏硬度值可通过测出 d 值后查表获得。

布氏硬度表示方法：符号 HBW 之前的数字表示硬度值，符号后面的数字按顺序分别表示碳化钨合金球直径、试验力及试验力保持时间。如 650HBW1/30/20 表示直径为 1mm 的碳化钨合金球在 30kgf（294.2N）试验力作用下保持 20s 测得的布氏硬度值为 650。

布氏硬度试验方法的优点是测量结果比较准确、稳定、重复性强。但对于高硬度材料，由于压入时会因碳化钨合金球变形而影响试验结果的准确性，因而这一方法不适用于 650HBW 以上的材料，此外由于压痕较大，检验成品受到限制。

布氏硬度试验常用于测定铸铁、非铁金属、低合金结构钢等原材料的硬度。

（2）洛氏硬度试验法　洛氏硬度试验采用金刚石圆锥体或碳化钨合金球作压头，压入材料表面，保持规定时间后，去除主试验力，以测量的压痕深度来计算洛氏硬度值。

洛氏硬度以 HR 表示。根据压头与所加载荷之不同，洛氏硬度经常用的是 HRA、HRBW 和 HRC 三种。常用洛氏硬度的试验条件和应用范围见表 1-2。洛氏试验结果可直接由试验机表盘上读出，表盘上则有 A、B、C 三个标尺。

表 1-2　常用洛氏硬度的试验条件和应用范围

硬度符号	压头类型	总试验力 F/N（kgf）	硬度范围	应用举例
HRA	120°金刚石圆锥体	588.4（60）	20～95HRA	硬质合金、碳化物、浅层表面硬化钢等
HRBW	ϕ1.5875mm 碳化钨合金球	980.7（100）	10～100HRBW	退火、正火钢，铝合金、铜合金、铸铁
HRC	120°金刚石圆锥体	1471（150）	20～70HRC	淬火钢、调质钢、深层表面硬化钢

洛氏硬度的优点是测量迅速，可直接从表盘上读到结果，并可测定高硬度材料。洛氏硬度试验的压痕小，因此适用于测定成品或较薄材料的硬度。但压痕小也使测量结果不够准确，一般需要在被测材料的不同部位测定数次，再取平均值。

（3）维氏硬度试验法　维氏硬度试验的原理与布氏硬度基本相同，采用相对面夹角为 136°的金刚石正四棱锥压头，以规定的试验力 F 压入材料的表面，保持规定时间后卸除试验力，用正四棱锥压痕单位表面积上所受的平均压力表示硬度值，以 HV 表示。维氏硬度试验的原理如图 1-4 所示。

维氏硬度的表示方法与布氏硬度相同，如 640HV30，表示用 30kgf（294.2N）试验力保持 10～15s，测定维氏硬度值为 640。

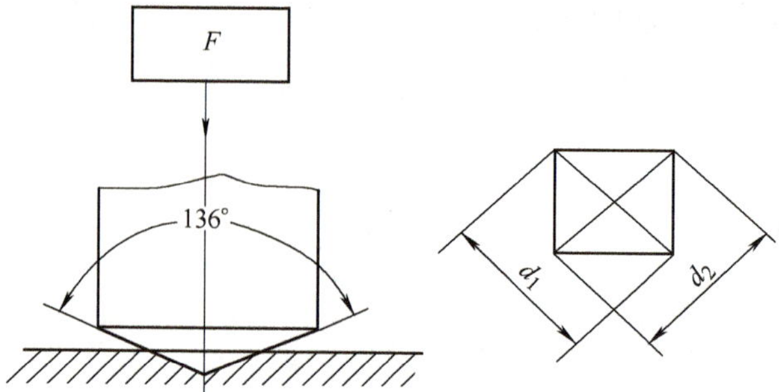

图 1-4　维氏硬度试验的原理图

维氏硬度因试验时所加的试验力小，压入深度浅，故可测量较薄的工件；也可测量表面渗碳、渗氮层的硬度。因维氏硬度值具有连续性（10～1000HV），故可测量很软到很硬的各种金属材料的硬度，且准确性高。其缺点则是测量对角线后，必须通过换算或查表才能得到结果，故效率较低；压痕小，对试件表面质量要求较高。

4. 韧性

韧性是指金属材料在冲击载荷作用下抵抗破坏的能力，用试件在冲击作用下折断时所吸收的能量来衡量，用 *KV*（或 *KU*）表示，单位为 J。具体可参见 GB/T 229—2007 金属材料夏比摆锤冲击试验方法。冲击试验的原理如图 1-5 所示。

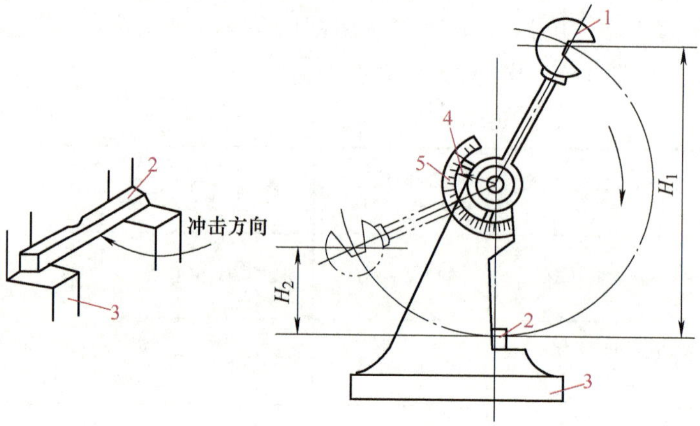

图 1-5　冲击试验原理

1—摆锤　2—试件　3—支座　4—指针　5—刻度盘

KU 或 *KV* 值越大，表明材料的韧性越高，即抵抗冲击的能力越强。

5. 疲劳强度

机械零件，如轴、齿轮、轴承、叶片、弹簧等，在工作过程中各点的应力随时间做周期性的变化，这种随时间作周期性变化的应力称为交变应力（也称循环应力）。在交变应力的作用下，虽然零件所承受的应力低于材料的屈服强度，但经过较长时间的工作后产生裂纹或突然发生完全断裂的现象称为金属的疲劳。

疲劳强度是指金属材料在无限多次交变载荷作用下而不破坏的最大应力称为疲劳强度或疲劳极限。实际上，金属材料并不可能作无限多次交变载荷试验。一般试验时规定，钢在经受 10^7 次、非铁金属等经受 10^8 次交变载荷作用时不产生断裂时的最大应力称为疲劳强度。

当施加的交变应力是对称循环应力时，所得的疲劳强度用 σ_{-1} 表示。

疲劳断裂是工程上最常见、最危险的断裂形式。由于疲劳破坏前没有明显的变形，所以疲劳破坏经常造成重大事故。

二、金属的工艺性能

工艺性能是指对材料采用某种加工方法以获得优质产品的可能性或难易程度。工艺性能是针对一定的工艺方法而言的，与加工方法的特点、技术水平等条件有关，因此工艺性能不属于材料的固有属性。按工艺方法之不同，工艺性能又可分为铸造性能、锻造性能、焊接性能、切削加工性能、热处理工艺性能。

第二节　钢的分类与应用

金属材料通常分为钢铁材料和非铁金属材料。钢及其铁基合金都称为钢铁材料，其他所有的金属及其合金称为非铁金属材料。

钢是以铁为主要元素，碳质量分数一般在2%以下，并含有其他元素的材料。而碳质量分数在2%以上的铁碳合金，称为铸铁。与其他金属材料相比，钢具有较高的强度、硬度，较好的塑性和一定的韧性，可以进行铸造、锻造、切削加工和焊接，而且自然资源丰富、成本较低。因此，钢是机器制造中应用最广泛的材料。

一、钢的分类

钢的分类方法很多，以便于从不同角度选用。常用的分类方法有以下四种。

1. 按化学成分分类

（1）非合金钢　非合金钢通常是碳质量分数为0.02%～1.4%的铁碳合金，允许含有少量的锰、硅和硫、磷、氧等杂质。根据含碳量的不同，非合金钢又可分为低碳钢、中碳钢和高碳钢。非合金钢是用量最大的一种工程材料。

（2）合金钢　合金钢是为了提高钢的性能而在碳钢基础上加入一种或数种合金元素的钢。按合金元素总量不同可分为低合金钢、中合金钢与高合金钢。

2. 按质量等级分类

钢按质量等级可分为普通钢、优质钢和高级优质钢。不同质量等级通常是以硫磷等有害杂质的含量来划分的。

3. 按冶炼脱氧和浇注方法分类

按冶炼脱氧和浇注方法钢可分为镇静钢、沸腾钢与半镇静钢。

4. 按用途分类

（1）结构钢　指作建筑结构、机器零件等用的钢。

（2）工模具钢　指作工具、模具、量具等用的钢。

（3）专门用途或特殊性能钢　指作专门用途的钢和具特殊性能的钢，如桥梁用钢、不锈钢、耐热钢、低温钢等。

二、钢的应用

冶炼好的钢浇注后成钢锭，经过轧制而形成各种钢材。钢材应用广泛，种类很多，一般分为板材、管材、型钢和金属制品四大类。

1. 板材

板材是指经热轧、冷轧而成的，厚度为0.21～120mm，宽度为500～3000mm的钢材，一般叫作钢板。钢板按质量分为普通钢板和优质钢板两大类。前者由普通钢轧制而成；后者由优质钢或不锈钢轧制而成。根据板厚，≤4mm者为薄钢板；>4mm者为厚钢板。按最终轧制方法，又可分为热轧及冷轧钢板。厚钢板都是热轧的；薄钢板有热轧及冷轧两种。热轧钢板价格较低、产量大；冷轧钢板表面光洁但价格较高，多用于汽车、飞机、搪瓷制品、食品工业及电器制造，也可制成镀锌或镀锡薄板。

各种用途与质量等级钢板的牌号、规格与技术条件必须符合相应的国家标准。

经过轧制的厚度为0.05～9mm、宽度为4～1000mm的带材称为钢带。钢带与钢板的分类方法相同，同一品种的钢带与钢板列入同一国家标准。

钢板的宽度和长度可为50mm或100mm倍数的任何尺寸。但厚度≤4mm的钢板，长度不得小于1.2m；厚度>4mm的钢板，长度不得小于2m。

在选择钢板规格时，除根据产品尺寸及有关标准外，还应考虑运输、加工条件及供货情况等因素。

2. 管材（钢管）

钢管是经热轧、冷拔或焊接而制成的，外径一般为1.5～720mm。按制造方法可分为热轧及冷拔无缝钢管和焊接钢管两类。

（1）无缝钢管　无缝钢管的种类很多，一般按用途进行分类，如一般结构用无缝钢管、低中压锅炉用无缝钢管、高压锅炉用无缝钢管、不锈钢无缝钢管等。每种钢管都有相应的国家标准规定其规格、尺寸及技术条件等。

低中压锅炉用无缝钢管是锅炉压力容器制造中应用最多的管材，在国家标准中规定了其规格、尺寸及精度等级：外径为10～426mm，壁厚范围为1.5～26mm。尺寸精度分为普通与高级两个等级，热轧钢管长度为3～12m，冷拔（轧）钢管的长度为3～10.5m，并可根据用户要求按定尺或倍尺长度订货，但长度必须在规定范围之内，而且每个倍尺长度还应按规定留出接口余量。

低中压锅炉用钢管一般用20钢或10钢制造。此种钢管的标记中包括制造方法、外径尺寸、壁厚及长度等内容。其他品种的无缝钢管也有类似的国家标准。

（2）焊接钢管　焊接钢管按接缝位置不同，分为直缝焊接钢管和螺旋缝焊接钢管两类。

直缝焊接钢管中应用较多的是低压流体输送用焊接钢管，这种钢管按壁厚又可分为普通与加厚两种。直缝焊接钢管的外径公称尺寸一般为10～165mm，长度为4～10m，也可在此范围内按定尺或倍尺供货。低压流体输送用焊接钢管的标记中包括制造方法、公称直径等。

螺旋缝焊接钢管是以热轧钢带卷成管坯，经常温螺旋成形，再经焊接而成。制造方法决定其具有直径大、壁厚相对较小的特点，公称外径为323.9～2220mm，公称厚度为6～16mm。根据焊接方法（埋弧焊或高频焊）和工作条件不同又可分为若干种。螺旋缝焊接钢管目前尚无相应国家标准，在选用或加工时可根据有关规定进行。

3. 型钢

型钢是经轧制、拉拔、锻制和挤压等工艺加工成具有一定断面形状的一类钢材。按断面形状可分为简单断面型钢与复杂断面型钢两类。图1-6a～图1-6d所示为简单断面型钢；

图 1-6e ~ 图 1-6g 所示为复杂断面型钢。

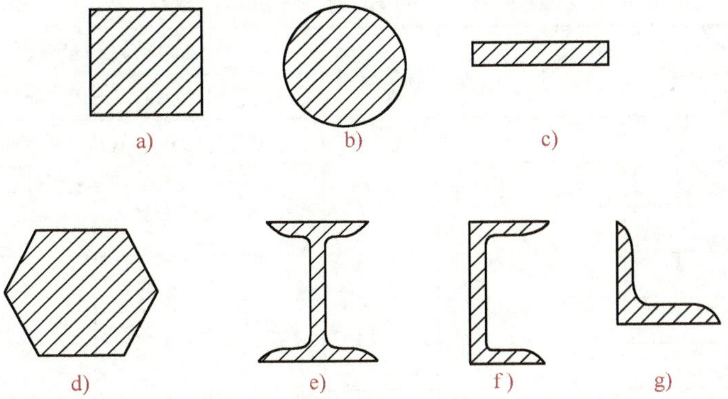

图 1-6　常用型钢的断面形状

a）方形　b）圆形　c）扁形　d）六角形　e）工字钢　f）槽钢　g）角钢

按照质量等级，型钢可分为普通型钢与优质型钢。普通型钢用碳素结构钢或低合金结构钢轧制而成，用于制造建筑及工程构件；优质型钢用优质碳素结构钢或合金结构钢轧制而成，用于制造机械零件、轴承、弹簧以及特殊性能的构件与零件。焊接结构中一般多用复杂断面的普通型钢，即工字钢、角钢与槽钢。

各种型钢的断面形状、尺寸、型号与规格表示方法及标记均有国家标准规定。国家标准的型钢表中，还注明了各种型号型钢的尺寸、截面积、单位长度的理论重量和截面的特性参数等，并注明了尺寸和重量的允许偏差范围、验收标准。这些数据都是产品设计、制造和材料定额编制的主要依据。

除上述品种外，型钢中还有热轧或锻制的方钢、圆钢、扁钢、钢轨、窗框钢以及空心型钢等品种，这些型钢在焊接结构制造中较少使用。

第三节　焊接结构制造中的常用钢

焊接结构制造中应用最多的是结构钢。结构钢按化学成分不同又分为碳素结构钢与合金结构钢。

一、碳素结构钢

焊接结构和压力容器制造中主要应用碳质量分数≤0.25%的碳素结构钢，按钢的品质可分为普通碳素结构钢和优质碳素结构钢。

1. 普通碳素结构钢

普通碳素结构钢简称碳素结构钢。

GB/T 700—2006《碳素结构钢》中规定，碳素结构钢的牌号由代表屈服强度的字母、屈服强度数值、质量等级符号、脱氧方法符号四个部分按顺序组成。例如，Q235 AF 表示屈服强度为 235MPa 的 A 级沸腾钢。

屈服强度数值共有 Q195、Q215、Q235、Q275 4 个级别，其中以 Q235 应用最广泛。

质量等级分为A、B、C、D四级，不同质量等级的化学成分见表1-3。

表1-3　碳素结构钢的牌号及化学成分

牌号	统一数字代号①	等级	厚度（或直径）/mm	脱氧方法	化学成分（质量分数）（%）不大于				
					C	Si	Mn	P	S
Q195	U11952	—	—	F、Z	0.12	0.30	0.50	0.035	0.040
Q215	U12152	A	—	F、Z	0.15	0.35	1.20	0.045	0.050
	U12155	B							0.045
Q235	U12352	A	—	F、Z	0.22	0.35	1.40	0.045	0.050
	U12355	B			0.20②				0.045
	U12358	C		Z	0.17			0.040	0.040
	U12359	D		TZ				0.035	0.035
Q275	U12752	A	—	F、Z	0.24	0.35	1.50	0.045	0.050
	U12755	B	≤40	Z	0.21			0.045	0.045
			>40		0.22				
	U12758	C	—	Z	0.20			0.040	0.040
	U12759	D		TZ				0.035	0.035

① 表中为镇静钢、特殊镇静钢牌号的统一数字，沸腾钢牌号的统一数字代号如下：
Q195F——U11950；
Q215AF——U12150，Q215BF——U12153；
Q235AF——U12350，Q235BF——U12353；
Q275AF——U12750。
② 经需方同意，Q235B的碳质量分数可不大于0.22%。

2. 优质碳素结构钢

优质碳素结构钢中硫质量分数一般小于0.045%，磷质量分数小于0.040%，其牌号以两位数字+规定的符号表示。数字代表平均含碳量的万分数。如20钢，为平均碳质量分数是0.20%的优质碳素结构钢；含锰量较高者则在数字后面加注Mn，如15Mn表示钢中平均碳质量分数为0.15%，平均锰质量分数为0.80%。

二、低合金结构钢

低合金钢是在碳钢基础上少量加入一种或多种合金元素（合金元素总质量分数在5%以下）的钢。其中常用来制造焊接结构的低合金高强度结构钢应用最广。

根据GB/T 1591—2008，低合金高强度结构钢按屈服强度分为Q345、Q390、Q420、Q460、Q500、Q550、Q620、Q690八级；按质量等级由低到高，Q345、Q390、Q420分为A、B、C、D、E五级，Q460、Q500、Q550、Q620和Q690分为C、D、E三级。其中质量等级较低的主要用于一般用途结构钢；等级较高的主要用于锅炉、压力容器、造船、汽车、桥梁、工程机械及矿山机械等；质量等级高的主要用于核电、石油天然气管线、海洋工程等。

低合金高强度结构钢，简称普低钢，其主要特点是强度高、塑性和韧性也较好。按钢的屈服强度级别及热处理状态，低合金高强度结构钢可分为两类。

1. 热轧、正火钢

热轧、正火钢的屈服强度在 294 ~ 490MPa 之间，其使用状态为热轧、正火或控轧状态，属于非热处理强化钢，这类钢应用最为广泛。若按质量等级又可分为 A、B、C、D、E 五级。这类低合金高强度结构钢的新旧牌号对照见表 1-4。

表 1-4　低合金高强度结构钢的新旧牌号对照

新标准 GB/T 1591—2008	旧标准 GB/T 1591—1994	旧标准 GB/T 1591—1988
—	Q295	09MnV、09MnNb、09Mn2、12Mn
Q345	Q345	18Nb、09MnCuPTi、10MnSiCu、12MnV、14MnNb、16Mn、16MnRE
Q390	Q390	15MnV、15MnTi、16MnNb
Q420	Q420	14MnVTiRE、15MnVN

2. 低碳调质钢

低碳调质钢的屈服强度在 490 ~ 980MPa 之间，在调质状态下使用，属于热处理强化钢。其特点是既有高的强度，且塑性和韧性也较好，可以直接在调质状态下焊接。近年来，这类低碳调质钢的应用日益广泛。

合金结构钢的牌号以数字 + 合金元素符号 + 数字的形式表示。前面两位数字表示钢中平均含碳量的万分数；合金元素符号及后面的数字表示该元素平均含量的百分数。当合金元素平均质量分数低于 1.5% 时，一般只标元素符号 Me，不标数字；当合金元素平均质量分数 ≥1.5%、≥2.5%、≥3.5% 时，在元素符号后面相应标以 2、3、4 等数字。在特殊容易混淆的情况下，也可在元素质量分数低于 1.5% 时标数字 1，如 12CrMoV 与 12Cr1MoV 两个牌号的钢，在 12CrMoV 中铬质量分数为 0.4% ~ 0.6%，而 12Cr1MoV 中铬质量分数为 0.9% ~ 1.2%，为加以区别，在后者的 Cr 后面加注数字 1。

低碳调质钢与相同含碳量的碳素结构钢相比强度较高，且耐磨性、耐蚀性与低温韧性较高。而与强度相同的碳素结构钢相比，具有较好的工艺性能，特别是具有优良的焊接性。

低合金结构钢主要轧制成钢板、型钢，用于制造桥梁、车辆、船舶、锅炉及建筑构件，低合金结构钢可用一般方法在转炉、平炉中冶炼，成本接近于碳素结构钢。

三、专业用钢

在焊接结构制造中经常使用一些专业用钢，这些钢种大都是以低碳钢或低合金结构钢为基础，根据产品工作条件及制造工艺的特点，对化学成分、冶炼方法、检验标准进行必要调整后而派生的。

1. 锅炉钢

锅炉钢主要用于制造蒸汽锅炉中的过热器、汽包、主蒸汽管等设备和部件。对这类钢的要求是具有一定的高温强度、一定的耐蚀性和较好的抗氧化性，同时具有较好的焊接性和冷热成形的能力。锅炉钢中碳质量分数不超过 0.240%，其牌号编排方法与优质碳素结构钢或合金结构钢相同，后面缀以汉语拼音字母 G 表示锅炉钢，如 20MnG 等。

2. 压力容器用钢

压力容器用钢用于制造动力、石油、化工、气体分离及贮运设备中的压力容器及其附件。由于各类压力容器的工作温度、工作压力、工作介质不同，要求材料除应具有良好的常温力学性能、焊接性能和冷热变形能力外，还应具有与工作条件相适应的高温或低温力学性能和耐蚀能力。制造压力容器必须选用国家标准中规定的钢种。

压力容器用钢在牌号后面缀以字母 R（表示容器）；低温压力容器用钢则缀以字母 DR，如 16MnR、20R、16MnDR 等。

3. 桥梁钢

桥梁钢主要用于建造桥梁。因在动载荷条件下工作，故要求材料有一定的强度、韧性和良好的抗疲劳性能，并有一定的抗冷脆性能。

桥梁钢又可分为焊接桥梁用钢及铆接桥梁用钢两类，通常轧制成板材或型钢使用。

桥梁用钢在牌号后面缀以汉语拼音字母 Q（桥），如 15MnVQ。

4. 船用钢

船用钢是指用于制造船体结构的钢，因此要求具有良好的焊接性，以及一定的强度、韧性、耐低温性、耐海水腐蚀能力。

船用钢一般轧成厚、薄板材或型钢使用，国家标准中规定分为一般强度钢和高强度船用钢两种。一般船用钢分为 A、B、D、E 四个质量等级，其主要区别是含碳量不同，A 级的含碳最高。高强度船用钢又分两个强度等级，每个等级又分三种质量级别，分别以 AH32、DH32、EH32、AH36、DH36 与 EH36 表示，其中第一个字母表示质量等级，H 表示高强度，两位数字表示屈服强度数值，单位 kgf/mm^2。

5. 耐候钢

耐候钢即耐大气腐蚀钢。这类钢又分为焊接结构用耐候钢和高耐候性结构钢两类。焊接结构用耐候钢是在钢中加入少量的铜、铌、钒、磷、镍等元素，使钢的表面形成保护层，而提高耐大气腐蚀能力，同时保证钢具有良好的焊接性，如 Q235NH 钢；高耐候性结构钢比焊接结构用耐候钢的耐大气腐蚀性更高，如 Q295GNH。

四、不锈钢和耐热钢

1. 不锈钢

不锈钢中的主要合金元素是 Cr，当 $w(\mathrm{Cr})>12\%$ 时，Cr 比 Fe 优先与氧化合并在钢的表面形成一层致密氧化膜，可以提高钢的抗氧化性和耐蚀性。能耐大气腐蚀的钢称为普通不锈钢；能耐某些强介质腐蚀的钢称为耐蚀不锈钢；也有时把耐热钢称为耐热不锈钢。

不锈钢按化学成分可分为铬不锈钢、铬镍不锈钢、铬锰不锈钢等；按正火状态的金相组织可分为马氏体型不锈钢、铁素体型不锈钢、奥氏体型不锈钢、奥氏体-铁素体型不锈钢及沉淀硬化型不锈钢。常用不锈钢牌号有 06Cr13、20Cr13、10Cr15、12Cr18Ni9 等。

在不锈钢中，铬镍奥氏体型不锈钢比其他不锈钢具有更优良的耐蚀性、耐热性和塑性，且焊接性良好，因此，应用最广泛。

2. 耐热钢

耐热钢是指在高温下具有抗氧化性及足够强度的钢种。根据许用温度之不同，又可分为低合金耐热钢与高合金耐热钢两类。低合金耐热钢是以钼或铬钼为主要合金元素；高合金耐热钢是以铬或铬镍为主要合金元素，属于特殊钢。

按 GB/T 20878—2007 中规定，不锈钢、耐热钢的牌号表示方法与合金结构钢相同。耐热钢常用牌号有 12Cr13、12Cr5Mo、12Cr12Mo 等。

第四节　非铁金属基本知识

非铁金属的品种很多，但在焊接领域中，应用最多的是铝、铜及其合金。

一、铝及铝合金

1. 纯铝

纯铝为银白色的金属，熔点低（658℃）、质地较轻，密度为 2.7g/cm^3，仅为铁的 1/3 左右。铝具有较高的导电性与导热性，传导能力约为钢的 60%。铝在大气中极易氧化，使表面形成一层牢固而致密的氧化铝薄膜，保护金属不会进一步氧化，因此铝具有高的耐氧化腐蚀的能力。纯铝的强度、硬度较低，但塑性好，可以通过变形加工制成各种形状。

纯铝主要用于制造电缆、电器元件、生活用器皿等。纯铝按纯度可分为高纯铝及工业纯铝两大类，机器制造中主要用工业纯铝。

2. 铝合金

由于纯铝的强度、硬度较低，不宜做结构材料。为提高强度，在纯铝中加入一定的合金元素而制成铝合金。

依照 GB/T 3190—2008《变形铝及铝合金牌号表示方法》中规定及其原则，采用国际四位数字体系合金牌号（国际牌号注册协议组织命名）和四位字符体系两种方法来命名合金牌号。铝合金种类繁多，主要分为变形铝合金和铸造铝合金。而焊接生产中主要选用非热处理强化的 Al-Mg 系或 Al-Mn 系变形铝合金，因具有较高的耐蚀性而又得名防锈铝合金。Al-Mg系铝合金牌号用5×××表示，Al-Mn 系铝合金牌号用3×××表示，工业纯铝牌号用1×××表示。

二、铜及铜合金

1. 纯铜

纯铜又称紫铜，密度比铁大，为 8.93g/cm^3，属于重金属。纯铜的导电性、导热性很高，在金属中居第三位。纯铜还有很好的塑性，可轧制成各种板材、线材，用来制造电器元件。

工业纯铜的代号用 T（铜）加阿拉伯数字表示，如 T1、T2 和 T3。T1、T2 的纯度较高，铜的质量分数分别为 99.95% 和 99.90%，用来制造导电元件或配制高级铜合金；T3 则主要用于制造普通铜合金。

氧对铜的导电性、导热性及塑性有明显的影响，纯铜除工业纯铜外，还有含氧量更低的无氧铜与磷脱氧铜。无氧铜的代号以 TU 表示，有 TU1 和 TU2 两种，主要用作真空仪器与仪表材料。磷脱氧铜的代号为 TP，是焊接用铜材。

2. 铜合金

铜合金按颜色及合金系统不同分为三种。

（1）黄铜　黄铜是铜锌合金（Cu + Zn），只添加锌的黄铜称为普通黄铜，简称黄铜。在普通黄铜的基础上加入其他元素的称为特殊黄铜或复杂黄铜。黄铜色泽美观，具有良好的工艺性能、力学性能与耐蚀性能，有的还具有较高的导电性和导热性，是重金属中应用最广的合金材料之一。普通黄铜的代号由字母 H（黄）+表示铜的平均质量分数的数字组成，如 H62 表示铜的质量分数为 60.5%~63.5%，其余为锌的普通黄铜，一般称为 62 黄铜。复杂黄铜代号是在 H+主加元素的化学符号并依次注明铜和主加元素的含量。如 HMn58-2，表示铜的质量分数为 57%~60%、锰的质量分数为 1.0%~2.0%，其余为锌的复杂黄铜。

（2）青铜　铜合金中主要加入锡、铅等其他元素者，统称为青铜（Cu+Sn、Al、Si）。以锡为主要合金元素的铜合金为锡青铜。以铝、钛、硅、锰、铬等为主要元素的铜合金，分别叫作铝青铜、硅青铜、锰青铜、铬青铜，统称为特殊青铜。青铜的强度、硬度、耐蚀性都高于黄铜，且具有较好的耐磨性，广泛用来制造轴承、轴套、螺母等耐磨零件。按使用状态不同，青铜又分为变形（加工）青铜和铸造青铜。变形青铜的代号是由字母 Q（青）+主要合金元素的化学符号及其含量+辅加元素的含量组成。如 QSn4-4-4，表示锡质量分数为 3.0%~5.0%、锌质量分数为 3.0%~5.0%、铅质量分数为 3.0%~5.0%，其余为铜的合金。铸造青铜的代号是在变形青铜表示方法的前面加一个字母“Z”（铸），如ZQSn10-1等。

（3）白铜　以镍为主要元素的铜合金称为白铜（Cu+Ni）。以字母 B（白）表示，编号方法与青铜基本相同，如 BAl6-1.5，表示合金中镍的质量分数为 6%、铝的质量分数为 1.5%，其余为铜。白铜按用途分为结构白铜与电工白铜两类。结构白铜有高的力学性能和极好的耐蚀性能，并有耐热和耐寒性能，主要用于制造在高温条件下和在强腐蚀介质中工作的零件。电工白铜具有电阻率大、电阻温度系数小等特殊电热性能，主要用于制造精密的电工仪器仪表。

【拓展学习】

金属材料拉伸试验和冲击试验

金属疲劳案例

【考级练习与课后思考】

一、判断题

1. 常用的塑性材料在使用时，一般不允许有塑性变形。（　　）
2. 洛氏硬度值无单位。（　　）
3. 布氏硬度测量法不宜用于测量成品及较薄零件。（　　）
4. 铸铁的铸造性能好，故常用来铸造形状复杂的工件。（　　）
5. 一般来说，硬度高的材料其强度也较高。（　　）
6. 通常说，钢比铸铁抗拉强度高，是指单位截面积的承载能力前者高，后者低。（　　）
7. 金属的工艺性能好，焊接性就越好。（　　）

8. 材料的屈服强度越低，则允许的工作应力越高。(　　)
9. 焊接常用的钢材有碳钢、低合金钢、不锈钢等。(　　)
10. 焊接常用的非铁金属有铝及合金、铜及合金、钛及合金。(　　)
11. 钢铁材料（或称黑色金属）是指以铁或以它为主而构成的金属材料。(　　)
12. 金属受外力作用后导致金属内部之间相互作用的力，称为内力。(　　)
13. 弹性变形会随载荷的去除而消失。(　　)
14. 特殊黄铜是不含锌元素的黄铜。(　　)

二、选择题

1. 拉伸试验时，试样拉断前所能承受的最大应力称为材料的（　　）。
A. 屈服强度　　B. 抗拉强度　　C. 弹性极限
2. 疲劳试验时，试样承受的载荷为（　　）。
A. 静载荷　　B. 冲击载荷　　C. 交变载荷
3. 用拉伸试验可测定材料的（　　）性能指标。
A. 强度　　B. 硬度　　C. 韧性
4. 下列牌号中，属于优质碳素结构钢的有（　　）。
A. T8A　　B. 08F　　C. Q235AF
5. 某一材料的牌号为 T3，它是（　　）。
A. 碳质量分数为 0.3% 的碳素工具钢
B. 3 号工业纯铜
C. 3 号工业纯钛
6. 下列材料中，属于压力容器用的钢材是（　　）。
A. Q345G　　B. Q390Q　　C. Q345R

三、简答题

1. 为什么说屈服强度是产品设计的依据？
2. 为什么在焊接领域中通常用维氏硬度试验测量材料和焊接接头的硬度？
3. 在根据产品图样选择钢板规格时应考虑哪些因素？
4. 焊接常用的专业用钢有哪些？它们是如何派生出来的？
5. 铜合金都有哪些？它们之间的区别是什么？

模块二

焊接电弧与弧焊电源

【目标导读】

电弧是所有电弧焊接方法的能源，电弧焊在所有焊接方法中始终占据着主要地位，其重要原因就是因为电弧能有效而简便地把电能转换成熔化焊接过程所需要的热能和机械能，而弧焊电源则是为电弧提供电能并保证焊接工艺过程稳定的装置。

第一节 焊接电弧

一、焊接电弧的概念

焊接电弧是在两电极之间的气体介质中产生强烈而持久的气体放电现象。在电弧焊中，焊接电弧由焊接电源供给，是焊接回路中的负载，如图 2-1 所示。

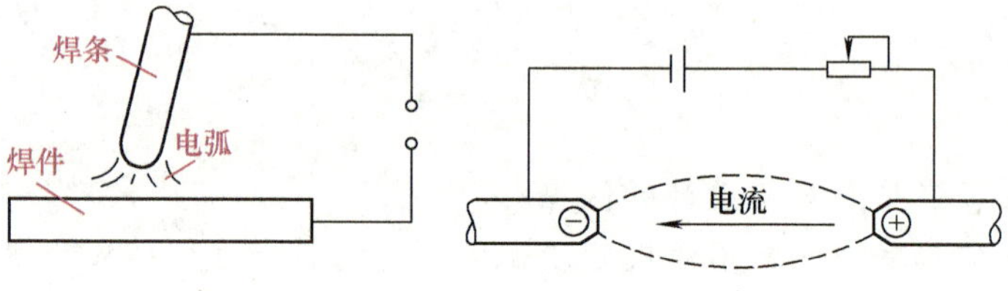

图 2-1 焊接电弧示意图

一般情况下，气体的分子和原子是呈中性的，气体中没有带电粒子。因此，气体不能导电，电弧也不能自发地产生。而焊接电弧在一定的电场力的作用下，在具有一定电压的两极间或电极与母材间，将电弧所在空间的气体电离，使中性的气体分子或原子电离为带正电荷的正离子和带负电荷的负离子（电子），但是如果只有气体电离而阴极不能发射电子，没有电流通过，那么电弧还是不能形成。因此，阴极电子发射也和气体电离一样，两者都是电弧产生和维持的必要条件。电弧焊主要利用电弧热能来熔化焊接材料和母材，达到连接金属的目的。

二、焊接电弧的引燃

焊接电弧的引燃一般有两种方式，即接触引弧和非接触引弧。

1. 接触引弧

弧焊电源接通后，将电极（焊条或焊丝）与工件直接短路接触，然后迅速将焊条或焊丝提起（2～4mm）而引燃电弧，称为接触引弧，主要应用于焊条电弧焊、埋弧焊、熔化极气体保护焊等。

引弧时，当电极与工件接触时，回路电流增大到最大值，由于电极表面不平整，因而接触部分通过的电流密度非常大，使接触部分金属熔化，甚至汽化，随后迅速提起焊条或焊丝时，强大的电流只能从熔化金属的细颈通过，细颈部分液体金属的温度猛烈升高，直至汽化爆断，使两极液体金属迅速分开。此时间隙中的气体温度增高，使气体强烈电离，同时促使了阴极发射电子，从而引燃电弧。焊接电弧引燃过程如图 2-2 所示。

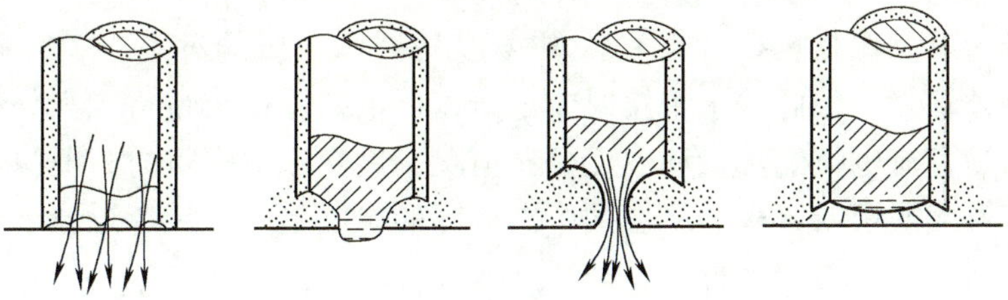

图 2-2 焊接电弧引燃过程

在拉开电极的瞬间，弧焊电源电压由短路时的零值增高到引弧电压值所需要的时间称为电压恢复时间。电压恢复时间对于焊接电弧的引燃及焊接过程中电弧的稳定性具有重要的意义。如果电压恢复时间太长，则电弧就不容易引燃及造成焊接过程不稳定，这个时间的长短，是由弧焊电源的特性决定的。在电弧焊时，对电压恢复时间要求越短越好，一般不超过 0.05s。

2. 非接触引弧

引弧时电极与工件之间保持一定间隙，然后在电极和工件之间施以高压击穿间隙使电弧引燃，这种引弧方式称为非接触引弧。这种方法一般借助于高频或高压脉冲装置，在阴极表面产生强场发射，使发射出来的电子流与气体介质撞击，使其电离导电。这种引弧方式主要应用于钨极氩弧焊和等离子弧焊。

第二节 焊接电弧的组成及静特性

一、焊接电弧的组成及温度分布

用直流电焊机焊接时，焊接电弧由阴极区、弧柱区和阳极区组成，如图 2-3 所示。

1. 阴极区

阴极区在靠近阴极的地方，与焊接电源负（－）极相连，该区很窄。在阴极上有一个非常亮的斑点，称为“阴极斑点”，是集中发射电子的地方。

2. 阳极区

阳极区在靠近阳极的地方，与焊接电源正（＋）极相连，该区比阴极区宽些。在阳极区有一个发亮的斑点，称为“阳极斑点”。它是电弧放电时，正电极表面上接收电子的微小区域。

3. 弧柱区

弧柱区在电弧的中部，弧柱区较长。电弧长度一般是指弧柱区的长度。

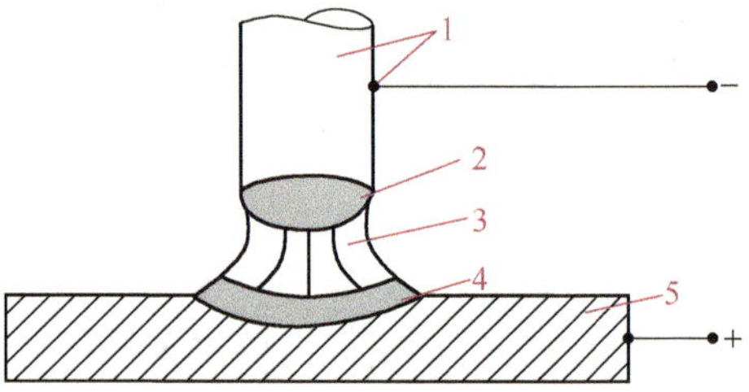

图 2-3 焊接电弧的组成
1—焊条 2—阴极区
3—弧柱区 4—阳极区 5—焊件

阴极区和阳极区的温度取决于电极材料的熔点。当两极材料均为钢铁时，“阳极斑点”的温度为2600℃左右，产生的热量占电弧总热量的43%。“阴极斑点”的温度为2400℃左右，产生的热量约占电弧总热量的36%。弧柱区的温度可达5730～7730℃，但热量约占电弧总热量的21%。其温度与气体介质的种类有关，通常中心部分弧柱的热量大部分被辐射，因此要求焊接时应尽量压低电弧，使热量得到充分利用。

以上分析的是直流电弧的热量和温度分布情况，用交流电焊机时，电源的极性是周期性改变的，电极交替为阴极或阳极，所以两个电极区的温度趋于一致，近似于它们的平均值。

4. 电弧电压

电弧两端（两电极）之间的电压称为电弧电压。当弧长一定时，电弧电压由阴极压降、阳极压降和弧柱压降组成。

二、电弧的静特性

在电极材料、气体介质和弧长一定的情况下，电弧稳定燃烧时，焊接电流与电弧电压变化的关系称为电弧静特性，也称电弧的伏-安特性。表示它们关系的曲线叫作电弧的静特性曲线，如图2-4中曲线2所示。

1. 电弧静特性曲线

普通电阻的电阻值是常数，遵循欧姆定律，表现为一条直线，如图2-4中的曲线1。而焊接电弧是焊接回路中的负载，也相当于一个电阻性负载，但其电阻值不是常数。电弧两端的电压与通过的焊接电流不成正比关系，而呈U形曲线关系，如图2-4中的曲线2。

电弧静特性曲线分为三个不同的区域，当电流较小时（见图2-4中的 *ab* 区），电弧静特性属下降特性区，即随着电流增加电压减小；当电流稍大时（见图2-4中的 *bc* 区），电弧静特性属平特性区，即电流变化时，电压几乎不变；当电流较大时（见图2-4中 *cd* 区），电弧静特性属上升特性区，电压随电流的增加而升高。

一般情况下，电弧电压总是与电弧长度密切相关，当电弧长度增加时，电弧电压升高，其静特性曲线的位置也随之上升，如图2-5所示。

2. 电弧静特性曲线的应用

不同的电弧焊方法，在一定的条件下，其静特性只是曲线的某一区域。静特性的下降特性区由于电弧燃烧不稳定而很少采用。

（1）焊条电弧焊　其静特性一般工作在平特性区，即电弧电压只随弧长而变化，与焊接电流关系很小。

（2）钨极氩弧焊　在小电流区间焊接时，其静特性一般也工作在下降特性区；在大电流区间焊接时，才工作在平特性区。

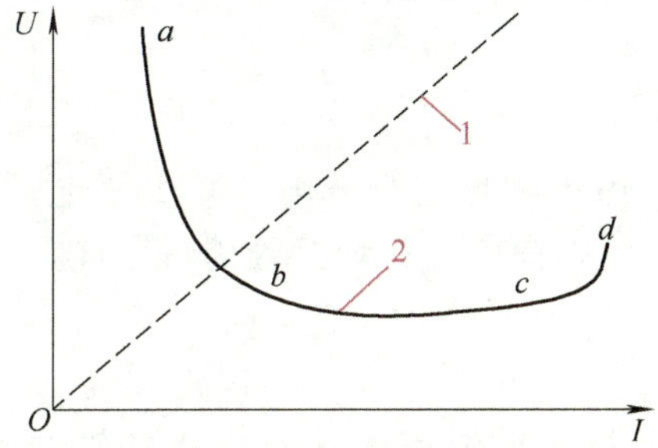

图 2-4　普通电阻的静特性与电弧的静特性
1—普通电阻的静特性曲线　2—电弧的静特性曲线

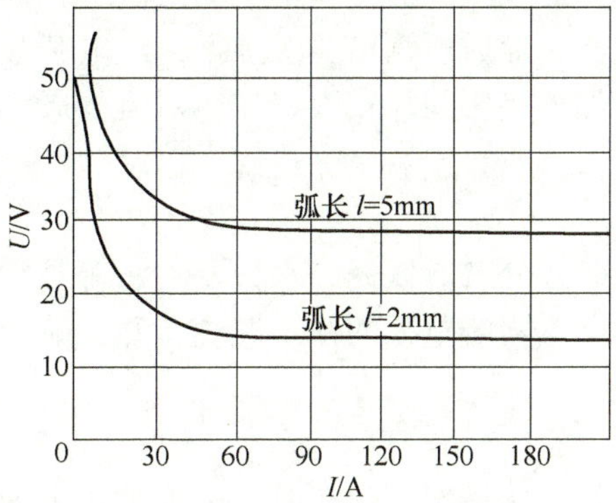

图 2-5　不同电弧长度的静特性曲线

(3) 细丝熔化极气体保护电弧焊　由于电流密度很大，所以其静特性基本上工作在上升特性区。

(4) 埋弧焊　在正常电流密度下焊接时，其静特性为平特性区；采用大电流密度焊接时，其静特性为上升特性区。

第三节　焊接电弧的稳定性

焊接电弧的稳定性是指电弧保持稳定燃烧（不产生断弧、飘移和偏吹等）的程度。电弧的稳定燃烧是保证焊接质量的一个重要因素，因此，维持电弧稳定性是非常重要的。电弧不稳定的原因除焊工操作技术不熟练外，主要因素有以下几方面。

一、弧焊电源的影响

采用直流电源比采用交流电源焊接时电弧燃烧稳定；而直流电源反接（即焊件接电源“－”极）比正接（即焊件接电源“＋”极）的电弧燃烧稳定；具有较高空载电压的焊接电源不仅引弧容易，而且电弧燃烧也稳定。不管采用直流还是交流电源，为了电弧能稳定地燃烧，都要求电焊机具有良好的工作特性。

二、焊条药皮或焊剂的影响

焊条药皮或焊剂中含有一定量电离电压低的元素（如 K、Na、Ca 等）或它们的化合物时，电弧稳定性较好。这类物质称为稳弧剂。如果焊条药皮或焊剂中含有不易电离的氟化物、氯化物时，会降低电弧气氛的电离程度，使电弧的稳定性下降。

厚药皮的优质焊条比薄药皮焊条电弧稳定性好。当焊条药皮局部剥落或用潮湿、变质的焊条焊接时，电弧是很难稳定燃烧的，并且会导致严重的焊接缺陷。

三、气流的影响

在露天，特别是在野外大风中操作时，由于空气的流速快，对电弧稳定性的影响是明显的，会造成严重的电弧偏吹而无法进行焊接；在进行管子焊接时，由于空气在管子中流动速度较大，形成所谓“穿堂风”，使电弧发生偏吹；在开坡口的对接接头第一层焊缝的焊接时，如果接头间隙较大，在热对流的影响下也会使电弧发生偏吹。

四、焊接处的清洁程度

焊接处若有铁锈、水分及油污等脏物存在时，由于吸热进行分解，减少了电弧的热能，便会严重影响电弧的稳定燃烧，并影响焊缝质量，所以焊前应将焊接处清理干净。

五、焊接电弧的磁偏吹及控制

在正常情况下焊接时，电弧的中心轴线总是保持着沿焊条（丝）电极的轴线方向。在实际焊接中，往往会出现电弧中心偏离电极轴线方向的现象，这种现象称为电弧偏吹。一旦发生电弧偏吹，电弧轴线就难以对准焊缝中心，从而影响焊缝成形和焊接质量。

造成电弧偏吹的原因除了气流的干扰、焊条偏心的影响外，主要是由于磁场的作用。直流电弧焊时，因受到焊接回路所产生的电磁力的作用而产生的电弧偏吹称为磁偏吹。它是由于直流电所产生的磁场在电弧周围分布不均匀而引起的电弧偏吹。

1. 造成电弧产生磁偏吹的因素

1）导线接线位置引起的磁偏吹。如图2-6所示，磁偏吹的方向与焊接的极性无关。

2）铁磁物质引起的磁偏吹，如图2-7所示。

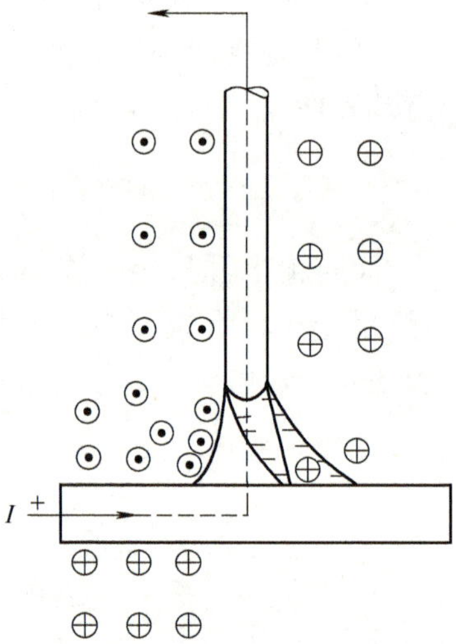

图2-6　导线接线位置引起的磁偏吹

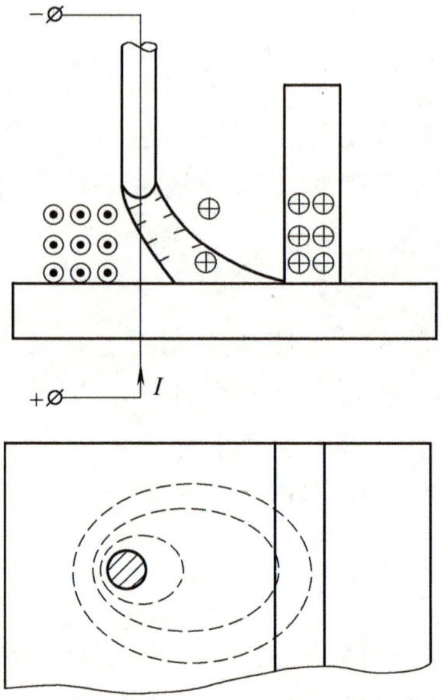

图2-7　铁磁物质引起的磁偏吹

3）电弧运动至焊件的端部时引起的磁偏吹。由于电弧运动至焊件的端部时，导磁面积发生变化，引起空间磁力线在靠近焊件边缘的地方密度增加，产生了指向焊件内侧的磁偏吹。

2. 防止或减少焊接电弧磁偏吹的措施

1）调整焊条角度，使焊条偏吹的方向转向熔池，即将焊条向电弧偏吹方向倾斜一定角度，这种方法在实际工作中应用得较广泛。

2）采用短弧焊接，因为短弧时受气流的影响较小，而且在产生磁偏吹时，如果采用短弧焊接，也能减小磁偏吹程度，因此采用短弧焊接是减少电弧偏吹的较好方法。

3）在焊缝两端各加一小块附加钢板（引弧板及引出板），使电弧两侧的磁力线分布均匀并减少热对流的影响，以克服电弧偏吹。

4）改变焊件上导线接线部位或在焊件两侧同时接地线，可减少因导线接线位置引起的磁偏吹。

5）采用小电流焊接，这是因为磁偏吹的大小与焊接电流有直接关系，焊接电流越大，磁偏吹越严重。

第四节　对弧焊电源的基本要求

弧焊电源是弧焊机的核心部分，是向焊接电弧提供电能的一种专用设备。它应具有一般电力电源所具有的特点，即结构简单、制造容易、节省电能、成本低、使用方便、安全可靠及维修容易等。但是，由于弧焊电源的负载是电弧，它的电气性能就要适应电弧负载的特点。因此，弧焊电源还需具备焊接的工艺适应性，即应具备容易引弧、能保证电弧稳定燃烧、焊接参数稳定、可调等特点。

一、弧焊电源外特性的要求

1. 弧焊电源外特性的概念

弧焊时，弧焊电源与电弧组成一个供电和用电系统。在稳定状态下，弧焊电源输出电压与输出电流之间的关系，称为弧焊电源的外特性。弧焊电源的外特性也称弧焊电源的伏安特性。

弧焊电源的外特性可由曲线来表示，这条曲线称为弧焊电源的外特性曲线，如图2-8所示。弧焊电源的外特性基本上有三种类型：一是下降外特性，即随着输出电流的增加，输出电压降低；二是平外特性，即输出电流变化时，输出电压基本不变；三是上升外特性，即随着输出电流的增大，输出电压随之上升。

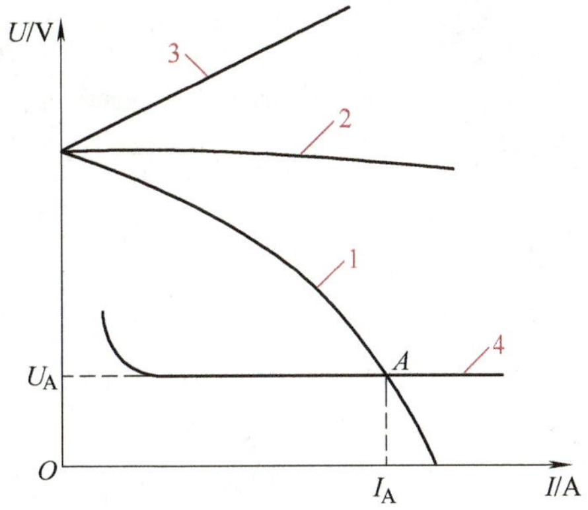

图2-8　弧焊电源的外特性与电弧静特性的关系

1—下降外特性　2—平外特性

3—上升外特性　4—电弧静特性

2. 弧焊电源外特性曲线形状的选择

（1）焊条电弧焊　在焊接回路中，弧焊电源与电弧构成供电用电系统。为了保证焊接电弧稳定燃烧和焊接参数稳定，电源外特性曲线与电弧静特性曲线必须相交。因为在交点，电源供给的电压和电流与电弧燃烧所需要的电压和电流相等，电弧才能燃烧。由于焊条电弧焊电弧静特性曲线的工作段在平特性区，所以只有下降外特性曲线才与其有交点，如图2-8中的A点，此时电弧可以在电压U_A和焊接电流I_A的条件下稳定燃烧。因此，具有下降外特性曲线电源能满足焊条电弧的稳定燃烧。

下降外特性有缓降的，也有陡降的，哪一种更有利于电弧的稳定燃烧？图2-9所示为具有不同下降度的弧焊电源外特性曲线对焊接电流的影响情况。从图中可以看出，当弧长变化相同时，陡降外特性曲线1引起的电流偏差 ΔI_1 明显小于缓降外特性曲线2引起的电流偏差 ΔI_2。因此当电弧长度变化时，陡降外特性电源更有利于焊接参数稳定，从而使电弧较稳定，因此，焊条电弧焊对电源的基本要求是具有陡降的外特性。

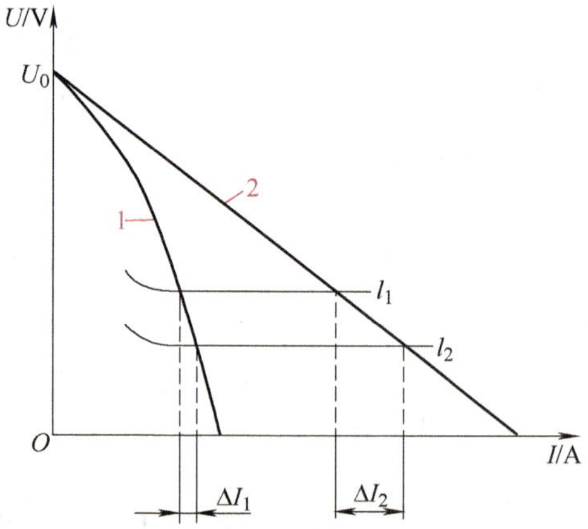

图2-9 不同下降度外特性曲线对焊接电流的影响

1—陡降外特性曲线 2—缓降外特性曲线

（2）其他电弧焊方法 按照焊条电弧焊同样方法分析可知，钨极氩弧焊、等离子弧焊的静特性与焊条电弧焊相似，所以一般焊条电弧焊电源均可作为钨极氩弧焊、等离子弧焊电源使用。熔化极气体保护焊可采用平外特性、下降外特性电源，埋弧焊可采用下降外特性电源。

二、对弧焊电源空载电压的要求

当弧焊电源接通电网而焊接回路为开路时，弧焊电源输出端电压称为空载电压。空载电压的确定应遵循以下几项原则。

（1）电弧燃烧的稳定性 为保证引弧容易、电弧稳定，必须具有较高的空载电压。

（2）经济性 电源的额定容量和空载电压成正比，空载电压越高，则电源容量越大，则制造成本越高。

（3）安全性 过高的空载电压会危及焊工的安全。

因此，在确保引弧容易、电弧稳定的前提下，应尽量降低空载电压，不大于100V。一般交流弧焊电源空载电压为55～70V，直流弧焊电源空载电压为45～85V。

三、对弧焊电源稳态短路电流的要求

弧焊电源稳态短路电流是弧焊电源所能稳定提供的最大电流，即输出端短路（电弧电压 $U_h=0$）时的电流。在引弧和金属熔滴过渡时，经常发生短路。如稳态短路电流太大，则焊条过热，易引起药皮脱落，并增加熔滴过渡时的飞溅；如稳态短路电流太小，则会因电磁收缩力不足而使引弧和焊条熔滴过渡产生困难。因此，对于下降外特性的弧焊电源，一般要求稳态短路电流与焊接电流的关系为

$$I_d=(1.25\sim2.0)I_h$$

式中 I_d——稳态短路电流（A）；

I_h——焊接电流（A）。

四、对弧焊电源动特性的要求

焊接过程中，电弧总在不断变化，弧焊电源的动特性是指弧焊电源对焊接电弧的动态负载所输出的电流、电压对时间的关系，它表示弧焊电源对动态负载瞬间变化的反应能力。动

特性合适时，引弧容易、电弧稳定、飞溅小、焊缝成形良好。弧焊电源的动特性是衡量弧焊电源质量的一个重要指标。

五、对弧焊电源调节特性的要求

在焊接中，由于焊接材料的性质、厚度、焊接接头的形式、位置及焊条、焊丝直径等不同，焊接电流必须可调。焊机中电流的调节是通过改变弧焊电源外特性曲线位置来实现的。

弧焊电源外特性曲线与电弧静特性曲线的交点，是电弧稳定燃烧点。因此为了获得一定范围所需的焊接电流，就必须要求弧焊电源具有可以均匀改变的外特性曲线族，以便与电弧静特性曲线相交，得到一系列的稳定工作点，从而获得对应的焊接电流，这就是弧焊电源的调节特性。

第五节　常用弧焊电源

按常用弧焊电源的结构原理可以分为四大类：交流弧焊电源、直流弧焊电源、逆变式弧焊电源和脉冲弧焊电源。

一、交流弧焊电源

交流弧焊电源一般指弧焊变压器，通常称为交流电焊机。

1. 弧焊变压器的原理

弧焊变压器是具有陡降外特性的特殊的降压变压器，其作用是把网路电压的交流电变成适宜于电弧焊的低压交流电，获得下降外特性的方法是在焊接回路中串一个可调电感。此电感可以是一个独立的电抗器，也可以利用弧焊变压器本身的漏磁来代替。

2. 弧焊变压器的特点

这类焊机具有结构简单、便于制造、使用可靠、易于维修、节约电能、价格低廉、电流范围大等优点，但弧焊变压器主要缺点是电弧稳定性差、功率因数低。

二、直流弧焊电源

直流弧焊电源按其发展历史，经历了旋转直流弧焊机、弧焊整流器和逆变弧焊机，到最近的全数字化发展阶段。旋转直流弧焊机已被淘汰。弧焊整流器有硅弧焊整流器、晶闸管弧焊整流器、晶体管弧焊整流器。晶闸管弧焊整流器以其优异的性能，成为目前主要的一种弧焊整流器。

1. 晶闸管弧焊整流器的原理

晶闸管弧焊整流器是利用晶闸管来整流，可获得所需的外特性及调节电压和电流，而且完全用电子电路来实现控制功能。

2. 晶闸管弧焊整流器的特点

晶闸管弧焊整流器动特性好，反应快；电流、电压可在较宽的范围内精确、快速地调节，能获得多种外特性并对其进行无级调节；结构简单，电源输入功率小，节能、省料。目前市场上出现了一批小型晶闸管整流弧焊机，具有满足焊接要求，维修简易、价格便宜，在焊接生产中搬运轻便、灵活等优点。国产晶闸管弧焊整流器主要有 ZX5 系列和 ZDK 系列。

三、逆变式弧焊电源

逆变式弧焊电源也称为弧焊逆变器，是一种新型、高效、节能的弧焊电源。逆变式弧焊电源可分为四代产品：晶闸管式（SCR式）、晶体管式（GTR式）、场效应晶体管式（MOS-FET式）、绝缘门栅极晶体管式（IGBT式）。

1. 弧焊逆变器的原理

弧焊逆变器主要由输入整流器、逆变器、中频变压器、输出整流器、电抗器及电子控制电路等部件组成，它通常采用单相或三相50Hz工频交流电，经整流、滤波变为直流电，再由逆变电路变为高压中频（几千到几十万赫兹）交流电，经降压后变为低压交流电或直流电。通常弧焊逆变器需获得的是直流电，故常把弧焊逆变器称为逆变弧焊整流器。它的基本原理可以归纳为：交流—直流—交流—直流，如图2-10所示。

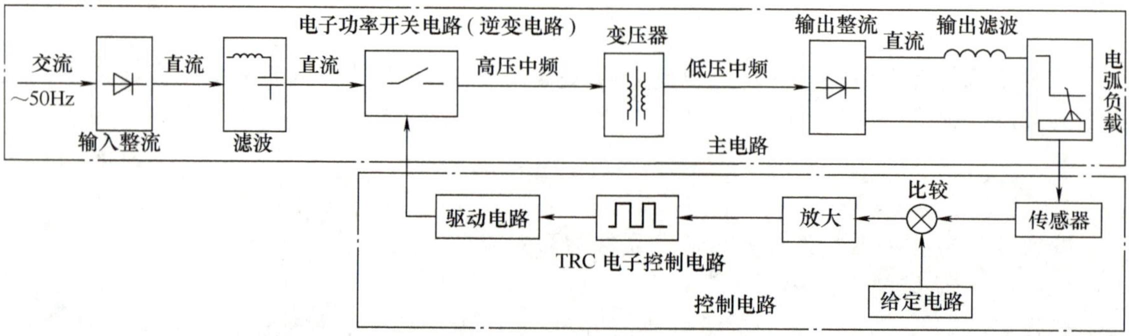

图2-10　弧焊逆变器电路结构图

2. 弧焊逆变器的特点

弧焊逆变器高效节能，功率因数高，空载损耗极小，效率可达80%~90%；重量轻、体积小，中频变压器的重量只为传统弧焊电源降压变压器的几十分之一，整机重量仅为传统式弧焊电源的1/10~1/5；具有良好的动特性和弧焊工艺性能；调速快，所有焊接参数均可无级调节；具有多种外特性，能适应各种弧焊方法的需要；可用微机或单旋钮控制调节；设备费用较低，但对制造技术要求较高。

弧焊逆变器是目前应用最广泛的焊接设备。国产主要有ZX7系列IGBT（绝缘门栅极晶体管式）逆变焊机。

四、脉冲弧焊电源

脉冲弧焊电源输出的焊接电流是周期变化的脉冲电流，它是为焊接薄板和热敏感性强的金属及全位置焊接而设计的。它最大特点是：能提供周期性脉冲焊接电流，包括基本电流（维弧电流）和脉冲电流；它的可调参数多，能有效控制热输入和熔滴过渡。它的应用范围很广泛，现已用于熔化极和非熔化极电弧焊、等离子弧焊等焊接方法。

五、电焊机的基本知识

1. 电焊机型号的编制方法

我国电弧焊机型号采用汉语拼音字母和阿拉伯数字表示，编排次序及代表符号含义如下：

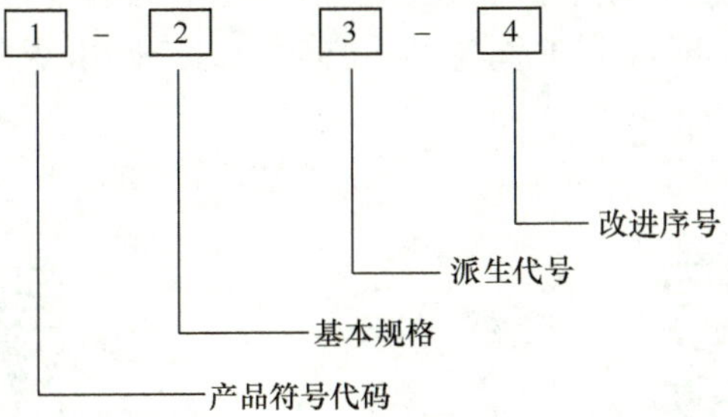

型号中2、4各项用阿拉伯数字表示。型号中3项用汉语拼音字母表示。型号中3、4项如不用时，可空缺。改进序号按产品改进程序用阿拉伯数字连续编号。

BX1-300为具有陡降外特性的动铁心漏磁式交流弧焊变压器，额定焊接电流为300A。

ZX5-250为具有陡降外特性的晶闸管式弧焊整流器，额定焊接电流为250A。

ZX7-400IGBT为具有陡降外特性的逆变弧焊整流焊机，额定焊接电流为400A。

2. 电焊机的主要技术特性

每台弧焊电源上都有铭牌说明它的技术特性，其中包括一次电压、相数、额定输入容量、输出空载电压和工作电压、额定焊接电流和焊接电流调节范围、负载持续率等。

（1）一次电压、容量、相数等参数　说明弧焊电源接入电网时的要求。

（2）二次空载电压　表示弧焊电压输出端的空载电压。

（3）负载持续率　负载持续率是用来表示弧焊电源工作状态的参数。负载持续率是指焊机负载时间占选定工作周期时间（焊机负载时间+空载时间）的百分率。用公式表示如下：

$$负载持续率=[焊机负载时间/(焊机负载时间+空载时间)]\times100\%$$

我国标准规定，对于焊接电流在500A以下的焊条电弧焊焊机，以5min为一个工作周期时间计算负载持续率，对于其他电弧焊和机械化操作电弧焊机规定为10min。例如，焊条电弧焊只有电弧燃烧时电源才有负载，在更换焊条、清渣时电源没有负载。如果5min内有2min用于换焊条和清渣，那么，电源负载时间为3min，即负载持续率等于60%。

（4）额定焊接电流　弧焊电源在使用时，不能超过铭牌上规定的负载持续率下允许使用的焊接电流，否则会因温升过高将焊机烧毁。为保证焊机的温升不超过允许值，应根据弧焊电源的工作状态确定焊接电流大小。例如，BX3-300型焊机当负载持续率是60%时，额定的最大焊接电流为300A。

3. 使用弧焊电源时的注意事项

1）弧焊电源接入网路时，网路电压必须与其一次电压相符。

2）弧焊电源外壳必须接地或接零。

3）改变极性和调节焊接电流必须在空载或切断电源的情况下进行。

4）弧焊电源应放在通风良好而又干燥的地方，不应靠近高热地区，并保持平稳。

5）严格按弧焊电源的额定焊接电流和负载持续率使用，不要使其在过载状态下运行。

6）露天使用时，要防止灰尘和雨水浸入电焊机内部。

7）定期清扫灰尘。

8）当电焊机发生故障或有异常现象时，应立即切断电源，然后及时进行检查修理。

9）新安装或闲置已久的焊接电源，在起动前要做绝缘程度检查。

10）焊接作业完成或临时离开工作现场，必须及时切断电焊机的电源。

【拓展学习】

电焊、气割“十不干”

焊工触电事故案例分析

【考级练习与课后思考】

一、判断题

1. 交流电弧由于电源的极性做周期性改变，所以两个电极区的温度趋于一致。（　　）
2. 焊接电弧是电阻负载，所以服从欧姆定律，即电压增加时电流也增加。（　　）
3. 电弧是一种气体放电现象。（　　）
4. 电弧静特性曲线只与电弧长度有关而与气体介质无关。（　　）
5. 使用交流电源时，由于极性不断交换，所以焊接电弧的磁偏吹要比采用直流电源时严重得多。（　　）
6. 采用短弧焊接是减少电弧偏吹的方法之一。（　　）
7. 逆变电源是最新的弧焊电源。（　　）
8. 电源的空载电压越低，电弧就越易引燃。（　　）
9. 焊机型号ZX7-250中的250是表示该焊机的最大输出电流，即使用该焊机的焊接电流应不超过250A。（　　）
10. 在焊机上调节电流实际上是调节外特性曲线。（　　）
11. 随着输出电流的增大，弧焊电源的输出电压下降，这一特性称为弧焊电源的下降外特性。（　　）
12. 脉冲弧焊电源特别适合于对热输入较敏感的高合金材料、薄板及全位置进行焊接。（　　）
13. 焊接电弧紧靠阴极的区域称为阴极区，阴极表面的明亮斑点称为阴极斑点，它是阴极表面上集中发射电子的地方。（　　）
14. 在焊机上调节电流实际上是调节电弧静特性曲线。（　　）

二、选择题

1. 电弧焊在焊接方法中之所以占主要地位是因为电弧能有效而简单地把电能转换成熔化焊接过程所需要的（　　）。

A. 光能　　　　　　　　　　B. 化学能

C. 热能和机械能　　　　　　D. 光能和机械能焊条

2. 电弧焊时，电弧越长，则电弧电压（　　）。

A. 越高　　　B. 越低　　　C. 不变

3. 生产中减少电弧偏吹的方法是（　　）。

A. 调整焊条角度　　B. 增加电流　　C. 改变运条方法

4. （　　）电源是晶闸管弧焊整流器。

A. AX7-500　　B. ZX7-400　　C. ZX5-400

5. 焊条电弧焊要求电源是（　　）外特性的。

A. 陡降　　　B. 平　　　C. 上升

6. 当焊机未接负载时焊接电流为零，此时输出端电压称为（　　）。

A. 空载电压　　B. 工作电压　　C. 端电压

7. 在弧焊电源外特性曲线与电弧静特性曲线的交点上，弧焊电源的输出电压（　　）电弧电压。

A. 等于　　　B. 大于　　　C. 小于

8. 在弧焊电源外特性曲线与电弧静特性曲线的交点上，弧焊电源的输出电流（　　）焊接电流。

A. 等于　　　B. 大于　　　C. 小于

9. 钨极氩弧焊在大电流区间焊接时，静特性为（　　）。

A. 平特性区　　　　　　B. 上升特性区

C. 陡降特性区　　　　　D. 缓降特性区

10. BX2-500 型（　　）的结构，它实际上是一种带有电抗器的单相变压器。

A. 弧焊整流器　　　　　B. 弧焊发电机

C. 弧焊变压器　　　　　D. 脉冲变压器

11. 关于焊接电弧下列说法正确的是（　　）。

A. 阳极区的长度大于阴极区的长度

B. 阳极区的长度大于弧柱区的长度

C. 阴极区的长度大于弧柱区的长度

D. 弧柱区的长度可以近似代表整个弧长

12. 若使焊接电弧最稳定，应选（　　）。

A. 直流反接　　　　　　B. 直流正接

C. 交流电源　　　　　　D. 脉冲电源

13. 为了获得一定范围所需的焊接方法，就必须要求弧焊电源具有（　　）条可以均匀改变的外特性曲线。

A. 5　　　　　　　　　　B. 6

C. 7　　　　　　　　　　D. 很多

14. 焊机铭牌上负载持续率是表明（　　）的。

A. 焊机的极性　　　　　　B. 焊机的功率

C. 焊接电流和时间的关系　D. 焊机的使用时间

三、简答题

1. 焊接电弧的引燃一般有哪些方式?
2. 为什么要将焊条与焊件接触后，很快拉开至3～4mm，电弧才能引燃?
3. 影响电弧稳定性的因素有哪些?
4. 电弧焊时，对弧焊电源的基本要求有哪些?
5. 弧焊电源分为哪几类? 各有何特点?
6. 什么叫负载持续率? 负载持续率与许用焊接电流的关系如何?
7. 焊工使用弧焊电源时应注意哪些方面?

模块三

焊条电弧焊

【目标导读】

焊条电弧焊是熔焊中最基本的一种焊接方法，它是利用手工操作焊条进行焊接的电弧焊方法，简称手弧焊。由于其使用的设备简单、操作方便、灵活，适应各种条件下的焊接，因此是应用最广、最主要的一种焊接方法。本模块主要介绍焊条电弧焊所使用的焊条、焊接设备以及焊条电弧焊的焊接参数、焊接缺陷等，并正确规范地进行基本功操作训练，从而具备基本的焊条电弧焊技术的岗位能力。

焊条电弧焊时焊接电源的输出端两根电缆分别与焊条、焊件连接，组成了包括电源、焊接电缆、焊钳、地线夹头、焊件和焊条在内的闭合回路，即焊接回路。

焊条电弧焊时，在焊条末端和焊件之间引燃的电弧所产生的高温使焊条药皮与焊芯及焊件熔化，熔化的焊芯端部迅速形成细小的金属熔滴，通过弧柱过渡到局部熔化的焊件表面，融合在一起形成熔池，药皮熔化过程中产生的气体和熔渣，不仅使熔池和电弧周围的空气隔绝，而且和熔化了的焊芯、母材发生一系列冶金反应，保证所形成的焊缝的性能。随着电弧以一定的速度和弧长在焊件上不断地移动，熔池液态金属不断地冷却结晶，形成焊缝。焊条电弧焊的过程如图 3-1 所示。

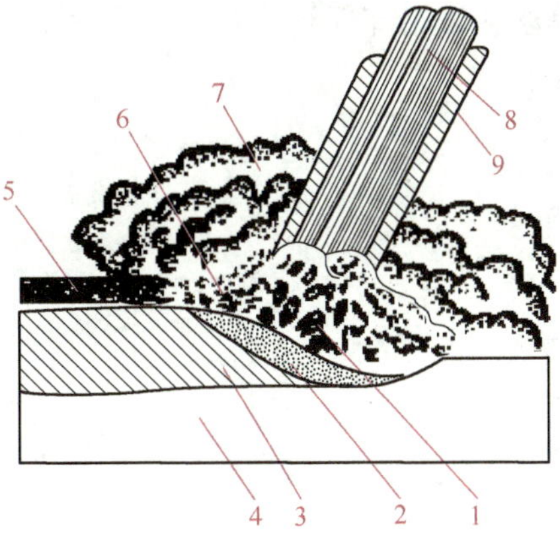

图 3-1 焊条电弧焊的过程

1—金属熔滴 2—熔池 3—焊缝 4—焊件 5—固态渣壳 6—液态熔渣 7—气体 8—焊芯 9—焊条药皮

第一节 焊 条

一、焊条的组成及作用

焊条是由焊芯（金属芯）和药皮组成的。焊条电弧焊时，焊条既作电极，又作填充金属，因此焊条的性能直接影响着焊缝的质量。

焊条的一端为引弧端，其药皮一般被磨成45°左右的倒角，便于引弧。焊条的另一端为夹持端，是一段长度为15～25mm的裸露焊芯，便于焊钳夹持并有利于导电。在靠近夹持端药皮处印有该焊条的牌号，以便焊工使用时识别。焊条长度一般为250～450mm，焊条直径是以焊芯直径来表示的，常用的有ϕ2mm、ϕ2.5mm、ϕ3.2mm、ϕ4mm、ϕ5mm、ϕ6mm等几种规格。

1. 焊芯

（1）焊芯的作用　焊芯一般有两个作用：一是传导电流；二是焊芯本身熔化作为填充金属与液态母材金属熔合形成焊缝。

焊条电弧焊时，焊芯金属占整个焊缝金属的50%～70%，所以焊芯的化学成分直接影响焊缝的质量。这种焊接专用钢丝如果用于埋弧焊、电渣焊、气焊、气体保护焊等熔焊方法作填充金属时，则称为焊丝。

（2）焊芯的分类及牌号　焊接用钢丝的牌号是以国家标准依据来划分的。其牌号编制法如下：

1）字母“H”表示焊丝。

2）在“H”后面的两位（碳钢、低合金钢含量为万分率）或一位（不锈钢含量为千分率）数字表示碳质量分数的平均数。

3）后面的化学符号及其数字表示该元素大致的含量数值，当其合金元素总质量分数小于1%时，该元素符号后面的数字可省略。

4）焊丝牌号尾部标有“A”“E”时，表示该焊丝为优质或高级优质品。

例如：

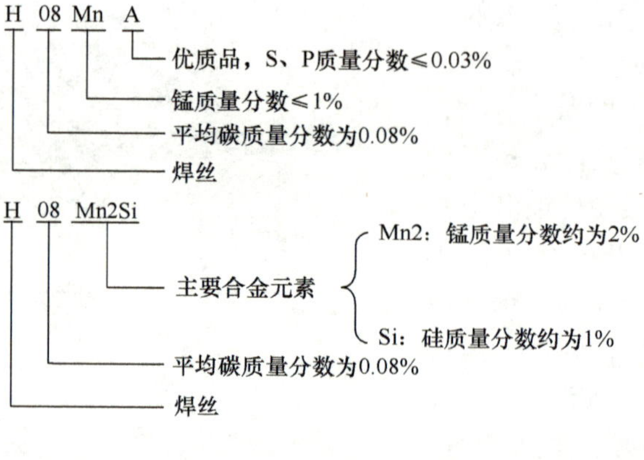

2. 药皮

焊条药皮涂覆在焊芯表面上，它是决定焊缝金属质量的主要因素之一。

（1）药皮的作用

1）机械保护作用。利用焊条药皮熔化后产生的气体和形成的熔渣，起隔离空气作用，防止空气中的氧、氮侵入，保护熔滴和熔池金属。

2）冶金处理渗合金作用。通过熔渣与熔化金属冶金反应，除去有害杂质（如氧、氢、硫、磷等）和添加有益元素（如硅、锰等），使焊缝获得合乎要求的力学性能。

3）改善焊接工艺性能。使电弧稳定燃烧、飞溅少、焊缝成形好、熔敷效率高，适用全位置焊接等。

（2）焊条药皮的组成。焊条药皮由各种矿物类、铁合金和金属类、有机物类及化工产品等原料组成。焊条药皮组成物按其在焊接过程中的作用可分为稳弧剂、造渣剂、造气剂、脱氧剂、合金剂、稀释剂、黏结剂及增塑增弹增滑剂八大类。

（3）焊条药皮的类型。根据药皮中主要组成物的不同，可将药皮分为若干类型。常用药皮类型主要有钛铁矿型、钛钙型、纤维素型、金红石型、低氢钠型、低氢钾型、氧化铁型等。

二、焊条的分类

焊条的分类方法很多，可以从不同的角度对焊条进行分类，不同国家焊条种类的划分和型号、牌号的编制方法等都有很大的差异。

1. 按用途分类

焊条按用途进行分类，可分为结构钢焊条（包括碳素钢和低合金钢）、钼及铬钼耐热钢焊条、低温钢焊条、不锈钢焊条、堆焊焊条、铸铁焊条、镍及镍合金焊条、铜及铜合金焊条、铝及铝合金焊条和特殊用途焊条。焊条分类及代号可查阅附录 A。

2. 按焊条药皮熔化后熔渣的特性分类

（1）酸性焊条　其熔渣的成分主要是酸性氧化物，如药皮类型为钛铁矿型、钛钙型、纤维素型、金红石型、氧化铁型的焊条。由于酸性焊条药皮氧化性强，使合金元素烧损较多，因而力学性能较差，特别是塑性和冲击韧性比碱性焊条低。同时，酸性焊条脱氧、脱磷、脱硫能力低，因此，热裂纹的倾向也较大。但这类焊条焊接工艺性好，电弧稳定，飞溅小，脱渣性好，焊缝成形美观，对工件的铁锈、油污等污物不敏感，焊接时产生的有害气体少。酸性焊条可采用交流、直流焊接电源，广泛用于一般结构的焊接。

（2）碱性焊条　其熔渣的成分主要是碱性氧化物和氟化钙，其药皮类型为低氢钠型、低氢钾型的焊条。这类焊条由于焊缝中含氧量较少，合金元素很少氧化，脱氧、脱硫、脱磷的能力较强，而且药皮中的氟石还有较好的去氢能力。所以焊缝金属的力学性能和抗裂性能都比酸性焊条好，一般用于重要的焊接结构，如承受动载荷或刚度较大的结构。但碱性焊条的工艺性能差，引弧困难，电弧稳定性差，飞溅较大，不易脱渣，必须采用短弧焊，不加稳弧剂时只能采用直流电源焊接。

低氢型焊条对水分比较敏感，要求使用前一定要烘干，原则上重复烘干不超过两次。酸性焊条药皮中允许的含水量较高，是否要烘干，可视焊条存放时间及受潮程度而定。低氢型焊条的焙烘温度为 300～350℃，其他焊条的焙烘温度为 70～120℃。

3. 按焊条的性能分类

按照焊条的一些特殊使用性能和操作性能，可以将焊条分为超低氢焊条、低尘低毒焊条、立向下焊条、底层焊条、铁粉高效焊条、抗潮焊条、水下焊条、重力焊条和躺焊焊条等。

三、焊条的型号与牌号

在同一类型焊条中，根据不同特性分成不同的型号。某一型号的焊条可能有一个或几个品种。焊条牌号是按焊条的主要用途及性能特点对焊条产品具体命名，目前，除焊条生产厂研制的新焊条可自取牌号外，焊条牌号绝大部分已在全国统一。

1. 结构钢

（1）焊条型号　按国家标准 GB/T 5117—2012《非合金钢及细晶粒钢焊条》规定，非合金钢（即碳钢焊条）和低合金钢焊条型号是根据熔敷金属的力学性能、药皮类型、焊接位置、电流类型、熔敷金属化学成分和焊后状态来划分的。第一部分用字母“E”表示焊条；第二部分为字母“E”后面的紧邻两位数字，表示熔敷金属的最小抗拉强度代号，最小抗拉强度值为代号×10MPa；第三部分为字母“E”后面的第三和第四两位数字，表示药皮类型、焊接位置和电流类型；第四部分为熔敷金属的化学成分分类代号，可用“无标记”或短画“-”后的字母、数字或字母和数字的组合；第五部分为熔敷金属的化学成分代号之后的焊后状态代号，其中“无标记”表示焊态，“P”表示热处理状态，“AP”表示焊态和焊后热处理两种状态皆可。碳钢和低合金钢焊条型号的第三、四位数字组合的含义见表3-1。

表3-1　碳钢和低合金钢焊条型号的第三、四位数字组合的含义

<table>
<tr><th>焊条型号</th><th>药皮类型</th><th>焊接位置</th><th>电流种类</th></tr>
<tr><td>E××40</td><td>特殊型</td><td rowspan="11">平、立、横、仰</td><td rowspan="3">交流或直流正、反接</td></tr>
<tr><td>E××19</td><td>钛铁矿型</td></tr>
<tr><td>E××03</td><td>钛钙型</td></tr>
<tr><td>E××10</td><td>纤维素型</td><td>直流反接</td></tr>
<tr><td>E××11</td><td>纤维素型</td><td>交流或直流反接</td></tr>
<tr><td>E××12</td><td>金红石型</td><td>交流或直流正接</td></tr>
<tr><td>E××13</td><td>金红石型</td><td rowspan="2">交流或直流正、反接</td></tr>
<tr><td>E××14</td><td>金红石+铁粉型</td></tr>
<tr><td>E××15</td><td>低氢钠型（碱性）</td><td>直流反接</td></tr>
<tr><td>E××16</td><td>低氢钾型（碱性）</td><td rowspan="2">交流或直流反接</td></tr>
<tr><td>E××18</td><td>碱性+铁粉</td></tr>
<tr><td>E××20</td><td>氧化铁型</td><td rowspan="5">平焊、平角焊</td><td>交流或直流正接</td></tr>
<tr><td>E××23</td><td>铁粉钛钙型</td><td rowspan="2">交流或直流正、反接</td></tr>
<tr><td>E××24</td><td>金红石+铁粉</td></tr>
<tr><td>E××27</td><td>氧化铁+铁粉</td><td>交流或直流正接</td></tr>
<tr><td>E××28</td><td>碱性+铁粉</td><td rowspan="2">交流或直流反接</td></tr>
<tr><td>E××48</td><td>碱性</td><td>平、横、仰立向下</td></tr>
</table>

除上述强制分类代号外，根据供需双方协商，可在型号后依次附加可选代号：字母“U”表示在规定试验温度下，冲击吸收能量可以达到47J以上；“HX”为扩散氢代号，其中X代表15、10或5，分别表示每100g熔敷金属中扩散氢含量的最大值（mL）等。

碳钢焊条型号示例：E4303，E表示焊条；43表示熔敷金属抗拉强度最小值430MPa；03表示药皮类型为钛型，适用于全位置焊接，采用交流或直流正反接。

低合金钢焊条型号示例：E5515-N5PUH10，E表示焊条；55表示熔敷金属抗拉强度最小值为550MPa；15表示药皮类型为碱性，适用于全位置焊接，采用直流反接；N5表示熔

敷金属化学成分分类代号；P 表示焊后状态代号，此处表示热处理状态；U 为可选附加代号，表示在规定温度下（-60℃），冲击吸收能量 47J 以上；H10 为可选附加代号，表示熔敷金属扩散氢含量不大于 10mL/100g。

（2）焊条牌号　牌号首位字母“J”或汉字“结”字表示结构钢焊条；后面第 1 位、第 2 位数字表示熔敷金属抗拉强度的最小值（kgf/mm^2）。第 3 位数字表示药皮类型和焊接电源种类，见表 3-2。第 3 位数字后面按需要可加注字母符号表示焊条的特殊性能和用途。

表 3-2　焊条牌号第 3 位数字的含义

焊条牌号	药皮类型	焊接电源种类
J××0	不定型	不规定
J××1	氧化钛型	交流或直流
J××2	钛钙型	
J××3	钛铁矿型	
J××4	氧化钛型	
J××5	纤维素型	
J××6	低氢钾型	
J××7	低氢钠型	直流
J××8	石墨型	交流或直流
J××9	盐基型	直流

注：“××”表示牌号中的前两位数字。

常用非合金钢焊条型号与牌号对照见表 3-3。

表 3-3　常用非合金钢焊条型号与牌号对照

序号	型号	牌号	序号	型号	牌号
1	E4303	J422	4	E5003	J502
2	E4316	J426	5	E5016	J506
3	E4315	J427	6	E5015	J507

2. 不锈钢

（1）焊条型号　按国家标准 GB/T 983—2012《不锈钢焊条》规定，不锈钢焊条型号是根据熔敷金属的化学成分、药皮类型、焊接位置和电流种类来划分的。第一部分用字母“E”表示焊条；第二部分为字母“E”后面的数字，表示熔敷金属化学成分分类代号，数字后的字母“L”表示碳含量较低，“H”表示碳含量较高，如有特殊要求的化学成分，该化学成分用元素符号表示，放在数字后面；第三部分为短画“-”后面的第一位数字，表示焊接位置；第四部分为最后一位数字，表示药皮类型和电流类型，见表 3-4。

表 3-4　不锈钢焊条型号、药皮类型、焊接位置及焊接电流

焊条型号	药皮类型	焊接位置	焊接电流
E×××（×）-15	低氢型	全位置	直流反接
E×××（×）-25		平焊、横焊	
E×××（×）-16	金红石型	全位置	交流或直流
E×××（×）-17	钛酸型		

焊条型号举例如下：

E　308 － 15

- 15——焊条为碱性药皮，适用于全位置，采用直流焊接
- 308——熔敷金属化学成分分类代号
- E——焊条

（2）焊条牌号　牌号首位字母用“G”或汉字“铬”字表示铬不锈钢焊条，如果为“A”或汉字“奥”，表示奥氏体型铬镍不锈钢焊条。后面第1位数字表示熔敷金属主要化学成分组成的等级，见表3-5。第2位数字表示熔敷金属主要化学成分组成等级中的不同牌号，同一组成等级的焊条，可有10个序号，从0、1、2、…、9顺序排列。第3位数字表示药皮类型和电源种类，见表3-2。

表 3-5　不锈钢焊条熔敷金属主要化学成分等级

焊条牌号	熔敷金属主要化学成分等级	焊条牌号	熔敷金属主要化学成分等级
G2××	w_{Cr}约为13%	A4××	w_{Cr}为26%，w_{Ni}为21%
G3××	w_{Cr}约为17%	A5××	w_{Cr}为16%，w_{Ni}为25%
A0××	$w_{C}\leqslant 0.04\%$	A6××	w_{Cr}为16%，w_{Ni}为35%
A1××	w_{Cr}为19%，w_{Ni}为10%	A7××	铬-锰-氮不锈钢
A2××	w_{Cr}为18%，w_{Ni}为12%	A8××	w_{Cr}为18%，w_{Ni}为18%
A3××	w_{Cr}为23%，w_{Ni}为13%	A9××	w_{Cr}为20%，w_{Ni}为34%

焊条牌号举例：

G　2　0　2

- 2——金红石型药皮，交直流两用
- 0——牌号分类编号为0
- 2——熔敷金属主要化学成分等级为w_{Cr}约为13%
- G——铬不锈钢焊条

A　1　0　2

- 2——金红石型药皮，交直流两用
- 0——牌号分类编号为0
- 1——熔敷金属主要化学成分等级为w_{Cr}约为19%，w_{Ni}为10%
- A——奥氏体型不锈钢焊条

常用不锈钢焊条型号与牌号对照见表3-6。

表3-6　常用不锈钢焊条型号与牌号对照

序号	型号（新）	型号（旧）	牌号	序号	型号（新）	型号（旧）	牌号
1	E410-16	E1-13-16	G202	8	E309-15	E1-23-13-15	A307
2	E410-16	E1-13-15	G207	9	E310-16	E2-26-21-16	A402
3	E410-15	E1-13-15	G217	10	E310-15	E2-26-21-15	A407
4	E308L-16	E00-19-10-16	A002	11	E347-16	E0-19-10Nb-16	A132
5	E308-16	E0-19-10-16	A102	12	E347-15	E0-19-10Nb-15	A137
6	E308-15	E0-19-10-15	A107	13	E316-16	E0-18-12Mo2-16	A202
7	E309-16	E1-23-13-16	A302	14	E316-15	E0-18-12Mo2-15	A207

四、焊条的选用及烘干

选择焊条的基本原则是在确保焊接结构安全、可靠使用的前提下，根据被焊材料的化学成分、力学性能、板厚及接头形式、焊接结构特点、受力状态、结构使用条件对焊缝性能的要求、焊接施工条件和技术经济效益等，进行综合评价后，尽量选用工艺性能好和生产效率高的焊条。同种钢焊接时焊条选用要点如下。

1. 根据焊缝金属的力学性能和化学成分要求

1）对于普通及低合金结构钢，通常要求焊缝金属与母材等强匹配，因此应选用抗拉强度等于或稍高于母材的焊条。

2）对于特殊性能钢（不锈钢和耐热钢等），通常要求焊缝金属的主要合金成分与母材金属相同或相近。

3）对于被焊结构刚度大、接头应力高、易产生裂纹的情况，宜采用低强匹配，即选用焊条的强度级别比母材低一级。

4）对母材中碳、硫、磷含量较高，焊接时易产生裂纹的场合，应选用抗裂性好的低氢型焊条。

2. 根据焊件的使用性能和工作条件要求

1）对于承受动载荷和冲击载荷的结构，除满足强度要求外，还要保证焊缝具有较高的塑性和韧性，因此应选用低氢型焊条。

2）对于接触腐蚀介质的构件或在高温或低温下工作的构件，应选用相应的不锈钢焊条、耐热或低温焊条。

3. 根据焊件的结构特点和受力状态

1）对结构形状复杂、刚度大及大厚度焊件，由于焊接过程中会产生很大的应力，容易使焊缝产生裂纹，因此应选用抗裂性能好的低氢型焊条。

2）对于焊接部位难以清理干净的焊件，应选用氧化性强，对铁锈、油污和氧化皮不敏感的酸性焊条。

3）对受条件限制不能翻转的结构，有些焊缝处于非平焊位置，应选用全位置焊接的焊条。

4. 操作工艺性能

在满足产品性能要求的条件下，尽量选用工艺性能好的酸性焊条。

5. 合理的经济效益

1）在满足使用性能和操作工艺的条件下，尽量选用成本低、效率高的焊条。

2）对于焊接工作量大的结构，应尽量选用高效率焊条，如铁粉焊条、重力焊条等，或选用封底焊条、立向下焊条等专用焊条，以提高生产率。

受潮的焊条在使用中不仅会使焊接工艺性能变差，而且也影响焊接质量，因此，焊条在使用前应该烘干，特别是碱性焊条对水分比较敏感，必须要烘干。酸性焊条的烘干温度一般在70～150℃之间，保温1～2h；碱性焊条的烘干温度一般在350～400℃之间，保温1～2h。焊条累计烘干次数一般不宜超过3次。

第二节 焊接接头及坡口

焊接接头包括焊缝、熔合区和热影响区三部分，如图3-2所示。焊接接头是焊接结构最基本的要素，一个焊接结构总是由若干个构件通过焊接接头连接而成。

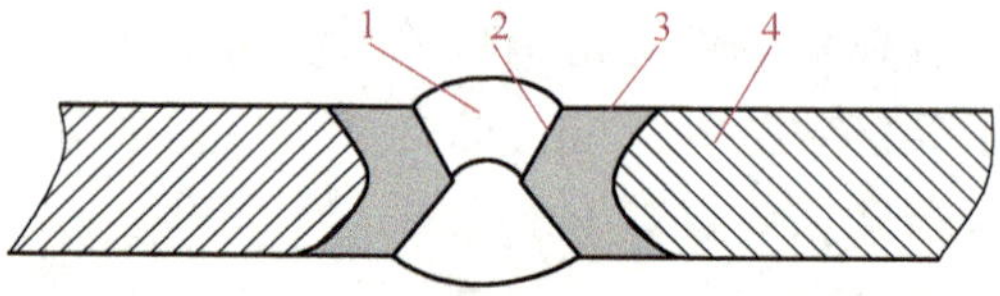

图3-2 焊接接头组成示意图

1—焊缝 2—熔合区 3—热影响区 4—母材

一、焊接坡口的类型与选择

坡口是利用机械（如刨削、车削等）、火焰或电弧（碳弧气刨）等方法加工而成，开坡口的目的是保证电弧能深入接头根部，使根部焊透并便于清渣，以获得较好的焊缝成形，而且坡口还可以调节焊缝的熔合比（即母材金属在焊缝中占的比例）。

1. 坡口类型

坡口形式及其尺寸一般随板厚而变化，同时还与焊接位置、坡口加工方法以及焊件材质等有关。坡口的基本形式和尺寸已经标准化。常用的坡口基本形式有I形坡口、V形坡口、X形坡口和U形坡口。

2. 坡口形式和尺寸选择需综合考虑的几点因素

（1）保证焊件焊透 这是保证接头性能的主要因素。

（2）有利于控制焊接应力和减少变形 采用X形坡口与采用V形坡口相比，不但可以减少焊缝金属量约一半，而且焊接接头变形较小，可以避免焊接裂纹产生。

（3）经济性 依据现有设备条件等综合考虑坡口加工费用和金属填充消耗量大小。

二、焊接接头的类型及特点

由于焊件的结构形状、厚度及技术要求不同，其焊接接头的类型也不相同。焊接接头的基本形式有对接接头、T形接头、角接接头、搭接接头四种。焊接接头的基本类型、特点及应用见表3-7。有时焊接结构中还有一些特殊的接头形式，如十字接头、端接接头、卷边接头、套管接头、斜对接接头和锁底对接接头等。

表 3-7　焊接接头的基本类型、特点及应用

接头类型	特点及应用	图　示
对接接头	两焊件表面构成≥135°、≤180°夹角的接头称为对接接头，是采用最多的一种接头形式。按照钢板厚度选用不同形式的坡口	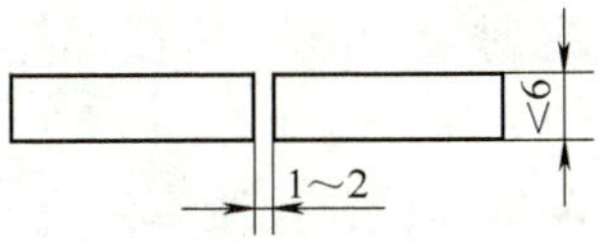 a) I 形坡口 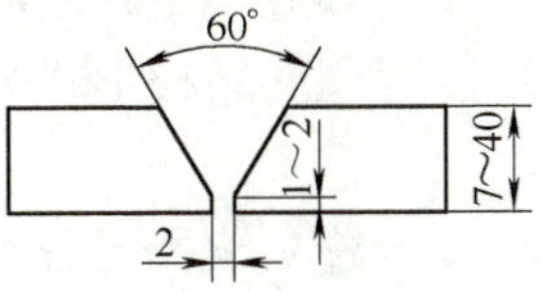 b) Y 形坡口 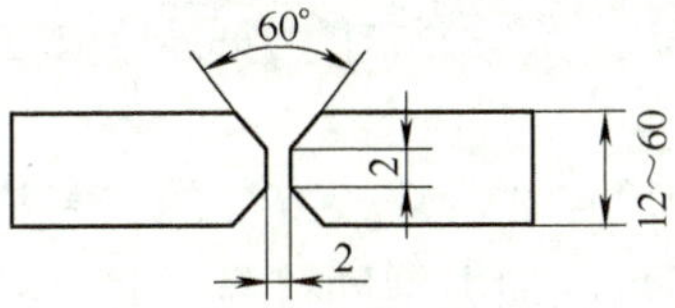 c) 双 Y 形坡口 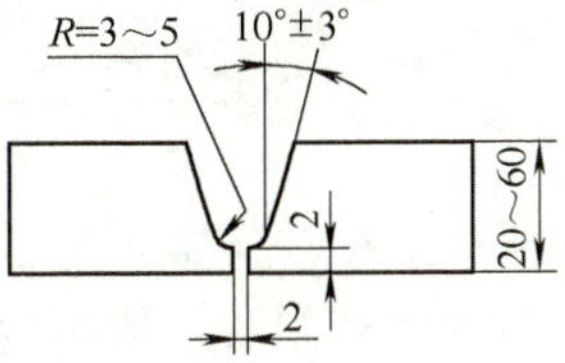 d) 带钝边 U 形坡口
T 形接头	T 形接头是一焊件的端面与另一焊件的表面构成直角或近似直角的接头。主要用于箱形、船体结构。按照钢板厚度和对结构强度的要求，可分别考虑选用不同形式的坡口，使接头焊透，保证接头强度	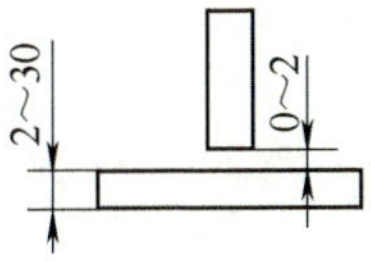 a) I 形坡口 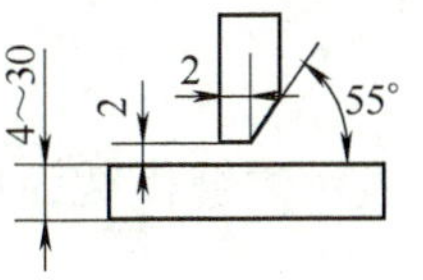 b) 带钝边单边 V 形坡口 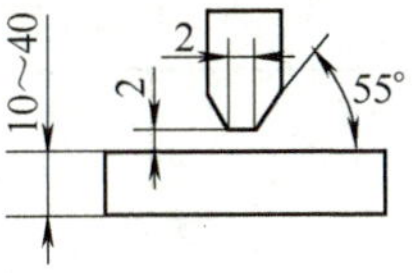 c) 带钝边双单边 V 形坡口 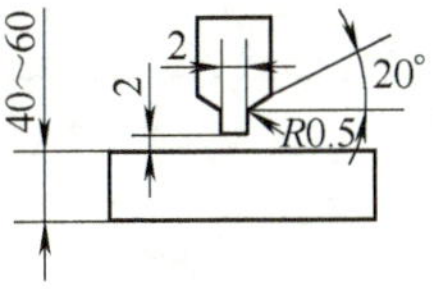 d) 带钝边双 J 形坡口
角接接头	两焊件端面间构成＞35°、＜135°夹角的接头称为角接接头，其承载能力差，一般用于不重要的焊接结构。可根据板厚开不同形式坡口	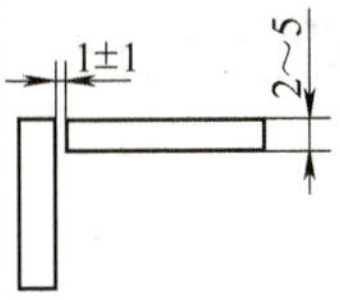 a) I 形坡口 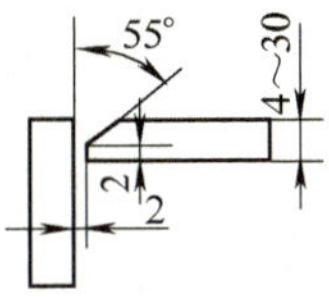 b) 带钝边单边 V 形坡口 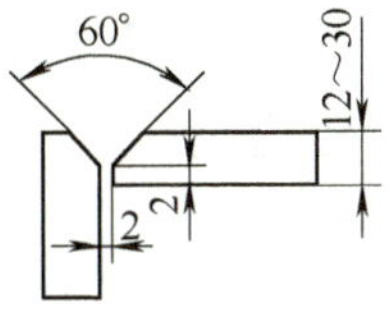 c)Y 形坡口 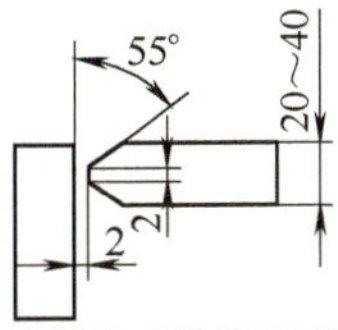 d) 带钝边双单边 V 形坡口
搭接接头	两焊件部分重叠构成的接头称为搭接接头，特别适用于被焊结构狭小处及密闭的焊接结构。I 形坡口的搭接接头，其重叠部分为 3～5 倍板厚，并采用双面焊接	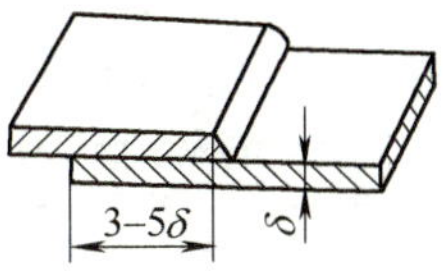 a) I 形坡口 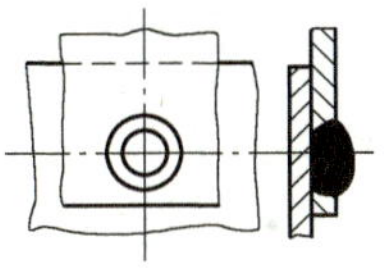 b) 塞焊缝 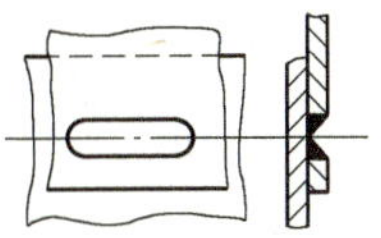 c) 槽焊缝

三、焊缝形式

焊缝是构成焊接接头的主体部分，焊缝按不同的分类方法可有以下几种划分。

（1）按施焊时焊缝在空间的位置分类　有平焊缝、立焊缝、横焊缝及仰焊缝四种形式。

（2）按焊缝的结构形式分类　有对接焊缝、角接焊缝、塞焊缝、槽焊缝和端接焊缝五种形式。

（3）按焊缝断续情况分类　有定位焊缝、连续焊缝及断续焊缝三种形式。

第三节　焊缝符号和焊接方法代号

在图样上标注焊缝形式、焊缝尺寸及焊接方法的符号称为焊缝符号。焊缝符号一般由基本符号与指引线组成。必要时还可以加上辅助符号、补充符号和焊缝尺寸符号。

一、焊缝符号

1. 基本符号

基本符号是表示焊缝横截面形状的符号，它采用近似于焊缝横截面形状的符号来表示，见表3-8。

表3-8　焊缝的基本符号

序　号	名　称	示意图	符　号
1	卷边焊缝[①]（卷边完全熔化）	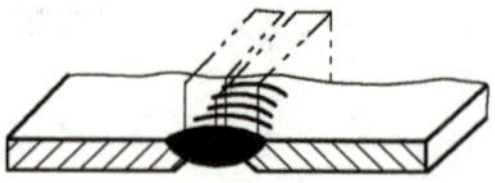	
2	I形焊缝	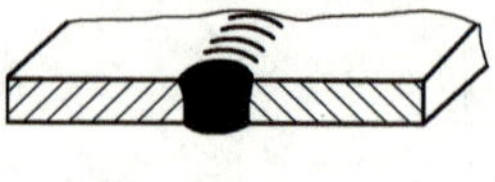	
3	V形焊缝		
4	单边V形焊缝		
5	带钝边V形焊缝		
6	带钝边单边V形焊缝		

（续）

序　号	名　称	示 意 图	符　号
7	带钝边U形焊缝		
8	带钝边J形焊缝		
9	封底焊缝		
10	角焊缝	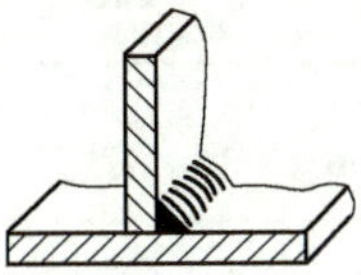	
11	塞焊缝或槽焊缝	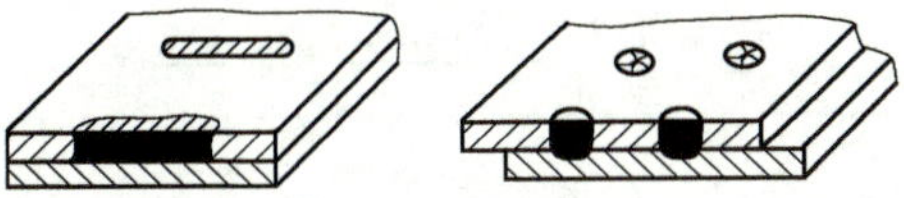	
12	点焊缝	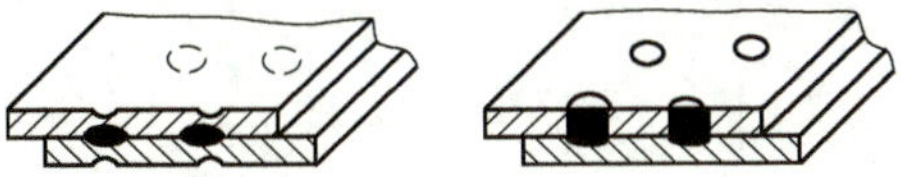	
13	缝焊缝	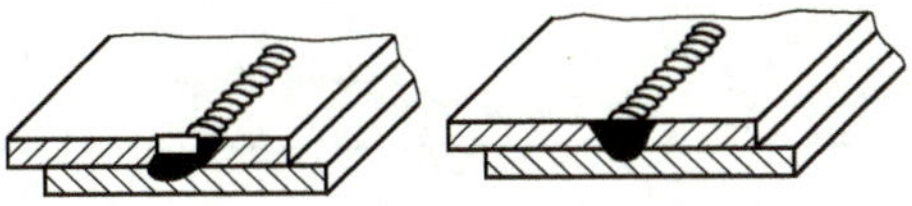	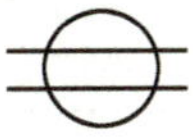

① 不完全熔化的焊缝用I形焊缝表示，并加注焊缝有效厚度。

2. 辅助符号

辅助符号是表示焊缝表面形状特征的符号，见表3-9。辅助符号是在需要确切地说明焊缝的表面形状时，加在基本符号的旁边，否则可以不用，其应用见表3-10。

3. 补充符号

补充符号是为了补充说明焊缝的某些特征而采用的符号，见表3-11。

4. 焊缝尺寸符号

焊缝尺寸符号是表示坡口和焊缝特征尺寸的符号，见表3-12。

5. 指引线

指引线一般由带有箭头的箭头线和两条基准线（一条为实线，另一条为虚线）两部分组成，必要时可在基准线的实线末端加一尾部符号，进行其他说明用（如焊接方法等），如图3-3所示。

表 3-9 焊缝的辅助符号

序号	名 称	示 意 图	符 号	说 明
1	平面符号	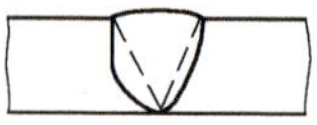	—	焊缝表面齐平（一般通过加工）
2	凹面符号	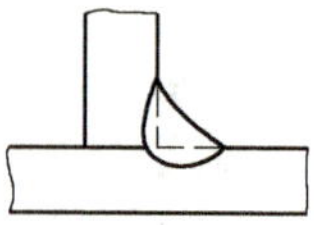	◡	焊缝表面凹陷
3	凸面符号	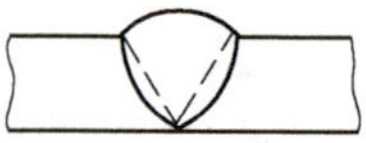	◠	焊缝表面凸起

表 3-10 焊缝辅助符号的应用

名 称	示 意 图	符 号
平面 V 形对接焊缝	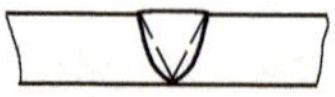	
凸面 X 形对接焊缝		
凹面角焊缝	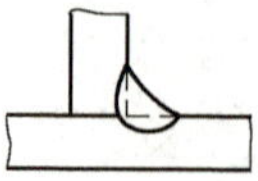	
平面封底 V 形焊缝		

表 3-11 焊缝的补充符号

序 号	名 称	示 意 图	符 号	说 明
1	带垫板符号	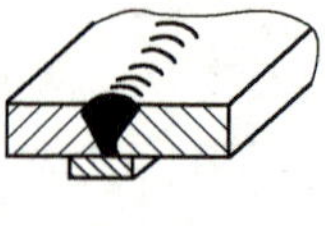	▭	表示焊缝底部有垫板
2	三面焊缝符号	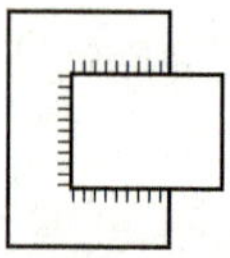	⊏	表示三面有焊缝
3	周围焊缝符号	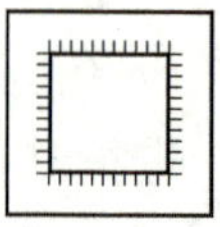	○	表示环绕工件周围焊缝

（续）

序　号	名　　称	示　意　图	符　　号	说　　明
4	现场符号	—		表示在现场或工地上进行焊接
5	尾部符号	—		可以参照 GB/T 5185 标注焊接工艺方法等内容

表 3-12　焊缝尺寸符号

符　号	名　　称	示　意　图	符　号	名　称	示　意　图
δ	工件厚度	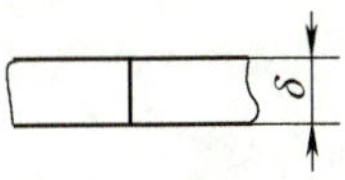	e	焊缝间距	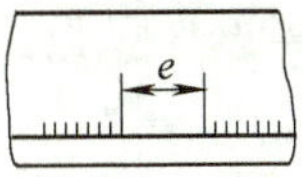
α	坡口角度	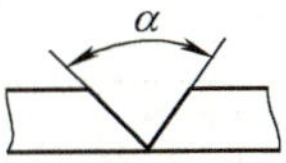	K	焊脚尺寸	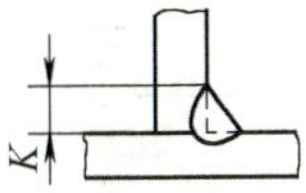
b	根部间隙	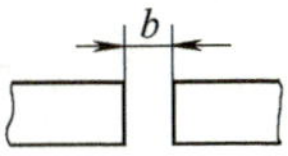	d	点焊：熔核直径 塞焊：孔径	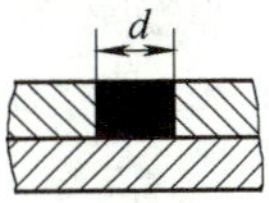
p	钝边	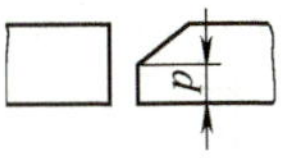	S	焊缝有效厚度	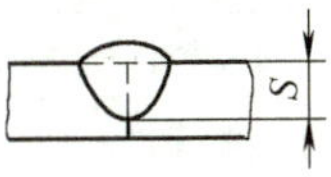
c	焊缝宽度	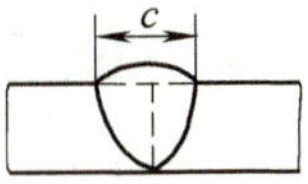	N	相同焊缝数量	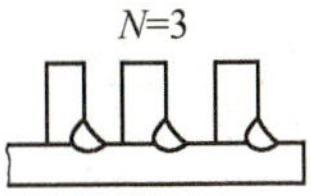
R	根部半径	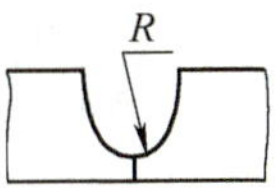	H	坡口深度	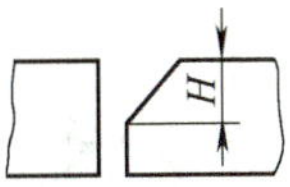
l	焊缝长度	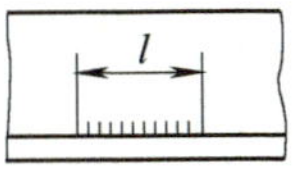	h	余高	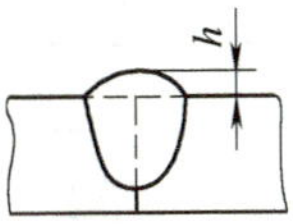
n	焊缝段数	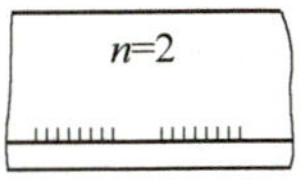	β	坡口面角度	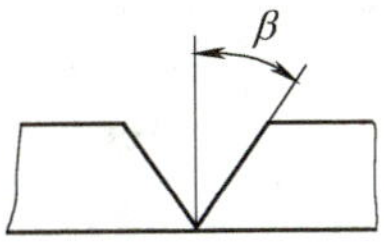

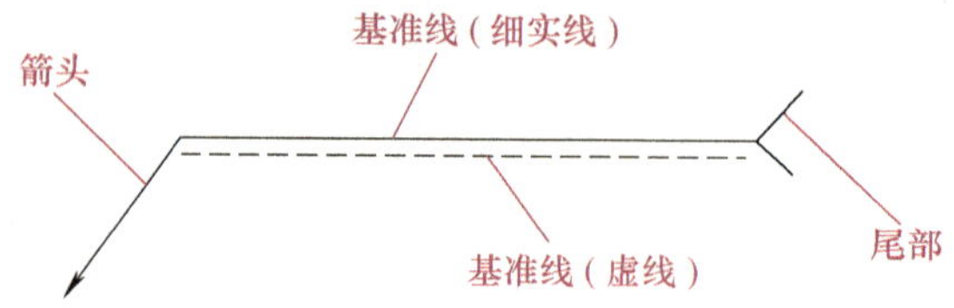

图 3-3 指引线

二、焊接方法代号

在焊接结构图样上，为了简化焊接方法的标注和说明，国家标准中规定了6类99种焊接方法的代号，焊接方法代号以数字形式标注在基准线实线末端的尾部符号中。主要焊接方法代号见表3-13。

表 3-13 主要焊接方法代号

方法	德文缩写（DIN1910）	英文缩写	数字代号（ISO 4063）
气焊	G		3
氧乙炔气焊	G		311
焊条电弧焊	E	SMAW	111
药芯焊丝电弧焊（自保护）	MF		114
埋弧焊	UP	SAW	12
气体保护焊	SG		
熔化极气体保护电弧焊	MSG	GMAW	13
熔化极非惰性气体保护电弧焊	MAG	MAG	135
非惰性气体保护的药芯焊丝电弧焊		FCAW	136
熔化极惰性气体保护电弧焊	MIG	MIG	131
非熔化极气体保护电弧焊	WSG	GTAW	14
钨极惰性气体保护电弧焊	WIG	TIG	141
等离子弧焊	WP	PAW	15
激光焊	LA	LBW	52
电子束焊	EB	EBW	51
压焊			4
电阻焊	R	RW	2
点焊	RP		21
缝焊	RR		22
凸焊	RB		23
闪光对焊	RA		24
摩擦焊	FR	FW	42
电弧螺柱焊	B		781
电渣焊	RES	ESW	72

三、焊缝符号的标注

焊缝符号和焊接方法代号必须通过指引线，按照国家标准规定进行标注，才能准确无误地表示焊缝。

国家标准规定，箭头线相对焊缝的位置一般没有特殊要求，但是在标注 V 形、Y 形、J 形焊缝时，箭头线应指向带坡口一侧的工件，如图 3-4 所示。必要时，允许箭头线弯折一次，如图 3-5 所示。

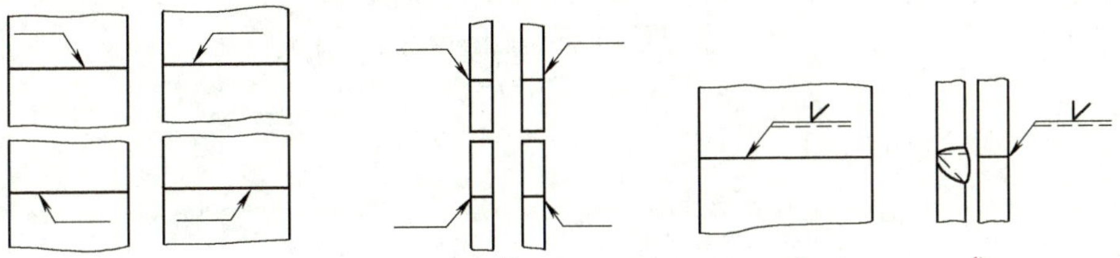

a)　b)　c)　d)

图 3-4　箭头线的位置

基准线的虚线可以画在基准线的实线上侧或下侧。基准线一般应与图样的底边平行，特殊情况下也可与底边相垂直。

如果焊缝在接头的箭头侧，则将基本符号标注在基准线的实线上，如图 3-6a 所示。

如果焊缝在接头的非箭头侧，则将基本符号标注在基准线的虚线上，如图 3-6b 所示。

标注对称焊缝及双面焊缝时，可不加虚线，如图 3-6c、d 所示。

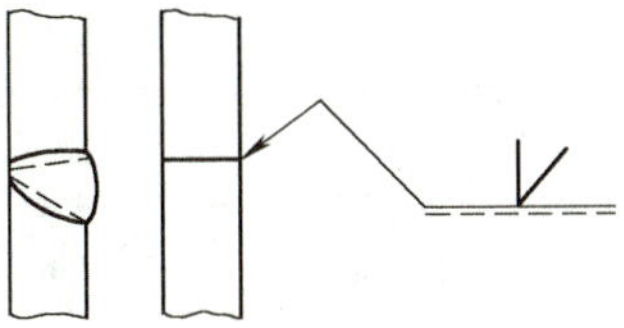

图 3-5　弯折的箭头

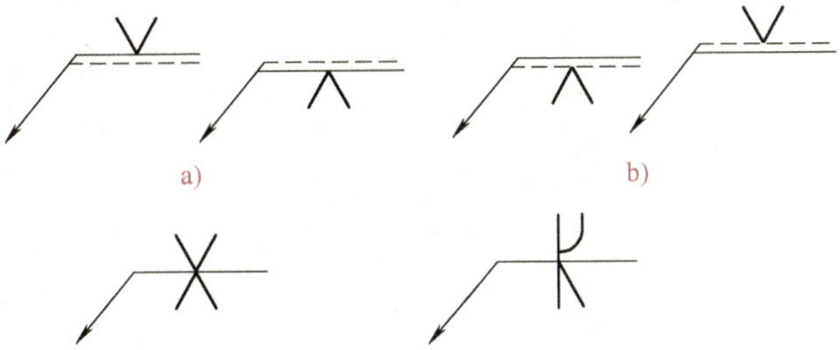

a)　b)　c)　d)

图 3-6　基本符号相对基准线的位置

a）焊缝在接头的箭头侧　b）焊缝在接头的非箭头侧

c）、d）对称焊缝或双面焊缝不加虚线

此外，国家标准还规定，必要时基本符号可附带尺寸符号及数据，其标注原则如图 3-7 所示。

这些原则是：

1）焊缝横截面上的尺寸标注在基本符号的左侧。

2）焊缝长度方向的尺寸标注在基本符号的右侧。

3）坡口角度、坡口面角度、根部间隙等尺寸标注在基本符号的上侧或下侧。

4）相同焊缝数量符号标注在尾部。

5）当需要标注的尺寸数据较多，不易分辨时，可在数据前面增加相应的尺寸符号。

焊缝符号的标注示例见表3-14。

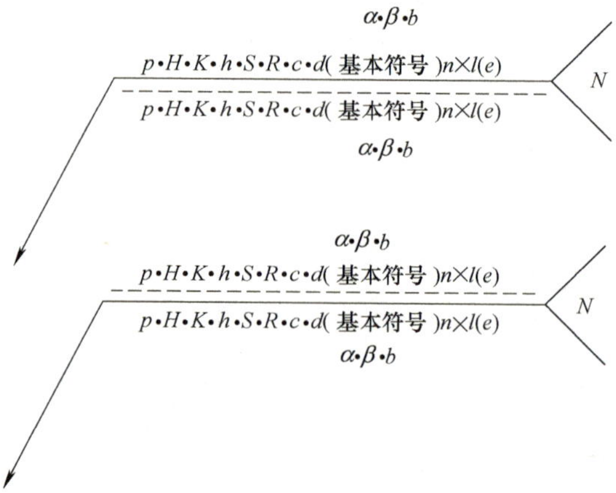

图3-7 焊缝尺寸的标注位置

表3-14 焊缝符号的标注示例

接头形式	焊缝形式	标注示例	说明
对接接头	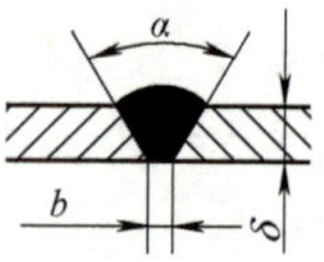	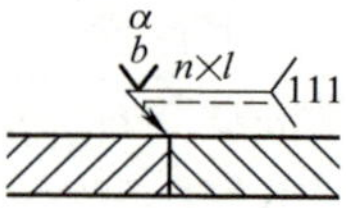	111表示用焊条电弧焊，V形焊缝，坡口角度为α，根部间隙b，有n条焊缝，焊缝长度为l
T形接头	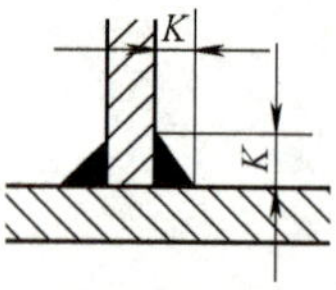	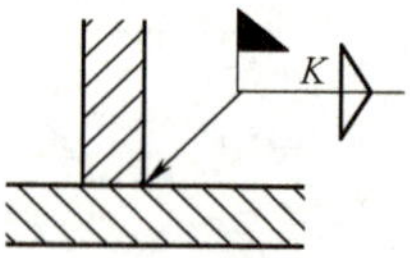	表示在现场装配时进行焊接 表示双面角焊缝，焊脚高为K
	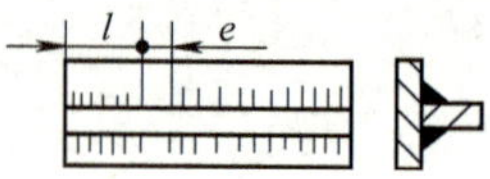	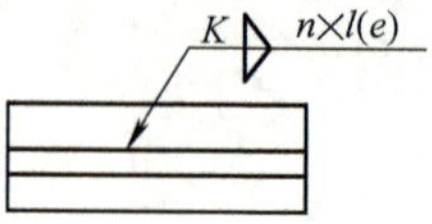	n×l(e)表示有n条断续双面链状角焊缝。l表示焊缝的长度，e表示断续焊缝的间距
	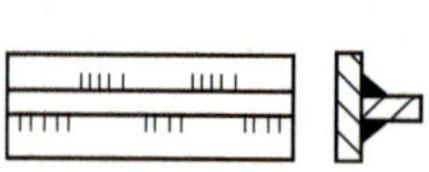	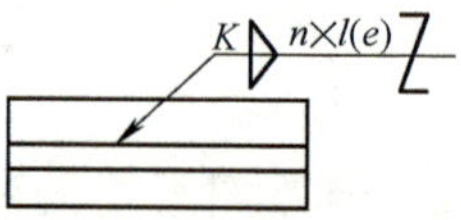	表示断续交错焊缝
角接接头	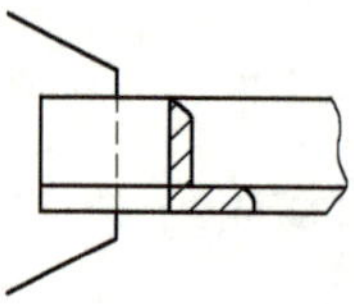	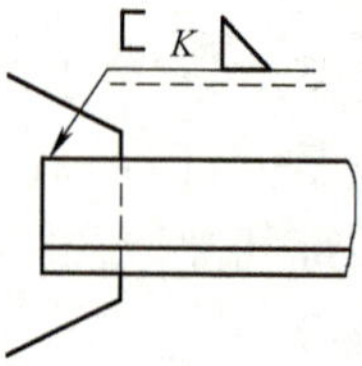	表示三面焊接 表示单面角焊缝

（续）

接头形式	焊缝形式	标注示例	说明
角接接头	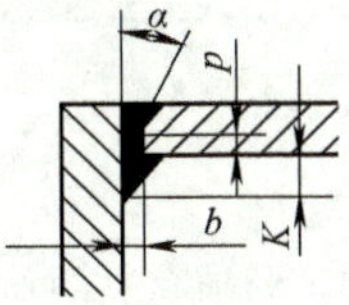	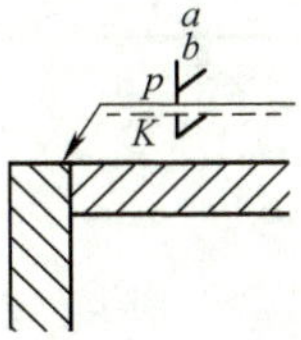	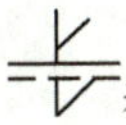表示双面焊缝，上面为带钝边单边 V 形焊缝，下面为角焊缝
搭接接头	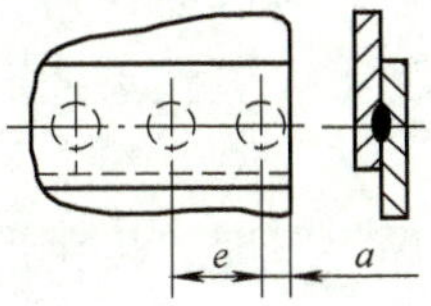	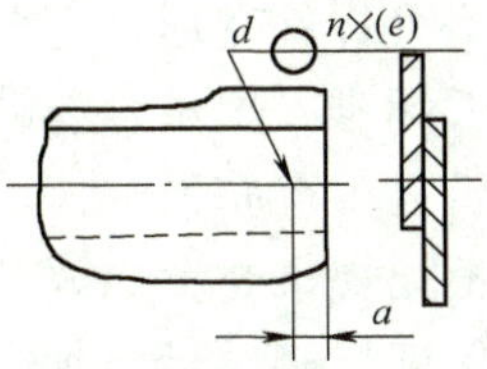	○表示点焊。*d* 表示焊点直径，*e* 表示焊点的间距，*a* 表示焊点至板边的间距，*n* 表示相同焊点个数

【拓展学习】

焊接工程识图——空气储罐

第四节　焊条电弧焊的焊接参数及工艺措施

焊接参数是指焊接时，为保证焊接质量而选定的诸物理量（例如焊接电流、电弧电压、焊接速度、热输入等）的总称。焊条电弧焊的焊接参数主要包括焊条直径、焊接电流、电弧电压、焊接速度焊缝层数和热输入等。焊接工艺措施主要有预热、后热及焊后热处理。

一、焊条直径

焊条直径是根据焊件厚度、焊接位置、接头形式、焊接层数等进行选择的。

厚度较大的焊件，搭接和 T 形接头的焊缝应选用直径较大的焊条。对于小坡口焊件，为了保证底层的熔透，宜采用直径较小的焊条，如打底焊时一般选用 ϕ2.5mm 或 ϕ3.2mm 的焊条。不同的位置，选用的焊条直径也不同，通常平焊时选用较粗的 ϕ4.0 ~ ϕ6.0mm 的焊条，立焊和仰焊时选用 ϕ3.2 ~ ϕ4.0mm 的焊条；横焊时选用 ϕ3.2 ~ ϕ5.0mm 的焊条。对于特殊钢材，需要小焊接参数焊接时可选用小直径焊条。

根据焊件厚度选择时，可参考表 3-15。对于重要结构应根据规定的焊接电流范围（或根据热输入）确定，参照焊接电流与焊条直径的关系来决定焊条直径。

表 3-15　焊条直径与焊件厚度的关系

焊件厚度/mm	2	3	4~5	6~12	>13
焊条直径/mm	2	2.5~3.2	3.2~4	4~5	4~6

二、焊接电流

焊接电流是焊条电弧焊的主要参数，焊接电流的选择直接影响着焊接质量和劳动生产率。焊接电流太大时，飞溅和烟雾大，焊条尾部易发红，部分涂层要失效或崩落，而且容易产生咬边、焊瘤、烧穿等缺陷，增大焊件变形，还会使接头热影响区晶粒粗大，焊接接头的韧性降低；焊接电流太小，则引弧困难，焊条容易粘连在焊件上，电弧不稳定，易产生未焊透、未熔合、气孔和夹渣等缺陷，且生产率低。

因此，选择焊接电流时，应根据焊条类型、焊条直径、焊件厚度、接头形式、焊缝位置及焊接层数来综合考虑。首先应保证焊接质量，其次应尽量采用较大的电流，以提高生产效率。板厚较大的T形接头和搭接接头，在施焊环境温度低时，由于导热较快，所以焊接电流要大一些。

1. 考虑焊条直径

焊条直径越大，熔化焊条所需的热量越多，则必须增大焊接电流。每种焊条都有一个最适合电流范围，表3-16列出了常用的各种直径碳钢焊条适合电流参考值。

表 3-16　常用的各种直径碳钢焊条适合电流参考值

焊条直径/mm	1.6	2.0	2.5	3.2	4.0	5.0	5.8
焊条电流/A	25~40	40~60	70~90	90~120	170~220	200~270	260~300

当使用碳钢焊条焊接时，还可以根据选定的焊条直径，用下面的经验公式计算焊接电流：

$$I = dK$$

式中　I——焊接电流（A）；

d——焊条直径（mm）；

K——经验系数（A/mm）。见表3-17。

焊接电流经验系数与焊条直径的关系见表3-17。

表 3-17　焊接电流经验系数与焊条直径的关系

焊条直径 d/mm	1.6	2~2.5	3.2	4~6
经验系数 K/(A/mm)	20~25	25~30	30~40	40~50

2. 考虑焊接位置

在平焊位置焊接时，可选择偏大些的焊接电流，非平焊位置焊接时，为了易于控制焊缝成形，焊接电流比平焊位置小10%~20%。

3. 考虑焊接层次

通常焊接打底焊道时，为保证背面焊道的质量，使用的焊接电流较小；焊接填充焊道时，为提高效率，保证熔合好，使用较大的电流；焊接盖面焊道时，为防止咬边和保证焊道成形美观，使用的电流稍小些。

4. 焊条类型

当其他条件相同时，碱性焊条使用的焊接电流应比酸性焊条小10%～15%，不锈钢焊条使用的焊接电流比碳钢焊条小15%～20%。

焊接电流一般可根据焊条直径进行初步选择，焊接电流初步选定后，要经过试焊、看飞溅、检查焊缝成形和缺陷、看焊条熔化状况，才可确定。对于有力学性能要求的，如锅炉、压力容器等重要结构，要经过焊接工艺评定合格以后，才能最后确定焊接电流等焊接参数。

三、电弧电压

当焊接电流调好以后，焊机的外特性曲线就确定了。实际上电弧电压主要是由电弧长度来决定的。电弧长，电弧电压高，反之则低。焊接过程中，电弧不宜过长，否则会出现电弧燃烧不稳定、飞溅大、熔深浅及产生咬边、气孔等缺陷；若电弧太短，则容易粘焊条。一般情况下，电弧长度等于焊条直径的0.5～1倍为好，即为短弧焊，相应的电弧电压为16～25V。碱性焊条的电弧长度不超过焊条的直径，为焊条直径的一半较好，尽可能地选择短弧焊；酸性焊条的电弧长度等于焊条直径。

四、焊接速度

焊条电弧焊的焊接速度是指焊接过程中焊条沿焊接方向移动的速度，即单位时间内完成的焊缝长度。焊接过快会造成焊缝变窄，严重凸凹不平，容易产生咬边及焊缝波形变尖；焊接速度过慢会使焊缝变宽，余高增加，功效降低。焊接速度还直接决定着热输入量的大小，一般根据钢材的淬硬倾向来选择。

五、焊缝层数

厚板的焊接，一般要开坡口并采用多层焊或多层多道焊。多层焊和多层多道焊接头的显微组织较细，热影响区较窄。前一条焊道对后一条焊道起预热作用，而后一条焊道对前一条焊道起热处理作用。因此，接头的塑性和韧性都比较好。特别是对于易淬火钢，后焊道对前焊道的回火作用，可改善接头的组织和性能。

对于低合金高强钢等钢种，焊缝层数对接头性能有明显影响。焊缝层数少，每层焊缝厚度太大时，由于晶粒粗化，将导致焊接接头的塑性和韧性下降。

多层多道焊时，每层厚度不宜过大，最好不大于4mm。根据实际经验，每层厚度等于焊条直径的0.8～1.2倍时，生产率较高，并且比较容易保证质量和便于操作。

六、热输入

熔焊时，由焊接能源输入给单位长度焊缝上的热量称为热输入。

热输入对低碳钢焊接接头性能的影响不大，因此，对于低碳钢，焊条电弧焊一般不规定热输入。对于低合金钢和不锈钢等钢种，热输入太大时，接头性能可能降低；热输入太小时，有的钢种焊接时可能产生裂纹。因此，要根据焊接工艺规定热输入。焊接电流和热输入规定之后，焊条电弧焊的电弧电压和焊接速度就间接地大致确定了。

七、预热

预热能降低焊后冷却速度，而对于给定成分的钢种，焊缝及热影响区的组织和性能取决于冷却速度的大小。对于易淬火钢，通过预热可以减小淬硬程度，可以减小热影响区的温度差别，减少焊接应力，防止产生焊接裂纹。因此，对于有淬硬倾向的钢材，经常采用预热措施。

预热温度的选择应根据焊件的成分、结构刚度、焊接方法等因素综合考虑，并通过焊接性试验来确定。常采用火焰加热、工频感应加热和红外线加热等方法。

八、后热

焊后将焊件保温缓冷，可以减缓焊缝和热影响区的冷却速度，起到与预热相似的作用。其中，对于冷裂纹倾向性大的低合金高强度钢，还有一种专门的后热处理，即消氢处理，就是在焊后立即将焊件加热到250～350℃温度范围，保温2～6h后空冷。消氢处理的目的，主要是使焊缝金属中的扩散氢加速逸出，降低焊缝和热影响区中的氢含量，以防止产生冷裂纹。

九、焊后热处理

焊后热处理是将焊件整体或局部加热保温，通过炉冷或空冷的一种工艺。材料经过热处理可以降低焊接残余应力，软化淬硬部位，改善焊缝和热影响区的组织和性能，从而提高接头的塑性和韧性及稳定结构的尺寸。焊后热处理的方法分为整体加热处理和局部热处理两种。

第五节　焊条电弧焊常见焊接缺陷及防止措施

按照焊接缺陷在焊接接头中的位置，可以分为外观缺陷和内部缺陷。外观缺陷即焊缝缺陷位于焊缝的外表面，它包括焊缝形状和尺寸不符合技术标准要求、咬边、弧坑、烧穿、焊瘤、根部收缩、外部气孔、根部未焊透、表面裂纹等；内部缺陷即焊缝缺陷位于焊缝的内部，它包括夹渣、内部气孔、中间未焊透、未熔合和内部裂纹等。焊条电弧焊与其他熔焊方法的常见缺陷及防止原理大致是相同的，本节主要研究焊条电弧焊常见缺陷产生的原因及防止措施。

一、焊缝尺寸及形状不符合要求

焊缝外表形状高低不平，焊波粗劣；焊缝宽度不齐，太宽或太窄；焊缝余高过高或高低不均等都属于焊缝尺寸及形状不符合要求，如图3-8所示。焊缝宽度不一致，除了造成焊缝成形不美观外，还会影响焊缝与母材金属的结合强度。

产生焊缝尺寸及形状不符合要求的原因很多，如焊接坡口角度不当、装配间隙不均匀、焊接速度的快慢、焊条角度不当等因素都会使焊缝的外形尺寸和形状产生偏差等。

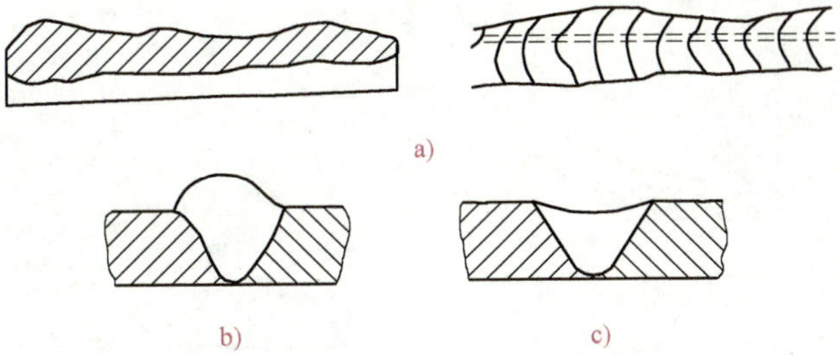

图 3-8 焊缝尺寸及形状不符合要求

a）焊缝高低不平、宽度不齐、焊波粗劣 b）余高过高 c）焊缝低于母材金属

二、咬边

咬边是指由于焊接参数选择不当或操作方法不正确，沿焊趾的母材部位产生的沟槽或凹陷，如图 3-9 所示。咬边不仅减弱了焊接接头的强度，而且在咬边处会形成应力集中，承载后有可能在咬边处产生裂纹。所以承受载荷的焊接构件，对咬边的深度和长度都有一定限制。在一般的焊接构件中咬边深度通常不允许超过 0.5mm。

咬边产生的原因是：焊接电流过大；电弧过长；运条不合适；移动速度过快；焊条角度不适当等。

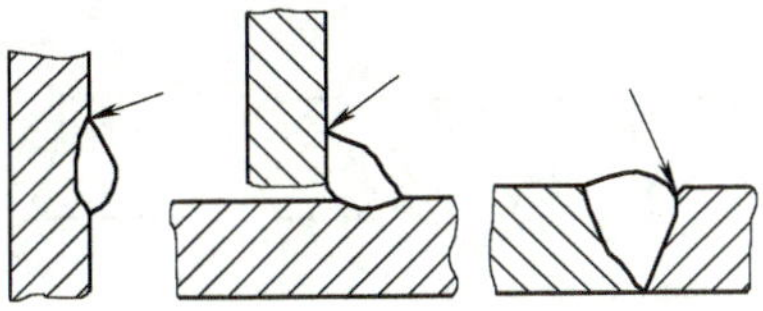

图 3-9 咬边

三、焊瘤

焊瘤是指在焊接过程中，熔化金属流淌到焊缝以外未熔化母材上所形成的金属瘤。焊瘤存在于焊缝表面，特别是立焊时焊缝的表面更容易产生焊瘤，它的下面往往伴随着未熔合、未焊透等缺陷；由于焊缝的几何形状突然发生变化，造成应力集中；管子内部焊瘤会减小管路介质的流通截面，如图 3-10 所示。

焊瘤产生的原因是：焊接参数选择不当，焊接电流太大、电弧电压太大；钝边过小，间隙过大；焊接操作时，焊条摆动角度不对，焊工操作技术水平低等。

四、弧坑

弧坑是焊条电弧焊时，由于收弧不当，在焊道末端形成的低于母材的低洼部分，如图 3-11 所示。弧坑也是凹坑的一种。弧坑减少了焊缝的有效工作截面，在弧坑处熔化金属填充不足，熔池进行的冶金反应不充分，容易产生偏析和杂质聚积。因此，在弧坑处往往伴有气孔、夹渣、裂纹等焊接缺陷。

弧坑产生的原因是：焊条在收弧处停留时间短、提前熄弧；由于电弧吹力而引起的凹坑没有得到足够的熔化金属填充而形成弧坑。

五、下塌与烧穿

下塌是指单面焊时，由于焊接工艺不当，造成焊缝金属过量而透过背面，使焊缝正面塌陷，背面突起的现象，如图 3-12a 所示。焊接过程中，熔化金属自坡口背面流出，形成穿孔的缺陷，称为烧穿，如图3-12b所示。

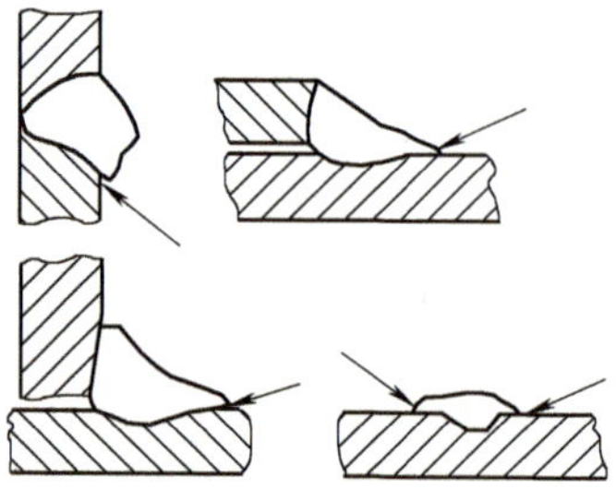

图3-10　焊瘤

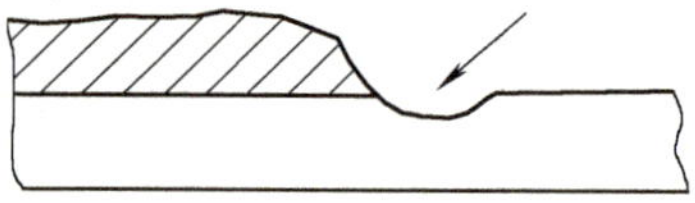

图3-11　弧坑

产生下塌和烧穿的原因主要有：焊接电流大，焊接速度慢，使焊件过度加热；坡口间隙大，钝边过薄；焊工操作技能差等。

六、夹渣

焊后残留在焊缝中的熔渣称为夹渣，如图3-13所示。夹渣会降低焊缝的力学性能，引起应力集中，易形成裂纹。

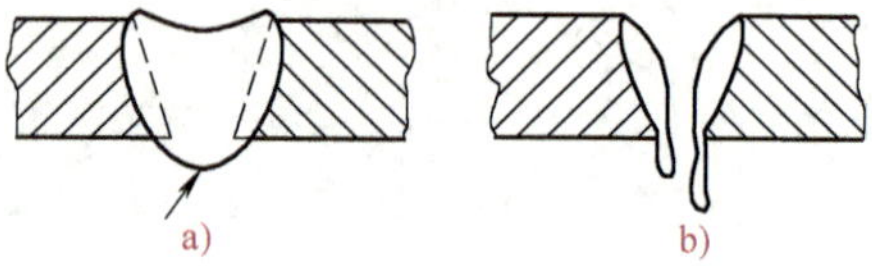

图3-12　下塌与烧穿
a）下塌　b）烧穿

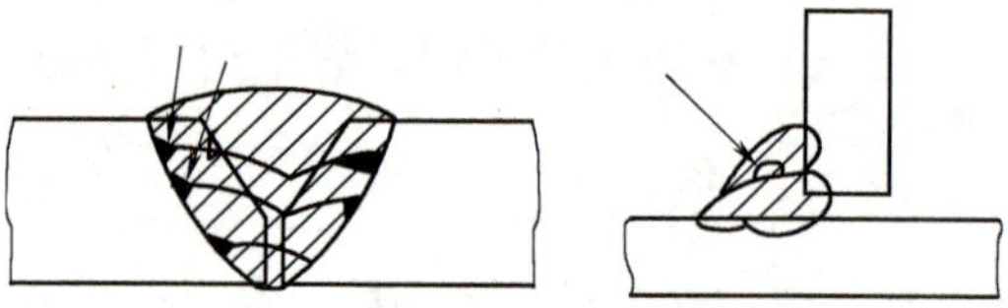

图3-13　夹渣

产生夹渣的原因是：焊层之间及焊件边缘焊渣清除不干净；焊条直径太粗，焊接电流过小；熔化金属凝固太快，熔渣来不及浮出；运条不当；焊件和焊条的化学成分不当，熔池内含非金属元素成分较多等。

七、未焊透

未焊透是指在熔焊时，接头根部未完全熔透的现象，如图3-14所示。未焊透减小了焊缝的有效工作截面；在根部尖角处产生应力集中，容易引起裂纹，导致结构破坏。

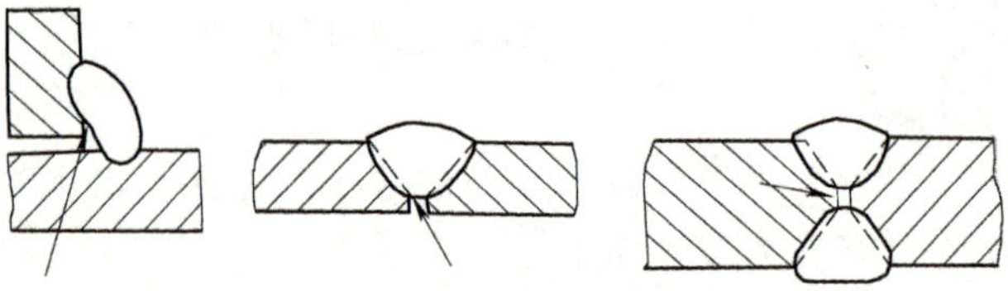

图3-14　未焊透

产生未焊透的原因是：坡口角度小，焊件装配间隙小，钝边太大；焊接电流小，焊接速度太快，母材金属未充分熔化；未注意焊条角度和摆动等。

八、未熔合

未熔合是指焊接时焊道与母材、焊道与焊道之间未完全熔化结合的现象，如图 3-15 所示。

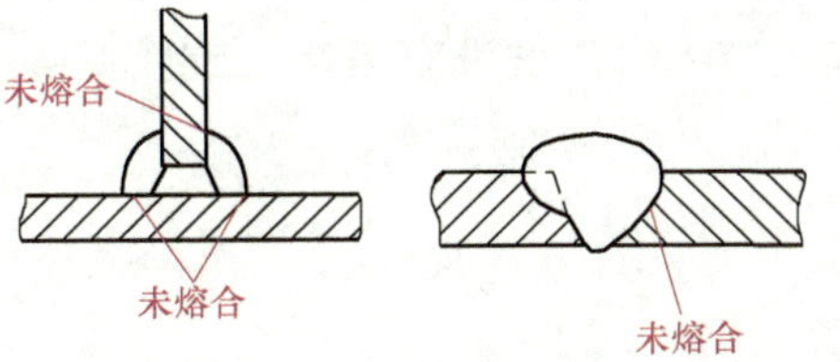

图 3-15　未熔合示意图

产生未熔合的原因是：层间清渣不干净；焊接电流太小或焊接速度太快；焊条药皮偏心；焊条角度不对及摆动不够，致使焊件边缘加热不充分等。

九、气孔

气孔是指在焊接过程中，焊缝金属中的气体在金属冷却以前未能逸出，而残留下来形成的空穴。气孔有圆形、条形、链形和蜂窝形，分布在焊缝表面、根部或内部（呈横向或纵向分布），如图 3-16 所示。焊缝中的气孔会降低焊接接头的严密性和塑性，减小焊缝有效截面，使接头的力学性能降低。

产生气孔的原因是：焊接时空气侵入；焊件及焊条上沾的水、锈、油漆等污物，在电弧热能的作用下分解产生气体；焊条药皮太薄，变质或受潮；焊接工艺不当，熔化金属冷却过快，气体来不及从焊缝逸出等。

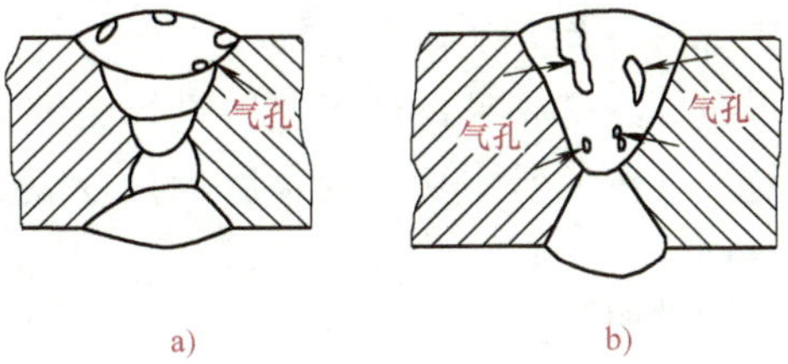

图 3-16　焊缝气孔示意图

a）焊缝表面气孔　b）焊缝内部气孔

十、焊接裂纹

焊接裂纹是指在焊接过程中或焊后，在焊接应力及其他致脆因素的共同作用下，焊接接头出现局部金属破裂的缝隙，如图 3-17 所示。焊缝裂纹是焊接接头中最重要的缺陷，有纵向与横向裂纹。裂纹可能存在于表面，也可能存在于内部。裂纹在承载时可能会不断延伸和扩大，造成产品报废，甚至引起严重的事故，所以一旦焊件有裂纹，一律认为是不合格品。

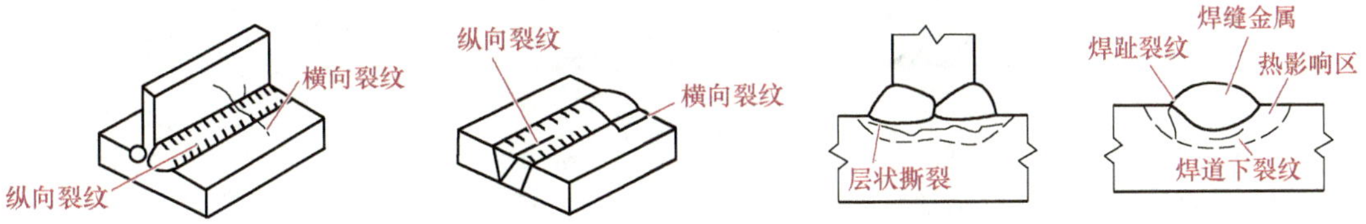

图 3-17　焊接裂纹

按产生的温度、时间，裂纹可分为热裂纹、冷裂纹和再热裂纹。在焊接过程中产生的裂纹包括热裂纹和冷裂纹，而焊后热处理过程中产生的裂纹为再热裂纹。

导致焊接裂纹的产生无非是材料、工艺、结构三方面因素造成的。

焊接裂纹产生的原因是：焊接熔池中含有较多的碳、硫、磷等有害元素，致使焊缝中生成裂纹（一般是热裂纹）；焊接熔池中含有较多的氢，会导致焊后焊趾、焊根和热影响区生成裂纹（一般是冷裂纹）；焊接过程中由于焊件结构刚度大，产生大的焊接应力；焊接接头冷却速度太快；焊接参数选择不当；焊接结束时弧坑没有填满，致使弧坑中产生裂纹。

【焊条电弧焊基本操作】

任务一　引弧及平敷焊

一、焊前准备

（1）焊条　选用 E4303 或 E5015 焊条，直径 3.2mm。

（2）焊接电源　E4303 焊条一般采用交流或直流弧焊电源，而 E5015 焊条采用直流电源并且反接。

（3）试件的加工及清理　应将 Q235 试件两头及其两侧 20mm 内的铁锈、氧化皮、油、漆等污物清理干净，并使之露出金属光泽。

（4）辅助工具　渣锤、面罩、划线工具及个人劳保用品。

（以后的焊接电源、试件清理、训练辅助工具与此相同，不再复述）。

二、任务指导

焊接操作一般包括引弧、运条、焊缝的起头、接头和收尾等环节。平敷焊是在平焊位置上堆敷焊缝的一种操作手法，是焊条电弧焊其他位置焊接操作的基础，读者可以通过平敷焊的练习，练好基本功，为今后焊接技能的提高打下坚实的基础。

（一）引弧

引弧时，两脚与肩同宽，脚尖向外，身体自然蹲下，引弧处离脚尖的距离为 300 ~ 500mm。常用的接触式引弧方法有划擦法和直击法，如图 3-18 所示。

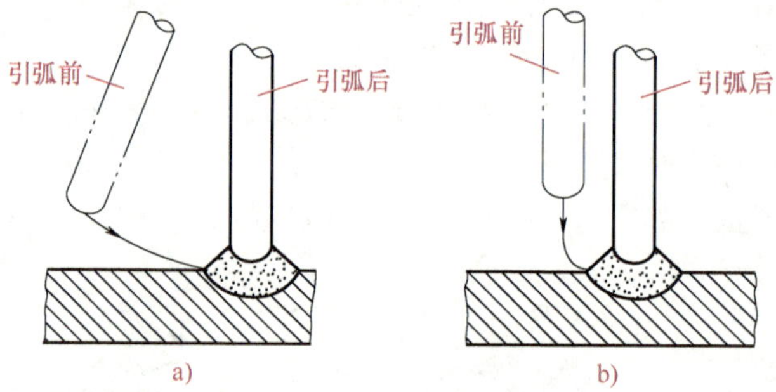

图 3-18　引弧方法
a）划擦法引弧　b）直击法引弧

1. 划擦法引弧

首先将焊条前端对准焊件引弧处，然后扭动手腕，使焊条在焊件表面轻微划擦一下，划擦引燃电弧后，电弧长度保持在 2～4mm。这种引弧方法类似划火柴，易于掌握。

2. 直击法引弧

首先将焊条前端对准焊件引弧处，然后手腕向下转动，使焊条在焊件表面轻微碰击一下，引燃电弧后，手腕放平，电弧长度保持在 2～4mm，使电弧稳定燃烧。

【操作示例】

引弧方法

（二）平敷焊

焊接操作一般包括引弧、运条、焊缝的起头、接头和收尾等环节。平敷焊是在平焊位置上堆敷焊缝的一种操作手法，是焊条电弧焊其他位置焊接操作的基础，读者可以通过平敷焊的练习，练好基本功，为今后焊接技能的提高打下坚实的基础。

1. 平敷焊的焊条角度

平敷焊的焊条角度如图 3-19 所示。

2. 焊缝的起头

起头是指刚开始焊接的阶段，在一般情况下这部分焊缝略高些，质量也难以保证。因为焊件未焊之前温度较低，而引弧后又不能迅速使焊件温度升高，所以起点部分的熔深较浅。为了解决这一问题，可在引弧后先将电弧稍微拉长，使电弧对端头有预热作用，然后适当缩短电弧进行正式焊接。

在焊接重要结构时，常采用引弧板，即在焊前装配一块金属板，从这块板上开始引弧，焊后割掉。

3. 运条

在正常焊接阶段，焊条一般有三个基本的运动，即沿焊条中心线向熔池送进、焊条摆动和沿焊接方向移动，如图 3-20 所示。

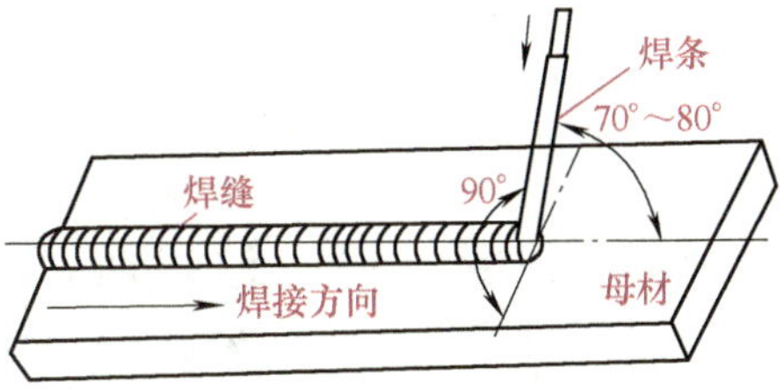

图 3-19　平敷焊的焊条角度

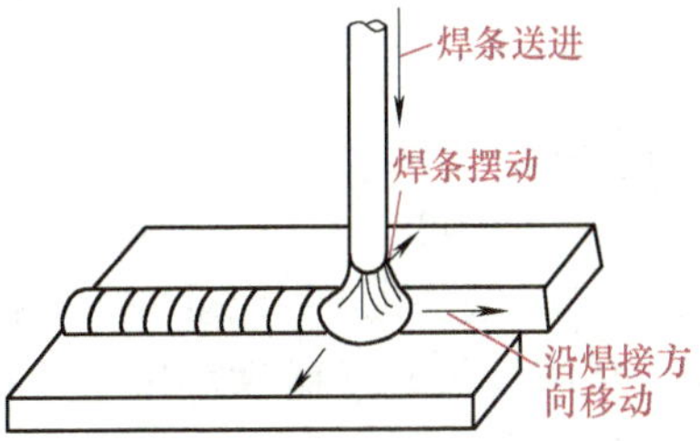

图 3-20　运条的三个基本动作

上述三个动作组成焊条有规则的运动，焊工可根据焊接位置、接头形式、焊条直径与性能、焊接电流大小以及技术熟练程度等因素来掌握。

运条的方法很多，其选用时主要根据接头的形式、装配间隙、焊缝的空间位置等因素决定。常用的运条方法及适用范围见表3-18。

表3-18　常用的运条方法及适用范围

运条方法		运条示意图	适用范围
直线形运条法			1）3～5mm厚度I形坡口对接平焊 2）多层焊的第一层焊缝 3）多层多焊缝
直线往返形运条法		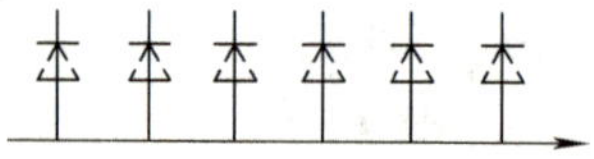	1）薄板焊 2）对接平焊（间隙较大）
锯齿形运条法			1）对接接头（平焊、立焊、仰焊） 2）角接接头（立焊）
月牙形运条法			同锯齿形运条法
三角形运条法	斜三角形		1）角接接头（仰焊） 2）对接接头（开V形坡口横焊）
	正三角形	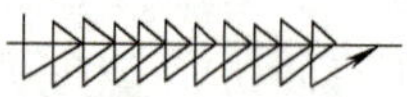	1）角接接头（立焊） 2）对接接头
圆圈形运条法	斜圆圈形		1）角接接头（平焊、仰焊） 2）对接接头（横焊）
	正圆圈形	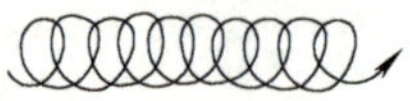	对接接头（厚焊件平焊）
八字形运条法		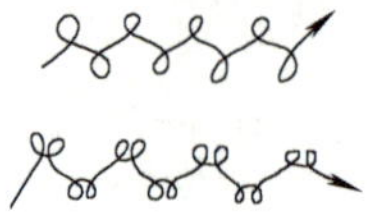	对接接头（厚焊件平焊）

4. 焊缝的连接

焊缝的连接方式如图3-21所示。

第一种接头方式使用最多，接头的方法是在先焊焊道弧坑稍前处（约10mm）引弧。电弧长度比正常焊接略微长些（碱性焊条电弧不可加长，否则易产生气孔，然后将电弧移到原弧坑的2/3处），填满弧坑后，即向前进入正常焊接。如果电弧后移太多，则可能造成接头过高，后移太少，将造成接头脱节，产生弧坑未填满的缺陷。

焊接接头时，更换焊条的动作越快越好，因为在熔池尚未冷却时进行接头，不仅能保证

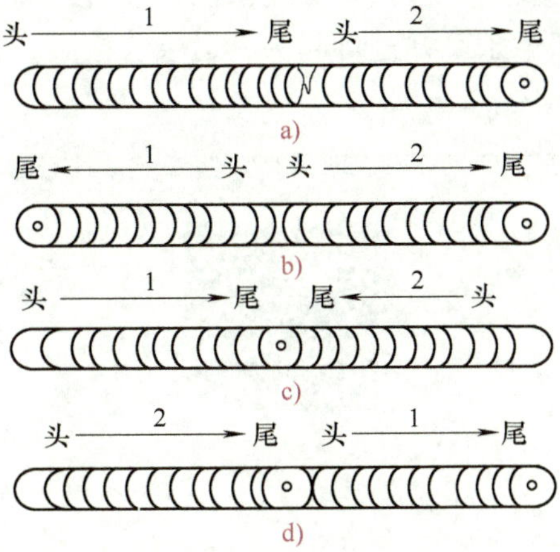

图 3-21　焊缝的连接方式

质量，而且焊缝外表面成形美观，这种方法被称为热接法。

5. 焊缝的收尾

收尾动作不仅是熄弧，还要填满弧坑。一般收尾动作有三种，如图 3-22 所示。

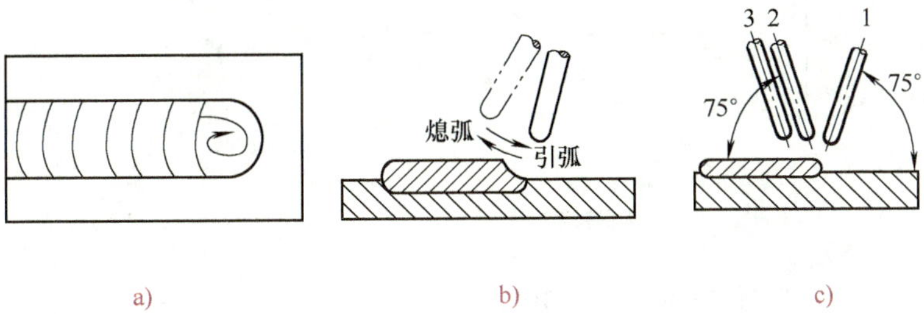

图 3-22　焊缝的收尾方法

a）划圈收尾法　b）反复断弧收尾法　c）回焊收尾法

（1）划圈收尾法　焊条移至焊缝终点时，作圆圈运动，直到填满弧坑再拉断电弧。此法适用于厚板焊接，对于薄板则有烧穿的危险。

（2）反复断弧收尾法　焊条移至焊缝终点时，在弧坑上需作数次反复熄弧—引弧，直到填满弧坑为止。此法适用于薄板焊接。但碱性焊条不宜用此法，因为容易产生气孔或粘焊条。

（3）回焊收尾法　焊条移至焊缝收尾处即停止，但未熄弧，此时适当改变焊条角度。碱性焊条宜用此法。

【经验交流】

1）引弧时，焊条提起太快或过高，都不易引燃电弧；焊条提起太慢，焊条端部熔化，就会与焊件粘在一起，造成焊接回路短路。因此，要控制好焊条提起的速度和距离。

2）发生粘条现象时，左右摇摆几下，就可脱开；如果还不能脱开，就应立即将焊钳从焊条上取下，待焊条冷却后，将焊条用手扳下。

3）对于初学者，运条时要学会寻找参照线，以保证直线运条。

4）采用不同的运条方法运条，并进行起头、运条、接头、收尾的训练。

【操作示例】 平敷焊

运条　　焊缝连接　　收尾

任务二　平对接焊-双面焊

一、任务图样

平对接焊焊件图如图3-23所示。

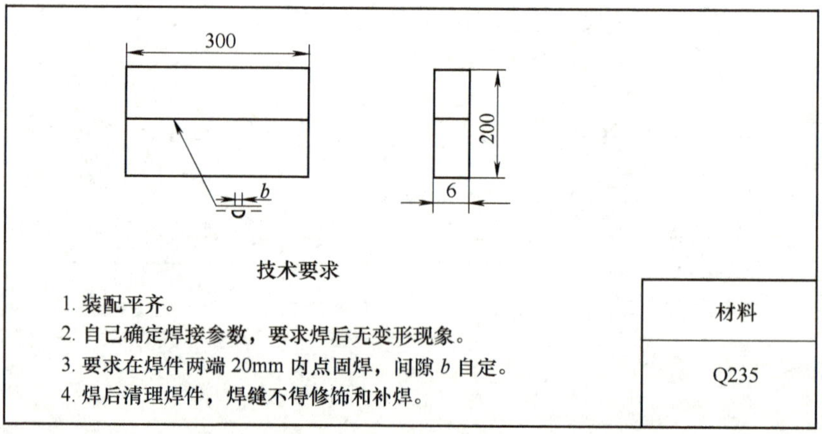

图3-23　平对接焊焊件图

二、焊前准备

1. 焊条

选用E4303或E5015焊条，直径分别为3.2mm和4mm。

2. 焊接材料

采用Q235，尺寸为300mm×100mm×6mm，每人2块。

3. 装配及定位焊

装配及定位焊参数见表3-19。

表3-19　装配及定位焊参数

装配间隙/mm	错变量/mm
始焊端约为3 终焊端约为4	≤1.2

4. 确定焊接参数

平对接焊的焊接参数参考值见表 3-20。

表 3-20　焊接参数参考值

焊接层次	焊条直径/mm	焊接电流/A
正面焊	3.2	90～120
反面焊	3.2	100～120

表 3-20 中的焊接参数均属参考数值，具体数值的确定还应结合个人操作习惯而定，以后各任务中的焊接参数的确定与此相同。评定标准可参考附录 D。

三、任务指导

1. 装配及定位焊

焊件装配应保证两板对接处齐平，间隙要均匀。一般根据焊件厚度及技术要求等因素留出装配间隙，当焊缝较长时，终焊端要比始焊端略大些。当板厚小于 6mm 时，其间隙一般为 1～3mm。

焊前为固定焊件的相对位置进行的焊接操作称为定位焊，为保证定位焊缝的质量，必须注意以下几点：

1）定位焊缝一般都作为以后正式焊缝的一部分，所用焊条应与以后正式焊接时相同。

2）为防止未焊透等缺陷，定位焊时电流应比正式焊时大 10%～15%。

3）如遇有焊缝交叉时，定位焊缝应离交叉处 50mm 以上。

4）定位焊缝的余高不应过高，定位焊缝的两端应与母材平缓过渡，以防止正式焊接时产生未焊透等缺陷。

5）如定位焊缝开裂，必须将裂纹处的焊缝铲除后重新定位焊。在定位焊之后，如出现接口不齐平，应进行校正，然后才能正式焊接。

6）定位焊缝的长度、间距可参考表 3-21，而工件两端的定位焊点应距离工件边缘 15～20mm。

表 3-21　定位焊缝的参考尺寸　（单位：mm）

焊件厚度	定位焊缝长度	定位焊缝间距
<4	5～10	50～100
4～12	10～20	100～200
>12	≥20	200～300

2. I 形坡口平对接焊

焊缝的起头、连接和收尾与平敷焊的要求相同，焊条角度如图 3-24 所示。

平对接焊操作时，以焊缝位置线作为运条的轨迹，焊条与焊件两侧保持垂直，与焊接方向的夹角为 70°～90°。焊条与焊件夹角大，焊接熔池深度也大；焊条与焊件夹角小，

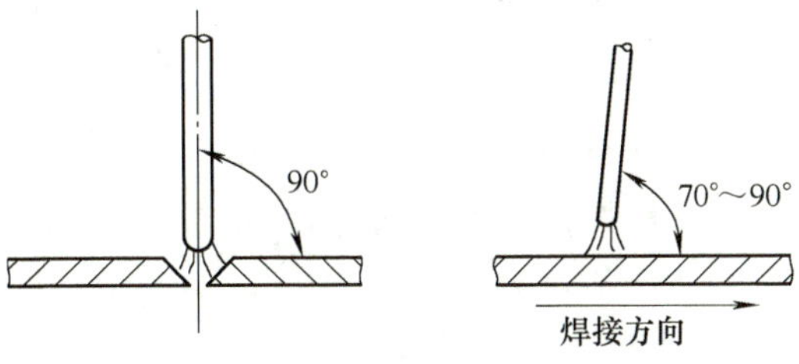

图 3-24　平对接焊及焊条角度

焊接熔池深度也小。

首先进行正面焊接，根据焊件厚度选择焊条直径和相应的焊接电流，采用直线或直线往复运条，短弧操作，为了获得较大的熔深和宽度，运条速度可慢些，以保证正面焊缝的熔深达到板厚的2/3，焊缝宽度应为5～8mm，余高小于1.5mm。不开坡口的平对接焊焊缝尺寸要求如图3-25所示。

操作中如发现熔渣与铁液混合不清，即可把电弧稍拉长一些，同时将焊条向焊接方向倾斜，并向熔池后面推送熔渣，这样熔渣被推到熔池后面，减少了焊接缺陷，维持焊接的正常进行。推送熔渣的方法如图3-26所示。

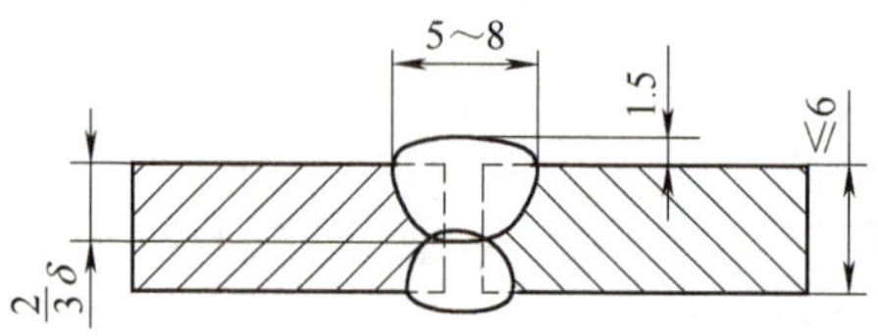

图3-25　不开坡口的平对接焊焊缝尺寸要求

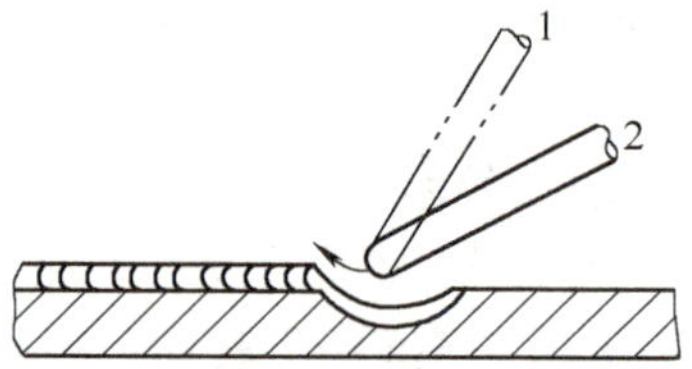

图3-26　推送熔渣的方法
1、2—焊条

在正面焊完之后，接着进行反面封底焊。反面焊接之前，应清除焊根的熔渣。适当加大焊接电流，保证与正面焊缝内部熔合，以熔透为原则。

【经验交流】

1）选择适当的焊接电流、焊接速度及焊条角度，以避免出现未焊透。

2）当焊接厚度小于3mm的薄焊件时，焊接时往往会出现烧穿现象，因此装配时可不留间隙，操作中采用短弧和直线式运条法，必要时可将焊件一头垫起，使其倾斜5°～10°，进行下坡焊，减小熔深，防止烧穿和减小变形。

【操作示例】平对接焊操作

平对接打底焊　　平对接填充焊　　平对接盖面焊

任务三　横对接焊-双面焊

一、任务图样

横对接焊焊件的任务图样如图3-27所示。

二、焊前准备

1. 焊条

E4303型，直径3.2mm。

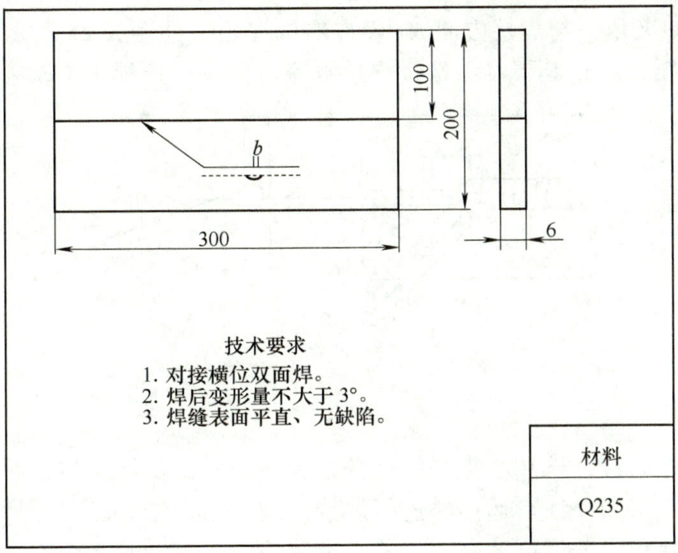

图 3-27　横对接焊焊件的任务图样

2. 焊接材料

Q235 钢板，尺寸为 300mm×100mm×6mm，两块组对一个焊件。

3. 装配与定位

装配与定位参数见表 3-22。

表 3-22　装配与定位参数

坡口形式	装配间隙/mm	错变量/mm
I 形坡口	≈2	≤1.2

4. 确定焊接参数

焊接参数见表 3-23。

表 3-23　焊接参数

焊 接 层 次	焊条直径/mm	焊接电流/A
正面焊	3.2	80～100
反面焊	3.2	90～110

三、任务指导

横焊时，熔化金属在自重的作用下容易下淌，并且在焊缝上侧易出现咬边，下侧易出现下坠而造成未熔合和焊瘤等缺陷。对接横焊根据钢板的厚度不同分为 I 形坡口双面焊、开坡口多层焊。

当焊件厚度小于 6mm 时，一般不开坡口，留一定间隙，即 I 形坡口的对接双面横焊。

1. 正面焊接

正面焊缝的焊接焊件装配时，可留有适当间隙（约为 2mm），以得到一定的熔透深度。

采取两层焊，第一层焊缝宜用直线往复运条法，选用直径3.2mm的焊条，焊条向下倾斜与水平面成15°左右的夹角，与焊接方向成70°左右的夹角，如图3-28所示。这样可借助电弧的吹力托住熔化金属，防止其下淌。选择焊接电流可比平对接焊小10%~15%。

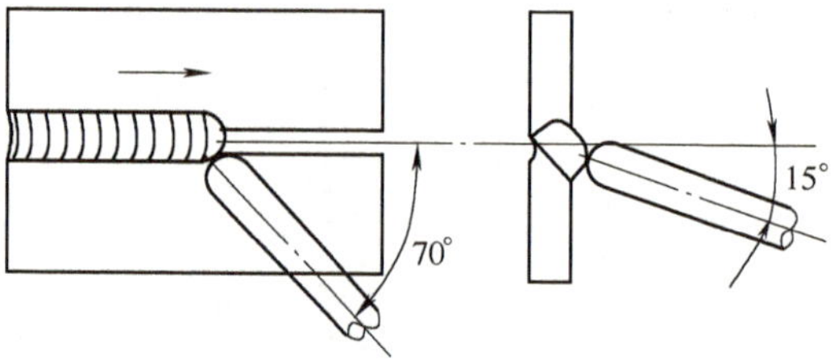

图3-28　对接横焊焊条角度

2. 背面焊接

焊前要清理干净熔渣，选用小直径的焊条，为保证有一定熔深与正面焊缝熔合，焊接电流应调整稍大一些，采用直线形运条法进行焊接，用一条焊缝完成背面封底。操作中，要时刻观察熔池温度的变化，若温度偏高，熔池有下淌趋向，要适时运用灭弧法来调节，以防止出现烧穿、咬边等缺陷。

【经验交流】

当正面焊的余高不够或成形不理想时，往往在正面第一层焊完后，进行表面层焊接。表面层焊接宜用直线形或直线往复运条法。可采用多道焊作为表面修饰焊缝。一般堆焊三条焊缝：第一条焊缝应该紧靠在第一层焊缝的下面焊接，第二条焊缝压在第一条焊缝上面1/2~1/3的宽度，第三条焊缝压在第二条焊缝上面1/2~2/3的宽度。要求第三条焊缝与母材圆滑过渡，最好能窄而薄些，因此运条速度应该稍快，焊接电流要小些。

【操作示例】 横对接焊操作

横对接打底焊　　横对接填充焊　　横对接盖面焊

任务四　平　角　焊

一、任务图样

平角焊焊件任务图样如图3-29所示。

二、焊前准备

1. 焊条

E4303型，直径3.2mm和4.0mm。

2. 焊接材料

两块Q235钢板，尺寸为200mm×90mm×6mm和200mm×150mm×6mm。

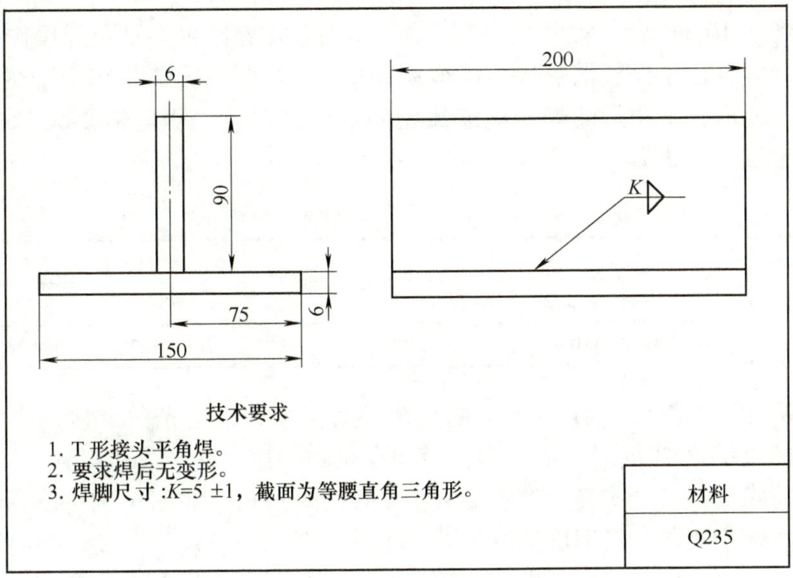

图 3-29 平角焊焊件任务图样

3. 装配与定位

不留间隙，两块钢板按图 3-30 组成 T 形接头。

4. 焊接参数

焊接参数参考表 3-25。

三、任务指导

平角焊包括 T 形接头、角接接头和搭接接头处于水平位置的焊接，它们的焊接方法相类似（这里就以 T 形接头平角焊为例）。角焊缝的表面形状有凹形和凸形两种情况，有时也可能出现平面角焊缝。

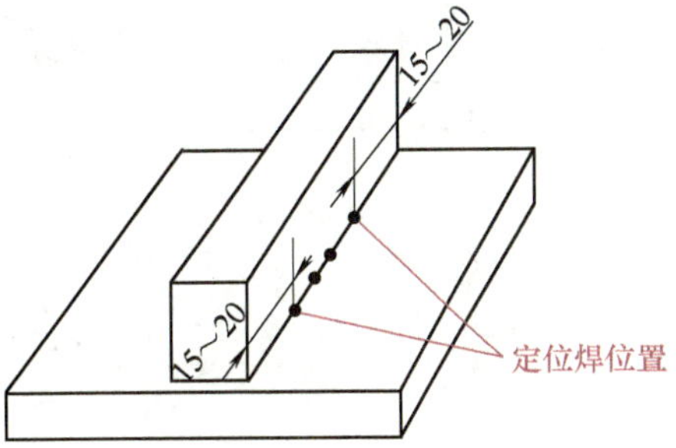

图 3-30 T 形接头平角焊的装配、定位焊

1. 装配定位

平角焊焊前装配时，立板与横板应垂直。一般情况可不留间隙。但有时为了加大角焊缝熔透深度，将立板与横板之间预留 1 ~ 2mm 间隙。T 形接头平角焊的装配、定位焊如图 3-30 所示。

2. 焊接操作

角焊缝的焊脚尺寸应符合技术要求，以保证焊接接头的强度。角焊缝钢板厚度与焊脚最小尺寸见表 3-24。如果焊接两块不同厚度的金属板，则以较薄板的厚度作为参考依据。

表 3-24 角焊缝钢板厚度与焊脚最小尺寸 （单位：mm）

钢板厚度	8 ~ 9	9 ~ 12	12 ~ 16	16 ~ 20	20 ~ 24
焊脚最小尺寸	4	5	6	8	10

平角焊焊接方式有单层焊、多层焊和多层多道焊三种。采用哪种焊接方式取决于所要求

的焊脚尺寸。当焊脚尺寸在6mm以下时，采用单层焊；焊脚尺寸为8～10mm时，采用多层焊；焊脚尺寸大于10mm时，采用多层多道焊。本书重点介绍单层平角焊操作。

单层平角焊时，由于钢板散热快，不容易烧穿；但在T形接头根部由于热量不足容易形成未焊透缺陷。所以，平角焊的焊接电流比相同板厚的对接平焊电流要大10%左右。单层平角焊的焊接参数见表3-25。

表3-25 单层平角焊的焊接参数

焊脚尺寸/mm	3	4		5～6		7～8	
焊条直径/mm	3.2	3.2	4	4	5	4	5
焊接电流/A	110～120	110～120	170～200	170～200	200～220	170～200	200～220

平角焊焊接时，焊脚尺寸小于5mm的可采用短弧直线形运条法焊接，焊条与水平板成45°夹角，如两板厚度不相同时，应使电弧偏向厚板的一边，这样才能得到相同的焊脚长度。焊条与焊接方向成65°～80°夹角，T形接头平角焊的焊条角度如图3-31所示。焊接过程中，始终注视熔池的熔化状况，根据熔池的位置、形状，适当调整焊接速度，随时调节焊条与焊接方向的夹角；夹角过小，会造成根部熔深不足；夹角过大，熔渣容易跑到电弧前方形成夹渣。若平角焊焊脚尺寸为5～8mm时，可采用斜圆圈形运条法焊接。

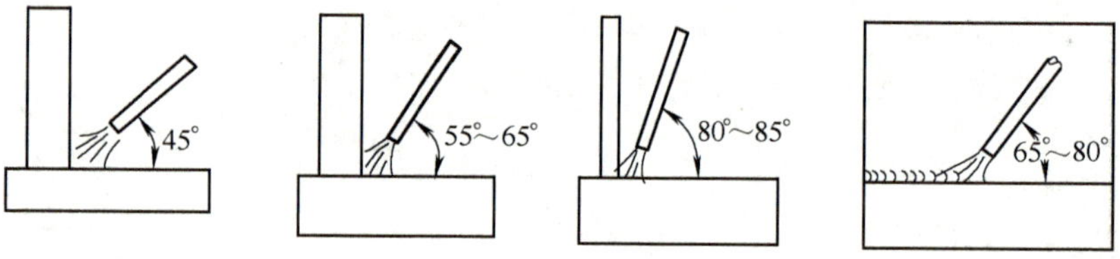

a) b) c) d)

图3-31 T形接头平角焊的焊条角度

a）两板厚度相同 b）、c）两板厚度不等 d）焊条与焊接方向的夹角

【经验交流】

在实际生产中，如焊件能翻转，将T形、十字形和角接接头的焊件翻转45°，使焊条处于垂直位置的焊接，即船形焊，如图3-32所示。这样能避免产生咬边和焊脚下偏等焊接缺陷；同时，操作便利，可使用大直径焊条和大电流焊接，而且能一次焊成较大截面的焊缝从而提高了生产率，容易获得平整美观的焊缝。焊接时，可采用月牙形或锯齿形运条法。焊接第一层焊道采用小直径焊条及稍大的焊接电流，其他各层可使用大直径焊条。焊条作适当的摆动，电弧应更多地在焊道的两侧停留，保证焊缝良好的熔合。

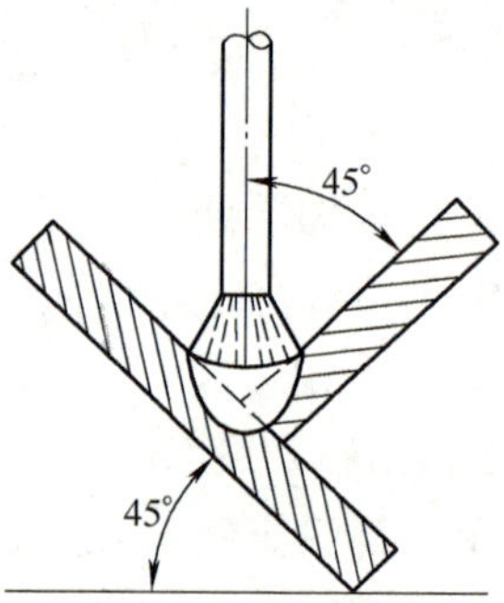

图3-32 船形焊

任务五 立对接单面焊双面成形

一、任务图样

V形坡口立对接焊焊件任务图样如图3-33所示。

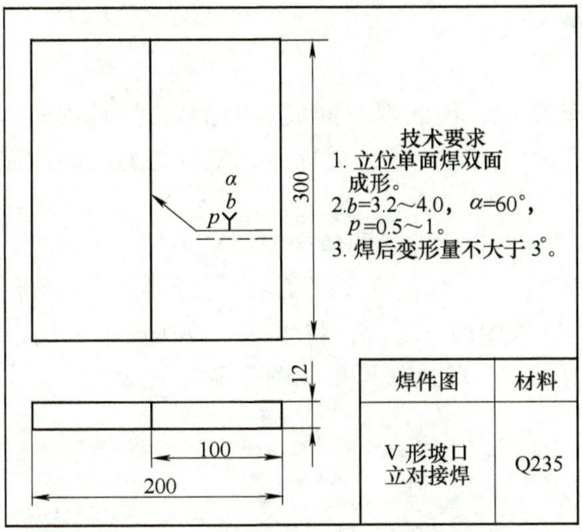

图 3-33　V 形坡口立对接焊焊件任务图样

二、焊前准备

1. 焊条

E4303 型，直径为 3.2mm 和 4.0mm。

2. 焊接材料

Q235，尺寸为 300mm×100mm×12mm，一侧开 30°坡口，两块组对一个焊件。

3. 装配与定位

装配与定位参数见表 3-26。

表 3-26　装配与定位参数

坡口角度/(°)	装配间隙/mm	钝边/mm	反变形/(°)	错边量/mm
60±2	始焊端 3.2 终焊端 4.0	0.5～1	0～3	≤1.2

4. 确定焊接参数

焊接参数见表 3-27。

表 3-27　焊接参数

焊 接 层 次	运 条 方 法	焊条直径/mm	焊接电流/A
第一层	断弧运条法	3.2	100～110
第二层	锯齿形运条法	4.0	110～120
第三层	锯齿形运条法	3.2	95～105

三、任务指导

单面焊双面成形是从焊件坡口的正面进行焊接，实现正反面同时形成致密均匀焊缝的操作工艺方法。单面焊双面成形技术广泛应用于某些既要焊透又无法在背面清根的重要焊接结构，如锅炉、压力容器的焊接。

1. 焊件装配定位

（1）试板装配　一般来说，单面焊双面成形时的间隙宜大不宜小，而且终焊端要比始焊端略大些。装配好试件后，进行焊条定位焊接，定位焊缝应在试件背面的两面端头处，对定位焊焊缝质量要求与正式焊接一样。

（2）预留反变形　为减少对接焊后的角变形，常采用反变形法。一般12～16mm试板焊接时，变形角θ控制在30°以内，如图3-34a所示。获得反变形的操作方法如图3-34b所示。θ角如无专用量具测量，可采用如下方法：将水平尺放在试板两侧，中间正好通过ϕ4mm焊条时，此反变形角合乎要求。检验反变形角如图3-34c所示。

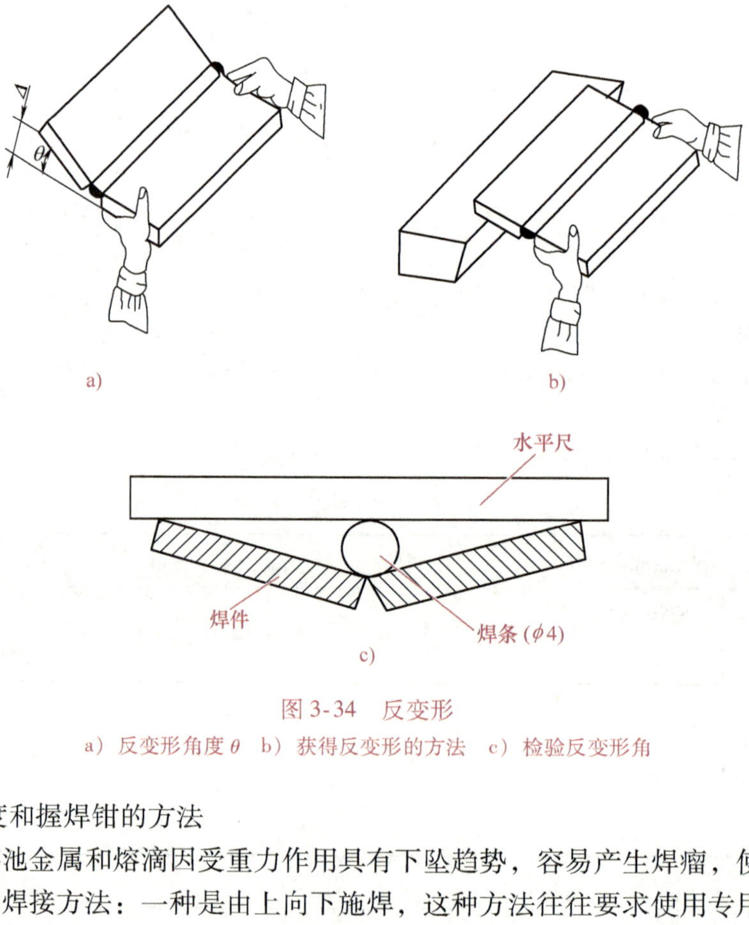

图3-34　反变形

a）反变形角度θ　b）获得反变形的方法　c）检验反变形角

2. 焊条角度和握焊钳的方法

立焊时，熔池金属和熔滴因受重力作用具有下坠趋势，容易产生焊瘤，使得焊缝成形困难。立焊有两种焊接方法：一种是由上向下施焊，这种方法往往要求使用专用的立向下焊条来保证焊接质量；另一种是由下向上施焊，这种方法是生产中常用的焊接方法。由下向上施焊的工艺如下：

（1）焊条角度　焊接时焊条应处于通过两焊件接口而垂直于焊件的平面内，并与施焊前进方向成60°～80°的夹角，如图3-35所示。

（2）握焊钳的方法　握焊钳有正握法和反握法，如图3-36所示。正握法在焊接时较为灵活，活动范围大，便于控制焊条摆动的节奏，因此，正握法是常用的握焊钳的方法。

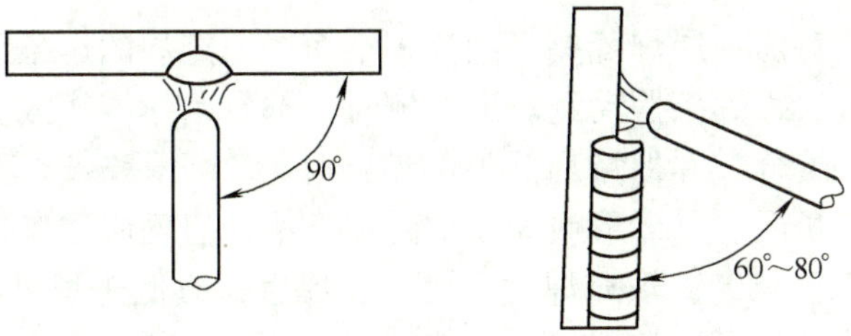

图 3-35　焊条与焊件的夹角

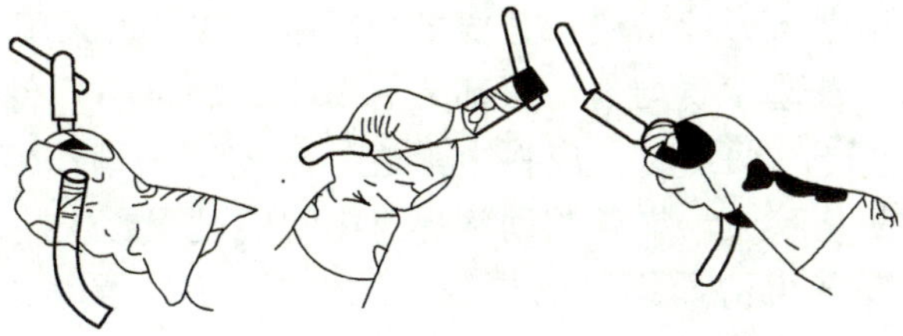

图 3-36　握焊钳的方法

a)、b) 正握法　c) 反握法

3. 打底焊

为控制熔池温度，避免熔池金属下淌，打底焊的焊接方式有挑弧法和灭弧法（也称断弧法）两种。挑弧法一般用在焊件根部间隙不大，而且不要求背面焊缝成形的第一层焊道。而灭弧法一般用在装配间隙偏大的第一层焊道和要求单面焊双面成形的打底焊。

灭弧法主要是依靠电弧时燃时灭的时间长短来控制熔池的温度、形状及填充金属的薄厚，以获得良好的背面成形和内部质量。

（1）引弧及灭弧焊　在始焊端的定位焊处引弧，并略抬高电弧稍作预热，焊至定位焊缝尾部时，将焊条向下压一下，听到“噗噗”的一声后立即灭弧。此时熔池前端应有熔孔，深入两侧母材 0.5～1mm，如图 3-37 所示。当熔池边缘变成暗红，熔池中间仍处于熔融状态时，立即在熔池的中间引燃电弧，焊条略向下轻微地压一下，形成熔池，打开熔孔后立即灭弧，这样反复击穿直到焊完。运条间距要均匀准确，使电弧的 2/3 压住熔池，1/3 作用在熔池前方，用来熔化和击穿坡口根部形成熔池，即电弧的 1/3 在背面燃烧。此时，如果没有形成熔孔就进行灭弧，则焊件就会出现未焊透现象。

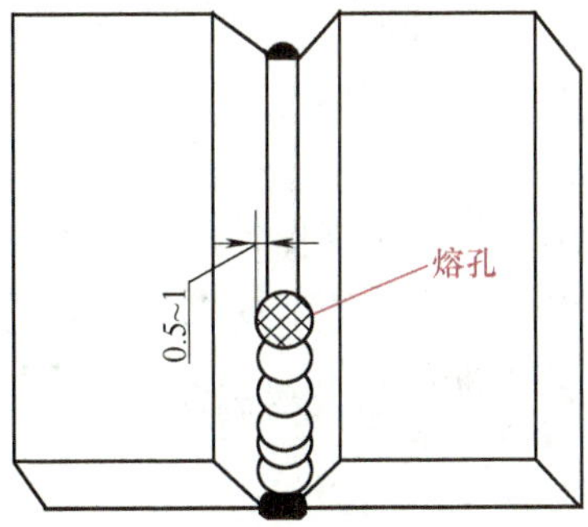

图 3-37　V 形坡口对接立焊时的熔孔

（2）接头　采用热接法，在收弧熔池还没有完全冷却时，立即在熔池前 10～15mm 处引弧，然后，将焊条直接送到坡口根部，稍稍用力往下压一下，一边压焊条一边往坡口根部送焊条，当听到“噗”声时收弧，这个过程在 4s 左右，然后正常击穿焊接。

4. 填充焊

在进行填充焊以前对前一层焊缝要仔细清理干净。填充焊的运条手法常用反月牙形或锯齿形。无论采用哪种方法，焊条摆动到焊道两侧时，都要稍作停顿或上下稍作摆动，以控制熔池温度，使两侧良好熔合，并保持扁圆形的熔池外形，如图3-38所示。以后中间各层施焊时可采用锯齿形、三角形、月牙形或8字形的运条法，但均应注意保持焊层厚薄均匀。焊条与焊件的下倾角为70°～80°，填充焊的最后一层焊道，应低于焊件表面1～1.5mm，显露坡口边缘，对局部低洼处要通过补焊将整个填充焊道焊接平整，为表面焊打好基础。

5. 盖面焊

盖面焊直接影响焊缝外观质量。焊接时可根据焊缝余高的不同要求来选择运条方法，如要求余高稍平些，可选用锯齿形运条法；若要求余高稍凸些，可采用月牙形运条法。焊接电流可略小于中间各层，运条速度要均匀，摆动要有节奏，焊条与焊件的下倾角为75°～80°，如图3-39所示。运条至a、b两点时，应将电弧进一步缩短并稍作停顿，并稍作上下摆动，这样有利于熔滴过渡和防止咬边。焊条摆动到焊道中间的过程要快些，防止熔池外形凸起产生焊瘤。有时表面焊缝要获得薄而细腻的焊缝波纹，焊接时可采用短弧运条，焊接电流稍大，与焊条摆动频率相适应，采用快速左右摆动的运条方法。

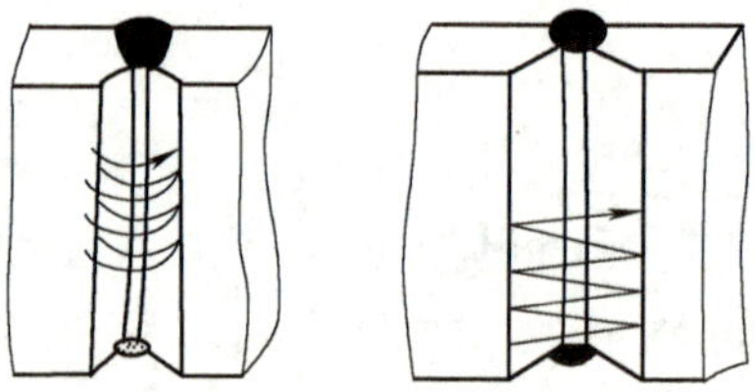
a)　　b)

图3-38　板对接立焊打底焊常用运条方法
a）反月牙形运条法　b）锯齿形运条法

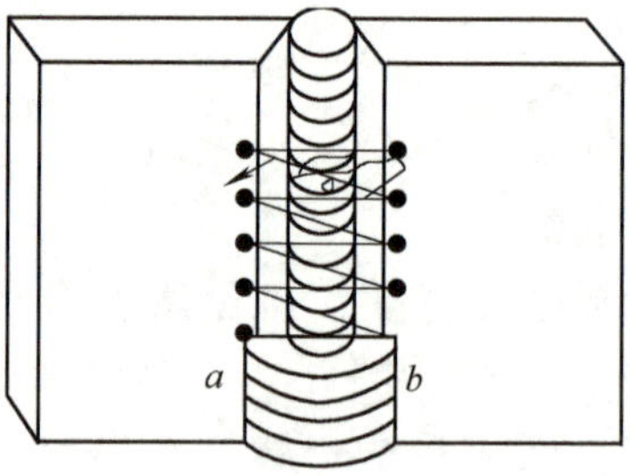

图3-39　表面焊运条法

【经验交流】

灭弧焊要把握住三个要领：即一“看熔池”、二“听声音”、三“落弧准”。

在操作过程中，灭弧法要求每一个熔滴都要准确送到欲焊的位置，通过控制运条频率和焊条角度，应始终保证熔孔大小和熔池形状为椭圆形或扁圆形，保持熔池外形下部边缘平直，熔池宽度一致、厚度均匀，从而获得良好的焊缝形状。

【操作示例】　立对接焊操作

立对接打底焊　　立对接填充焊　　立对接盖面焊

【企业实践案例】

钢结构行车梁焊接工艺卡

零件简图

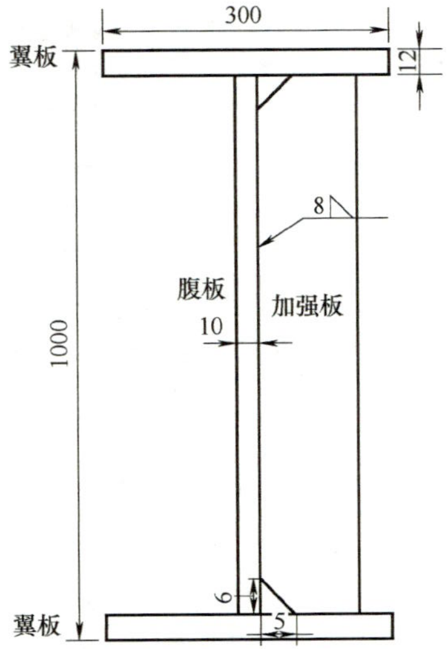

焊接工艺卡编号	HJGYK-03
零部件图号	GJHCL-03
零部件名称	钢结构行车梁 H1
零部件数量	1
母材材质	Q345B
母材规格	12mm
接头数量	2
焊接工艺评定报告编号	××××
焊工持证项目	SMAW-FeⅡ-2F-12-Fef3J

焊接参数

接头形式	T 形角焊缝	焊接位置	横焊（H）	层次	焊材牌号	焊材规格	电流/A	电压/V	焊速/(cm/min)	气流量/(L/min)
焊接方法	焊条电弧焊（SMAW）	烘干温度及时间	350℃，1h	打底	E5015	ϕ3.2mm	95～125	18～25	4～8	—
预热温度/℃	≥5	层间温度/℃	≤200	填充	E5015	ϕ4.0mm	100～140	18～25	4～8	—
后热/℃	—	保护气体	—	盖面	E5015	ϕ4.0mm	100～140	18～25	4～8	—

焊接检验

1. 外观：焊缝与母材应平滑过渡；焊缝及其热影响区表面无裂纹、未熔合、夹渣、气孔、弧坑、咬边等表面缺陷；焊缝宽窄差在任意连续 50mm 长度内不得大于 3mm；焊缝高低差在任意连续 25mm 长度内不得大于 3mm。
2. 无损检测：按 GB/T11345 标准 100% UT，UT 检测 B 级合格（探伤应在焊后 24h 以后，经外观检查合格后，才能进行）。

工艺说明

1. 焊前焊条须经 350℃烘焙 1h，随烘随用。焊件坡口及附近 50mm 内油、锈等污物应打磨清除干净。
2. 禁止在坡口以外的母材表面引弧。
3. 定位焊采用的焊接方法、材料与正式焊接时的打底焊相同。
4. 采用短弧操作，窄焊道方法。
5. 多层焊接，焊接接头应错开，并逐层逐道清渣。
6. 焊接完毕，应清除干净焊缝表面的熔渣、飞溅等物，并打上焊工钢印。
7. 焊接时，采用直流反接，单面焊双面成形。

【考级练习与课后思考】

一、判断题

1. 开坡口的目的是使根部焊透及便于清渣，以获得良好的焊缝质量。(　　)
2. 留钝边的目的是防止接头根部被烧穿。(　　)
3. 在相同板厚的情况下，焊接平焊缝用的焊条直径要比焊接立焊缝、仰焊缝、横焊缝用的焊条直径大。(　　)
4. 为了保证根部焊透，对多层焊的第一层焊道应采用大直径的焊条来进行。(　　)
5. 焊条直径就是指焊芯直径。(　　)
6. 焊接电流过大，易造成夹渣缺陷。(　　)
7. 碳能提高钢的强度和硬度，所以焊芯中应该具有较高的含碳量。(　　)
8. 焊条电弧焊时，在整个焊缝金属中，焊芯金属只占极少的一部分。(　　)
9. 使用碱性焊条焊接时的烟尘较酸性焊条少。(　　)
10. 锰铁、硅铁在药皮中既可作为脱氧剂，又可作为合金剂。(　　)
11. 酸性焊条对铁锈、水分、油污的敏感性小。(　　)
12. 焊接Q235钢与Q345钢时，应选用E5015型焊条来焊接。(　　)
13. 对于不锈钢、耐热钢，应根据母材的化学成分来选择相应的焊条。(　　)
14. E5015型焊条不适用于全位置焊。(　　)
15. 为了防止产生热裂纹和冷裂纹，应该使用酸性焊条。(　　)
16. 碱性焊条药皮中的氟石所引起的作用是提高熔渣的黏度和抗气孔能力。(　　)
17. 焊前预热，焊后缓冷，可防止产生热裂纹和冷裂纹。(　　)
18. 焊接接头中最危险的焊接缺陷是焊接裂纹。(　　)
19. 焊缝的余高越高，连接强度越大，因此余高越高越好。(　　)
20. 咬边就是由于填充金属不足，在焊缝表面形成的连续或断续的沟槽。(　　)
21. 焊接时常见的焊缝内部缺陷有气孔、夹渣、夹钨、裂纹、未熔合等。(　　)
22. 焊缝后热的目的是为了提高焊缝的硬度。(　　)

二、选择题

1. 焊条电弧焊对焊接区域的保护方式是（　　）。

A. 气保护　　B. 渣保护　　C. 气-渣联合保护

2. 应根据（　　）选择焊条直径。

A. 焊件厚度　　B. 空载电压

C. 焊接电源种类　　D. 焊接电源极性

3. 船形焊是T形（十字）接头和角接接头处于（　　）位置时进行的焊接。

A. 平焊　　B. 立焊　　C. 横焊　　D. 仰焊

4. 工件厚度为16mm，焊条电弧焊时，既要保证焊接质量，又要便于坡口的加工，同时保证焊后变形小，故应选用（　　）形坡口。

A. V　　B. U　　C. 双V

5. 从防止过热组织和细化晶粒来考虑，应（　　）。

A. 减小焊接电流　B. 减小焊接速度　C. 增大弧长

6. 焊芯中锰的作用是（　　）。

A. 减小热裂纹　B. 减小冷裂纹　C. 增大硬度

7. 用 E5015 型焊条焊接时，其焊缝熔敷金属的抗拉强度为（　　）MPa。

A. 500　B. 15　C. 5015　D. 5

8. 在没有直流电源的情况下，应选用（　　）型焊条。

A. E4315　B. E4303　C. E5015

9. 不同强度等级的低碳钢与低合金钢焊接时，应该按强度等级（　　）的钢材来选择相匹配的焊条。

A. 高　B. 低　C. 平均值

10. 焊条电弧焊时，焊接电源的种类应根据（　　）进行选择。

A. 焊条性质　B. 焊条直径

C. 焊件材质　D. 焊件厚度

11. 我国生产的弧焊变压器的空载电压一般在（　　）V 以下。

A. 60　B. 80

C. 100　D. 110

12. 焊条电弧焊时，采取（　　）的措施可以减少气孔的产生。

A. 减小焊接电流　B. 提高焊接速度

C. 降低焊接速度　D. 严格烘干焊条

13. 焊条电弧焊焊接方法的代号是（　　）。

A. 111　B. 112

C. 113　D. 128

14. 焊条电弧焊时，焊条既作为电极，在焊条熔化后又作为填充金属直接过渡到熔池，与液态的母材熔合后形成（　　）。

A. 熔合区　B. 热影响区

C. 焊缝金属　D. 接头金属

15. 酸性焊条的熔渣由于氧化性强，大量合金元素被氧化，使焊缝抗裂性（　　）。

A. 提高　B. 下降

C. 没有变化　D. 明显改善

16. 碱性焊条的脱渣性比酸性焊条的脱渣性（　　）。

A. 差　B. 好

C. 一样　D. 不能判断

17. 焊接重要的结构时，要求焊芯中磷的质量分数（　　）。

A. 小于 0.03%　B. 大于 0.03%

C. 小于 0.3%　D. 大于 0.3%

18. E5015 焊条属于（　　）。

A. 不锈钢焊条　B. 低温钢焊条

C. 结构钢焊条　D. 铸铁焊条

19. E4303 焊条前两位数字表示熔敷金属抗拉强度的最小值为（　　）。

A. 40MPa　　B. 430MPa
C. 4000MPa　　D. 4MPa

20. 应根据（　　）来选择焊条种类。
A. 焊件材料　　B. 坡口角度
C. 钝边厚度　　D. 对口间隙

21. 低氢型焊条重复烘干次数不宜超过（　　）次。
A. 2　　B. 3　　C. 4　　D. 5

22. 焊条电弧焊时，焊条既作为电极，在焊条熔化后又作为（　　）直接过渡到熔池，与液态的母材熔合后形成焊缝金属。
A. 热影响区　　B. 接头金属
C. 焊缝金属　　D. 填充金属

23. 坡口的选择原则正确的是（　　）。
A. 防止焊穿　　B. 焊条类型
C. 母材的强度　　D. 保证焊透

24. 产生焊缝尺寸不符合要求的主要原因是焊件坡口开得不当或装配间隙不均匀及（　　）选择不当。
A. 焊接参数　　B. 焊接方法
C. 焊接电弧　　D. 焊接热输入

25. 造成咬边的主要原因是焊接时选用了大的（　　），电弧过长及角度不当。
A. 焊接电源　　B. 焊接电压
C. 焊接电流　　D. 焊接电阻

26. 严格控制熔池温度不能太高是防止产生（　　）的关键。
A. 咬边　　B. 焊瘤　　C. 夹渣　　D. 气孔

27. 下列电源种类和极性最容易出现气孔的是（　　）。
A. 交流电源　　B. 直流正接　　C. 直流反接　　D. 脉冲电源

28. 焊接时，接头根部未完全熔透的现象称为（　　）。
A. 气孔　　B. 焊瘤　　C. 凹坑　　D. 未焊透

三、简答题

1. 焊条药皮的作用是什么？
2. 开坡口的作用是什么？
3. 焊条药皮的类型主要有哪些？
4. 解释下列焊条型号的意义：E4303、E5015、E3088-15、E5515-N5PUH10。
5. 什么是碱性焊条？什么是酸性焊条？各有哪些优、缺点？
6. 焊条选用原则有哪些？
7. 焊接接头包括哪几部分？焊接接头的基本形式有几种？
8. 写出图3-40所示焊缝符号的意义，并画图加以说明。
9. 什么是焊接参数？焊条电弧焊焊接参数主要包括哪些？
10. 焊条电弧焊时焊接电流应如何确定？
11. 预热、后热、焊后热处理的作用是什么？

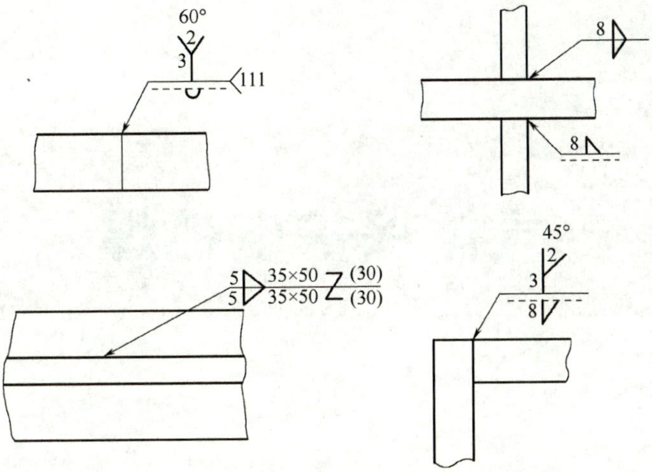

图 3-40 焊缝符号

12. 焊条电弧焊时常见的焊接缺陷有哪些？应如何防止？

模块四 气体保护电弧焊

【目标导读】

气体保护电弧焊是用外加气体作为电弧介质并保护电弧和焊接区的电弧焊方法，这种焊接方法弥补了焊条电弧焊和埋弧焊等焊接方法的局限性。随着科学技术的迅猛发展，气体保护电弧焊在薄板、高效焊接方面，更加显示出其独特的优越性，目前在焊接生产中应用极其广泛。本模块主要介绍各种气体保护焊的特点、设备及工艺等，并正确规范地进行基本功操作训练。

第一节 气体保护电弧焊概述

一、气体保护电弧焊的原理及特点

1. 气体保护电弧焊的原理

气体保护焊直接依靠从喷嘴中连续送出的气流，在电弧周围形成局部的气体保护层，使电极端部、熔滴和熔池金属与周围空气机械地隔绝开来，以保证焊接过程的稳定性，并获得质量优良的焊缝。

2. 气体保护焊的特点

气体保护焊与其他电弧焊方法相比具有以下特点：

1）采用明弧焊，一般不必用焊剂，没有熔渣，熔池可见度好，便于操作。而且保护气体是喷射的，适宜进行全位置焊接，不受空间位置的限制，有利于实现焊接过程的机械化和自动化。

2）由于电弧在保护气流的压缩下热量集中，焊接熔池和热影响区很小，因此焊接变形小、焊接裂纹倾向不大，尤其适用于薄板焊接。

3）采用氩、氦等惰性气体保护，焊接化学性质较活泼的金属或合金时，可获得高质量的焊接接头。

4）气体保护焊不宜在有风的地方施焊，在室外作业时须有专门的防风措施，此外，电弧光的辐射较强，焊接设备较复杂。

二、气体保护焊的分类

按照保护气体的种类分为二氧化碳气体保护焊、氩弧焊、氦弧焊及混合气体保护焊等；

根据所用的电极材料，可分为非熔化极气体保护焊（简称 GTAW）和熔化极气体保护焊（简称 GMAW）；按操作方式的不同，可分为手工、半自动和自动气体保护焊。

第二节　二氧化碳气体保护焊

一、二氧化碳气体保护焊的原理及特点

二氧化碳气体保护焊是利用 CO_2 作为保护气体，其焊接过程如图 4-1 所示。焊接电源的两输出端分别接在焊枪与焊件上。盘状焊丝由送丝机构带动，经软管与导电嘴不断向电弧区域送给，同时，CO_2 气体以一定压力和流量送入焊枪，通过喷嘴后，形成一股保护气流，使熔池和电弧与空气隔绝。随着焊枪的移动，熔池金属冷却凝固形成焊缝。

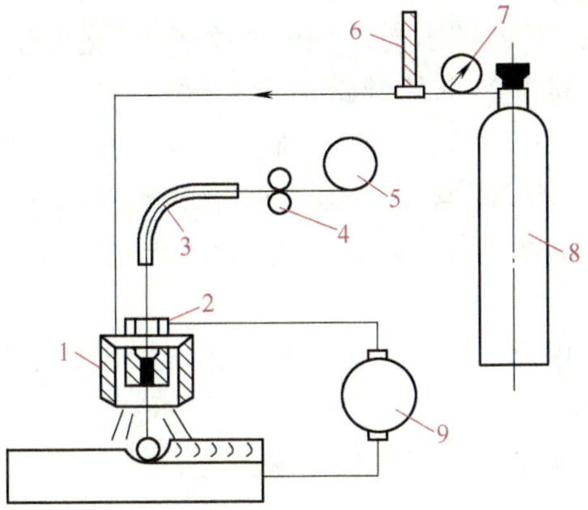

图 4-1　二氧化碳气体保护焊焊接过程示意图

1—焊炬喷嘴　2—导电嘴　3—送丝软管　4—送丝机构　5—焊丝盘　6—流量计
7—减压器　8—CO_2 气瓶　9—电焊机

CO_2 焊由于具有成本低、抗氢气孔能力强、生产效率高、易进行全位置焊等优点，所以广泛应用于低碳钢和低合金钢等钢铁材料的焊接。对于焊接不锈钢，因焊缝金属有增碳现象，影响耐晶间腐蚀性能，因此使用较少。对容易氧化的有色金属如 Cu、Al、Ti 等，则不能应用 CO_2 焊。随着对 CO_2 焊设备、材料和工艺的不断改进，CO_2 焊已被广泛应用。

二、二氧化碳气体保护焊的焊接材料

1. CO_2 气体

焊接用的 CO_2 气体一般是将其压缩成液体储存于钢瓶内。CO_2 气瓶的容量为 40L，可装 25kg 的液态 CO_2，占容积的 80%，满瓶压力为 5～7MPa，气瓶外表涂铝白色，并标有黑色“液化二氧化碳”的字样。CO_2 气瓶也要防止烈日暴晒或靠近热源，以免发生爆炸。

液态 CO_2 在常温下容易汽化。溶于液态 CO_2 中的水分易蒸发成水汽混入 CO_2 气体中，影响 CO_2 气体的纯度。在气瓶内汽化 CO_2 气体中的含水量，与瓶内的压力有关，随着使用时间的增长，瓶内压力降低，水汽增多。当压力降低到 0.98MPa 时，CO_2 气体中含水量大

为增加，不能继续使用。焊接用 CO_2 气体的纯度应大于99.5%，含水量不超过0.05%。目前，国内所用 CO_2 多为生产的副产品，纯度往往达不到焊接的要求，必须经过提纯才能使用。

CO_2 提纯的措施如下：

1）气瓶灌气后使用前倒置1～2h，使瓶中的水分沉淀到瓶口，然后打开瓶阀将水排出，一般要重复2～3次，每次放水时间30min左右，完成后将瓶阀关闭并放正。

2）用气前先放气2～3min，排掉瓶内上部含水量较高的气体。

3）在气路中安装干燥器。

2. 焊丝

CO_2 焊焊丝有实芯焊丝和药芯焊丝两种。实芯焊丝是目前最常用的焊丝，是热轧线材经拉拔加工而成。

由于高温时 CO_2 将分解成CO和O而具有较强的氧化性，氧不仅会使钢中元素氧化，而且与焊丝中的碳作用产生CO，气体排出与体积膨胀会使飞溅更为严重。因此 CO_2 气体保护焊必须选用含碳量低并含有一定脱氧剂的低碳合金焊丝。

CO_2 焊所用的焊丝直径在0.5～5mm范围内，直径为0.5～1.2mm的为细丝；直径为1.6～5mm的为粗丝。半自动 CO_2 焊常用的焊丝有 ϕ0.8mm、ϕ1.0mm、ϕ1.2mm、ϕ1.6mm等几种，自动 CO_2 焊除上述细焊丝外大多采用 ϕ2.0mm、ϕ2.5mm、ϕ3.0mm、ϕ4.0mm、ϕ5.0mm的焊丝。

目前常用的 CO_2 气保焊焊丝型号有ER49-1和ER50-6等。ER49-1对应的牌号为H08Mn2SiA，ER50-6对应的牌号为H11Mn2SiA。对于低碳钢及低合金高强钢常用焊丝是H08Mn2SiA、H10MnSiMo，它有较好的工艺性能和力学性能以及抗热裂纹能力。

三、二氧化碳气体保护焊设备

目前，常用的是半自动 CO_2 焊设备，主要由焊接电源、送丝系统及焊枪、CO_2 供气系统、控制系统等部分组成。

1. 焊接电源

CO_2 焊使用交流电源焊接电弧不稳定，飞溅大，所以一般采用直流焊接电源。

细丝（焊丝直径≤1.2mm）CO_2 焊接一般采用等速送丝机构，配平特性或缓降特性的电源。

粗丝（焊丝直径≥1.6mm）CO_2 焊接一般采用变速丝机构配下降特性的电源。

按照规定，CO_2 气体保护焊焊机型号的一般形式表示如下：

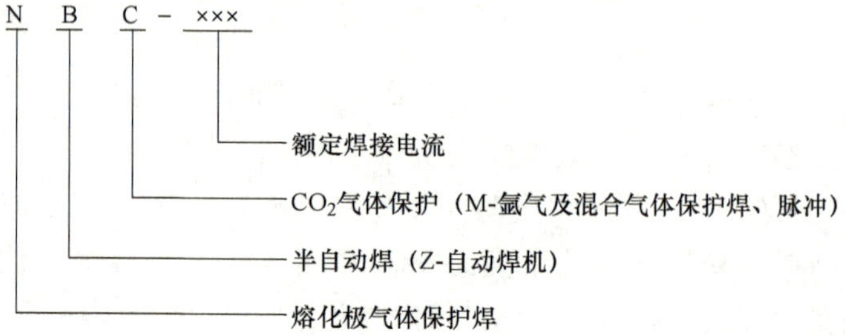

如常用半自动 CO_2 气体保护焊焊机型号 NBC-160、NBC-200、NBC1-300（1 代表全位置焊车式）等。

2. 送丝系统及焊枪

（1）送丝系统　送丝系统由送丝机（包括电动机、减速器、校直轮和送丝轮）、送丝软管、焊丝盘等组成。半自动 CO_2 焊的送丝方式主要有推丝式、拉丝式和推拉式三种。

1）推丝式。推丝式结构如图 4-2a 所示，焊枪与送丝机构是分开的，这种焊枪结构简单、质量小，但焊丝通过要经过一段较长的软管，送丝阻力较大，因此不适合较细与较软材料的焊丝。通常推丝式所用的焊丝直径宜在 0.8mm 以上，其焊枪的操作范围在 2～5m 以内。

2）拉丝式。拉丝式结构如图 4-2b 所示，送丝机构与焊枪合为一体，结构复杂，笨重。但这种焊枪不用软管，避免了焊丝通过软管的阻力，送丝均匀稳定，操作的活动范围较大。目前国内细焊丝（直径为 0.5～0.8mm）CO_2 焊大量使用拉丝式。

3）推拉式。推拉式送丝如图 4-2c 所示，推拉式具有前两种送丝方式的优点，焊丝送给时以推丝为主，而焊枪上装有拉丝轮，可克服焊丝通过软管时的摩擦阻力，因此增加了送丝距离和操作的灵活性，还可多级串联使用，但焊枪及送丝机构较为复杂，而且使用两个电动机也给操作者带来不便。

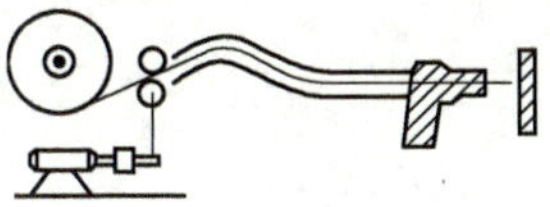

a)

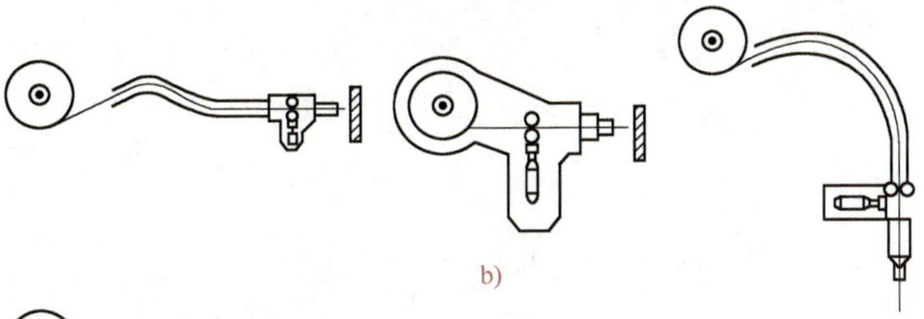

b)

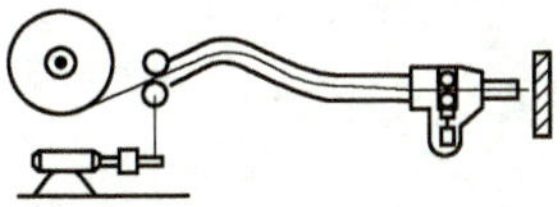

c)

图 4-2　半自动 CO_2 焊的送丝方式

a）推丝式　b）拉丝式　c）推拉式

半自动 CO_2 焊的焊接电源及送丝机如图 4-3 所示。

（2）焊枪　焊枪的作用是导电、导丝、导气。按送丝方式可分为推丝式焊枪和拉丝式焊枪；按结构可分为鹅颈式焊枪和手枪式焊枪；按冷却方式分为空气冷却焊枪和内循环水冷却焊枪。其中鹅颈式空气冷却焊枪应用最广，如图 4-4 所示。

3. CO_2 供气系统

供气系统的功能是向焊接区提供流量稳定的保护气体，CO_2 的供气系统是由气瓶、预热器、干燥器、减压器、流量计等组成。现在生产的减压检测器是将预热器、减压器和流量计合为一体，使用起来很方便。

4. 控制系统

CO_2 焊控制系统的作用是对供气、送丝和供电等部分实现控制。半自动 CO_2 焊的控制程序如图 4-5 所示。

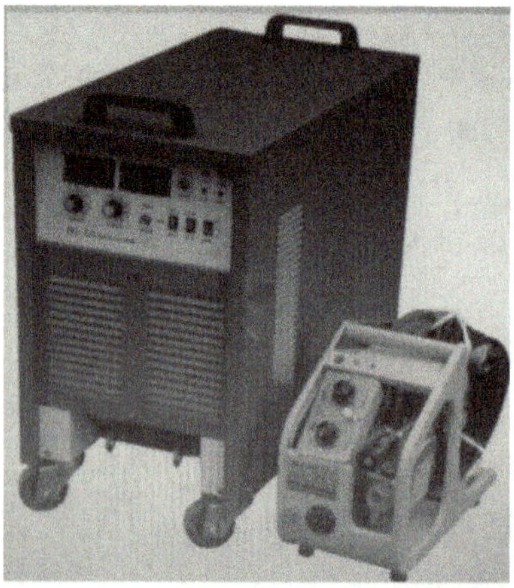

图 4-3　半自动 CO_2 焊的焊接电源及送丝机

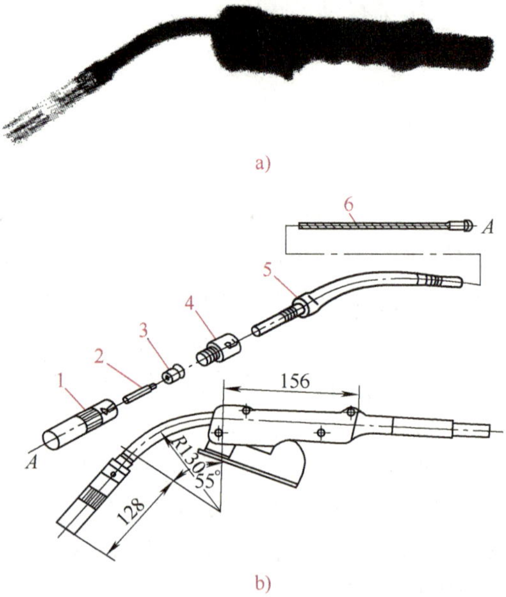

图 4-4　鹅颈式焊枪

a）外形　b）结构

1—喷嘴　2—导电嘴　3—分流器

4—接头　5—枪体　6—弹簧软管

图 4-5　半自动 CO_2 焊控制程序

四、二氧化碳气体保护焊焊接工艺

1. 二氧化碳气体保护焊的熔滴过渡形式

熔滴通过电弧空间向熔池转移的过程叫作熔滴过渡。熔滴过渡可以有不同的形式，CO_2 气体保护焊时主要是采用短路过渡与细滴过渡。

短路过渡的特点是焊丝端部的熔滴在未脱落前先与熔池接触而形成短路，然后温度升高，在电磁力作用下爆断直接进入熔池。一般细焊丝、小电流、电弧长度不超过焊丝直径时，可获得短路过渡。短路过渡频率很高，电弧稳定，适合薄板或全位置焊接。

细滴过渡是指当电流在 400A 以上时，熔滴细化，过渡频率也随之增大，电弧较稳定，焊缝成形较好，在生产中应用较广，多用于中、厚板的焊接。

2. CO_2 气体保护焊的主要焊接参数

CO_2 气体保护焊选择焊接参数时应按细丝焊与粗丝焊及自动与半自动焊的不同形式而确定，同时要根据焊件厚度、接头形式及空间位置等来选择。

（1）焊丝直径　焊丝直径应根据焊件厚度、焊接空间位置及生产率的要求来选择。当焊接薄板或中厚板的立、横、仰焊时，多采用直径在 1.6mm 以下的焊丝；在平焊位置焊接中厚板时，可以采用直径在1.2mm以上的焊丝。焊丝直径的选择见表4-1。

表4-1　焊丝直径的选择

焊丝直径/mm	焊件厚度/mm	施焊位置	熔滴过渡形式
0.8	1~3	各种位置	短路过渡
1.0	1.5~6	各种位置	短路过渡
1.2	2~12	各种位置	短路过渡
	中厚	平焊、平角焊	细颗粒过渡
1.6	6~25	各种位置	短路过渡
	中厚	平焊、平角焊	细颗粒过渡
2.0	中厚	平焊、平角焊	细颗粒过渡

（2）焊接电流　焊接电流的大小应根据焊件厚度、焊丝直径、焊接位置及熔滴过渡形式来确定。在相同的送丝速度下，随着焊丝直径的增加，焊接电流越大，熔敷速度和熔深都会增加，熔宽也略有增加。焊丝直径与焊接电流的关系见表4-2。

表4-2　焊丝直径与焊接电流的关系

焊丝直径/mm	焊接电流/A	
	颗粒过渡	短路过渡
0.8	150~250	60~160
1.2	200~300	100~175
1.6	350~500	100~180
2.4	500~750	150~200

（3）电弧电压　电弧电压必须与焊接电流配合恰当，否则会影响到焊缝成形及焊接过程的稳定性。电弧电压随着焊接电流的增加而增大。短路过渡焊接时，通常电弧电压在16~24V范围内。细滴过渡焊接时，对于直径为1.2~3.0mm的焊丝，电弧电压可在25~36V范围内选择。

生产中，常用经验公式来确定电弧电压值范围，然后再进行调试。当焊接电流≤250A时，电弧电压=[0.04×焊接电流+16±1.5] V；当焊接电流>250A以上时，电弧电压=[0.04×焊接电流（A）+20±2.0] V。

（4）焊接速度　在一定的焊丝直径、焊接电流和电弧电压条件下，随着焊速增加，焊缝宽度与焊缝厚度减小。焊速过快，不仅气体保护效果变差，可能出现气孔，而且还易产生咬边及未熔合等缺陷；但焊速过慢，则焊接生产率降低，焊接变形增大。一般半自动CO_2焊时的焊接速度为15~30m/h。

（5）焊丝伸出长度　焊丝伸出长度（也称为干伸长）取决于焊丝直径，一般约等于焊丝直径的10倍，且不超过15mm。伸出长度过大，焊丝会成段熔断，飞溅严重，气体保护效果差；过小，不但易造成飞溅物堵塞喷嘴，影响保护效果，也影响焊工视线。

（6）CO_2气体流量　CO_2气体流量应根据焊接电流、焊接速度、焊丝伸出长度及喷嘴直径等选择，过大或过小的气体流量都会影响气体保护效果。气体流量过小则电弧不稳定，有密集气孔产生，焊缝表面易被氧化成深褐色；气体流量过大会出现气体紊流，也会产生气孔，焊缝表面呈浅褐色。通常在细丝 CO_2 焊时，CO_2 气体流量为 8～15L/min；粗丝 CO_2 焊时，CO_2 气体流量为 15～25L/min。

（7）电源极性与回路电感　为了减少飞溅，保证焊接电弧的稳定性，CO_2 焊应选用直流反接。焊接回路的电感值应根据焊丝直径和电弧电压来选择，电感值是否合适，可通过试焊的方法来确定，若焊接过程稳定，飞溅很少，说明此电感值是合适的。不同直径焊丝的合适电感值见表4-3。

表4-3　不同直径焊丝的合适电感值

焊丝直径/mm	焊接电流/A	电弧电压/V	电感值/mH
0.8	100	18	0.01～0.08
1.2	130	19	0.10～0.16
1.6	150	20	0.30～0.70

（8）装配间隙及坡口尺寸　由于 CO_2 焊焊丝直径较细，电流密度大，电弧穿透力强，电弧热量集中，一般对于12mm以下的焊件不开坡口也可焊透，对于必须开坡口的焊件，一般坡口角度可由焊条电弧焊的60°左右减为30°～40°，钝边可相应增大2～3mm，根部间隙可相应减少1～2mm。

（9）焊枪的倾角　当焊枪倾角（焊件的垂线与焊枪轴线的夹角）小于10°时，不论是前倾还是后倾，对焊接过程及焊缝成形都没有影响。当焊枪与焊件成后倾角（电弧指向已焊焊缝）时，焊缝窄，余高、熔深较大，焊缝成形不好；当焊枪与焊件成前倾角时，焊缝宽，余高小，熔深较长，焊缝成形好。

五、二氧化碳气体保护焊的焊接缺陷及防止措施

CO_2 气体保护焊的焊接缺陷及防止措施见表4-4。

表4-4　CO_2 气体保护焊的焊接缺陷及防止措施

焊接缺陷的种类	可能的原因	检查项及防止措施
气孔	（1）CO_2 气体流量不足 （2）空气混入 CO_2 中 （3）保护气被风吹走 （4）喷嘴被飞溅颗粒堵塞 （5）气体纯度不符合要求 （6）焊接接头处较脏 （7）喷嘴与母材距离过大 （8）焊丝弯曲 （9）卷入空气	（1）调整气体流量到15～25L/min，气瓶中的气压应>1000kPa （2）检查气管有无泄漏处，气管接头是否牢固 （3）风速大于2m/s时应采取防风措施 （4）去除飞溅（利用飞溅防堵剂或机械清除） （5）使用合格的 CO_2 气体 （6）接头处不要黏附油、锈、水、脏物和油漆 （7）通常为10～25mm，根据电流和喷嘴直径进行调整 （8）使电弧在喷嘴中心燃烧，应将焊丝校直 （9）在坡口内焊接时，由于焊枪倾斜，气体向一个方向流动，空气容易从相反方向卷入；环焊缝时气体向一个方向流动，容易卷入空气；焊枪应对准环缝的圆心

（续）

焊接缺陷的种类	可能的原因	检查项及防止措施
电弧不稳	（1）导电嘴内孔尺寸不合适 （2）导电嘴磨损 （3）焊丝送进不稳 （4）网路电压波动 （5）导电嘴与母材间距过大 （6）焊接电流过低 （7）接地不牢 （8）焊丝种类不合适	（1）应使用与焊丝直径相应的导电嘴 （2）导电嘴内孔可能变大，致使导电不良 （3）焊丝太乱，焊丝盘旋转不平稳，送丝轮尺寸不合适，加压滚轮压紧力太小，导向管曲率可能太小，送丝不良 （4）一次电压变化不要过大 （5）该距离应为焊丝直径的10～15倍 （6）使用与焊丝直径相适应的电流 （7）应可靠连接（由于母材生锈、有油漆及油污，使得接触不好） （8）按所需的熔滴过渡状态选用焊丝
焊丝与导电嘴粘连	（1）导电嘴与母材间距太小 （2）导电嘴不合适 （3）焊丝端头有熔球时起弧不好 （4）起弧方法不正确	（1）该距离由焊丝直径决定 （2）按焊丝直径选择尺寸适合的导电嘴 （3）剪断焊丝端头的熔球或采用带有去球功能的焊机 （4）不得在焊丝与母材接触时引弧（应在焊丝与母材保持一定距离时引弧）
飞溅多	（1）焊接规范不合适 （2）输入电压不平衡 （3）直流电感抽头不合适 （4）磁偏吹 （5）焊丝种类不合适	（1）焊接规范是否合适，特别是电弧电压是否过高 （2）一次侧有无断相（熔丝等） （3）大电流（>200A）用线圈多的抽头，小电流用线圈少的抽头 （4）改变一下地线位置，减少焊接区的间隙，设置工艺板 （5）按所需的熔滴过渡状态选用焊丝
电弧周期性的变动	（1）送丝不均匀 （2）导电嘴不合适 （3）一次输入电压变动大	（1）焊丝盘圆滑旋转，送丝轮打滑，导向管的摩擦阻力太大 （2）导电嘴尺寸不合适，导电嘴磨损 （3）电源变压器容量不够，附近有过大负载（电阻点焊机等）
咬边	（1）焊接规范不合适 （2）焊枪操作不合理	（1）电弧电压过高，焊速过快，焊接方向不合适 （2）焊枪角度和指向位置不正确，改进焊枪摆动方法
焊瘤	（1）焊接规范不合适 （2）焊枪操作不合理	（1）电弧电压过低、焊速过慢，焊丝干伸长过大 （2）焊枪角度和指向位置不正确，改进焊枪摆动方法
焊不透	（1）焊接规范不合适，电流过小 （2）焊枪操作不合理 （3）接头形状不良	（1）电流太小、电压太高、焊速太低，焊丝干伸长太大 （2）焊枪倾角过大、焊枪指向位置不正确 （3）坡口角度和根部间隙太小，接头形状应适合所用焊接方法
烧穿	（1）焊接规范不合适，电流过大 （2）坡口不良，间隙过大	（1）电流太大，电压太低，坡口角度太大 （2）钝边太小，根部间隙太大，坡口不均匀
夹渣	（1）焊接规范不合适 （2）前层焊缝有残留的熔渣	（1）正确选择焊接规范（适当增加电流、焊接速度） （2）摆动宽度太大，焊丝干伸长太大

【二氧化碳气体保护焊基本操作】

任务一 平 敷 焊

一、任务图样

任务图样如图 4-6 所示。

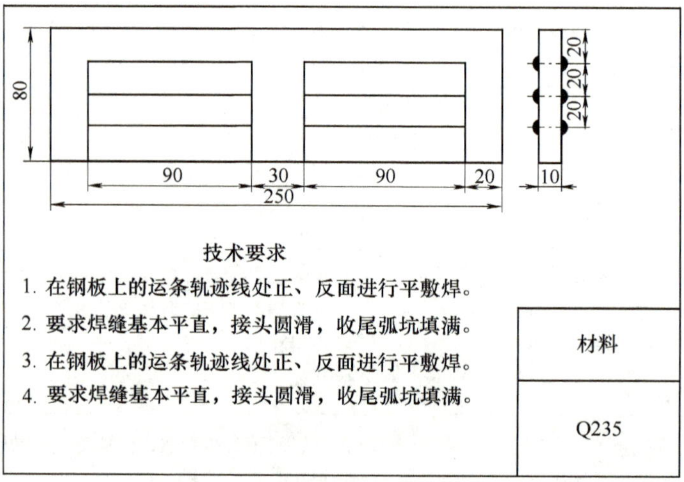

图 4-6 平敷焊焊件任务图样

二、焊前准备

1. 焊机

二氧化碳气体保护焊机 NB-250。

2. 焊丝

ER49-1（H08Mn2SiA），直径为 1.2mm。

3. 材料

Q235 钢板一块，尺寸为 250mm × 80mm × 10mm。

4. 其他辅件

二氧化碳气体一瓶、电焊手套、电焊面罩等。

5. 焊前清理

清理坡口及坡口正反面两侧各 20mm 范围内的油污、锈蚀、水分及其他污物，直至露出金属光泽。并在焊件表面涂上一层飞溅防粘剂，在喷嘴上涂一层喷嘴防堵剂。

以后的焊接电源、训练辅助工具、焊前清理与此相同，不再复述。

6. 焊接参数

焊接参数见表 4-5。

三、任务指导

1. 引弧

一般条件下，CO_2 气体保护焊采用左焊法，左焊法操作者具有清晰的视线，焊缝成形较右焊法平滑。

表 4-5 焊接参数

焊丝直径/mm	焊接电流/A	电弧电压/V	气体流量/(L/min)
1.2	130～150	22～26	10～15

引弧前，先将焊丝端头剪去，经剪断的焊丝端头应为锐角。因为焊丝端头常常有很大的球形直径，容易产生飞溅，造成缺陷。

采用短路法引弧。引弧时，注意保持焊接姿势与正式焊接时一样。同时，焊丝端头距工件表面的距离为 2～3mm，喷嘴与焊件相距 10～15mm。按下焊枪开关，随后自动送气、送电、送丝，直至焊丝与工件表面相碰短路，引燃电弧。此时焊枪有抬起趋势，须控制好焊枪，然后慢慢引向待焊处，当焊缝金属融合后，以正常焊接速度施焊。

2. 直线焊接

直线无摆动焊接形成的焊缝宽度稍窄，焊缝偏高、熔深较浅。整条焊缝往往在始焊端、焊缝的连接处、终焊端等处产生缺陷。应采取以下措施。

（1）始焊端　焊件始焊端处的温度较低，应在引弧之后，先将电弧稍微拉长一些，对焊缝端部适当预热，然后再压低电弧进行起始端焊接，这样可以获得具有一定熔深和成形比较整齐的焊缝。

（2）焊缝接头　在原熔池前方 10～12mm 处引弧，然后迅速将电弧引向原熔池中心，待熔化金属与原熔池边缘吻合填满弧坑后，再将电弧引向前方使焊丝保持一定的高度和角度，并以稳定的速度焊接。

（3）终焊端　在收弧时，如果焊机没有电流衰减装置，应采用多次断续引弧方式，或填充弧坑直至将弧坑填满，并且与母材圆滑过渡。

3. 摆动焊接

采用 CO_2 气体保护焊时为了获得较宽的焊缝，往往采用横向摆动。焊枪常见的摆动方式及应用范围见表 4-6。

表 4-6 焊枪常见的摆动方式及应用范围

摆动方式	应用范围
	薄板及中厚板的第一层焊接
	小间隙及中厚板打底焊接，减少焊缝余高
	第二层为横向摆动送枪焊接的厚板等
	堆焊、多层焊接时的第一层
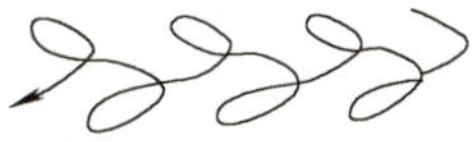	大间隙
	薄板根部有间隙焊接、坡口有钢垫板或施工物时

摆动焊接时，横向摆动运丝角度和起始端的运丝要领与直线无摆动焊接一样。但在横向摆动运丝时，左右摆动幅度要一致，摆动到中间时速度应稍快，到两侧时要稍作停留，摆动的幅度不能过大，否则部分熔池不能得到良好的保护。一般摆动幅度限制在喷嘴内径的 1.5 倍范围内。运丝时以手腕作辅助，手臂主要控制和掌握运丝角度。

摆动焊接时，在原熔池前方 10～12mm 处引弧，然后以直线方式将电弧引向接头处在接头中心开始摆动，在向前移动的同时加大摆幅（保持形成的焊缝与原焊缝宽度相同），然后转入正常焊接。

4. 收弧

焊接结束前必须进行收弧处理。对于重要产品，可采用引出板，将火口引至试件之外，可以省去弧坑处理的操作。如果焊接电源有火口控制电路，则在焊接前将面板上的火口处理开关扳至“有火口处理”挡，在焊接结束收弧时，焊接电流和电弧电压会自动减少到适宜的数值，将火口填满。

【经验交流】

重要产品进行焊接时，可采用引弧板，如图4-7所示。若是直接在焊件端部引弧时，可在焊缝始焊端前20mm左右处引弧后，快速返回起始点，然后开始焊接，如图4-8所示。

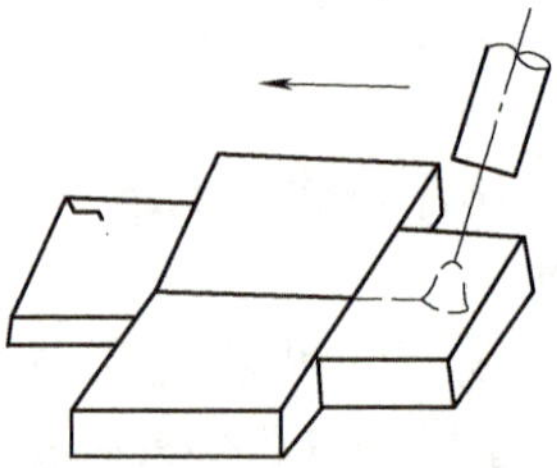

图4-7 使用引弧板示意图

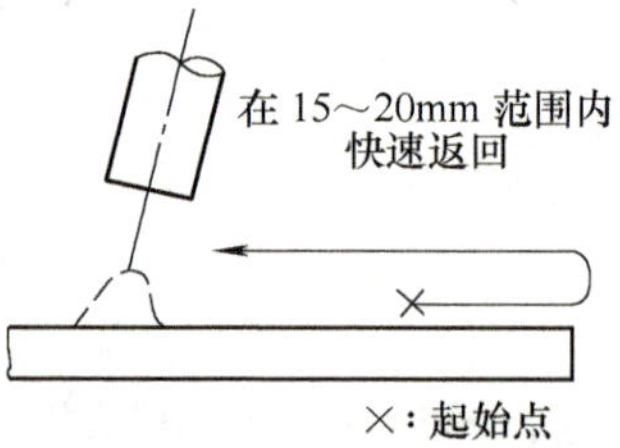

图4-8 倒退引弧法示意图

在焊接过程中，要细心观察焊丝伸出端部的熔化情况，静心聆听焊接电弧短路过渡的爆炸声，根据这两方面的信息来判断最初预置的焊接电流和电弧电压配比是否适当，并做出进一步的微调。微调时，一定要细心检查焊机连接是否牢固，否则会对焊接电弧的稳定产生非常大的影响，甚至会造成焊接参数的选配无法进行。

任务二 平板对接-双面焊

一、任务图样

平焊对接焊件任务图样如图4-9所示。

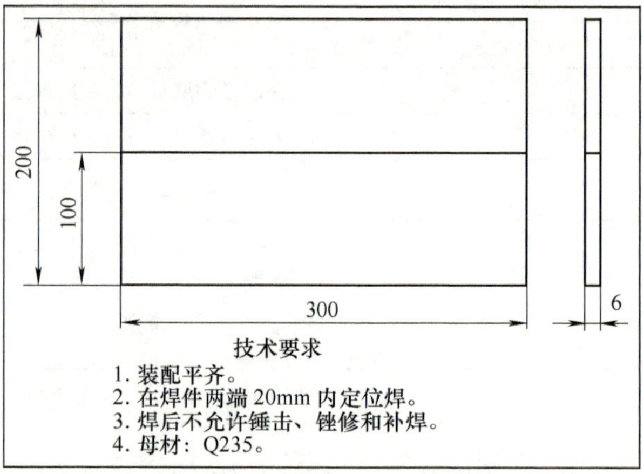

图4-9 平焊对接（I形坡口）焊件任务图样

二、焊前准备

1. 焊机

二氧化碳气体保护焊机NB-250。

2. 焊丝

ER49-1，直径为1.2mm。

3. 材料

Q235钢板两块，尺寸为300mm×100mm×6mm。

4. 装配及定位焊

装配及定位焊参数见表4-7。

表4-7　装配及定位焊参数

装配间隙/mm	反变形/(°)	错边量/mm
1.0~1.5	3	≤1.2

5. 焊接参数

焊接参数见表4-8。

表4-8　焊接参数

焊接层次	焊丝直径/mm	焊接电流/A	电弧电压/V	气体流量/(L/min)
正面焊	1.2	110~130	19~20	10~15
反面焊	1.2	130~150	22~26	10~15

三、任务指导

1. 装配及定位焊

装配及定位焊要求与焊条电弧焊相同。

2. I形坡口平对接焊

焊缝的起头、连接和收尾与平敷焊的要求相同。

调试好焊接参数后，首先进行正面焊接。在试板的右端引弧，从右向左焊接，单层单道焊。焊枪角度如图4-10所示。焊枪沿装配间隙前后摆动或小幅度横向摆动，摆动幅度不能太大，以免产生气孔。熔池停留时间不宜过长，否则容易烧穿。

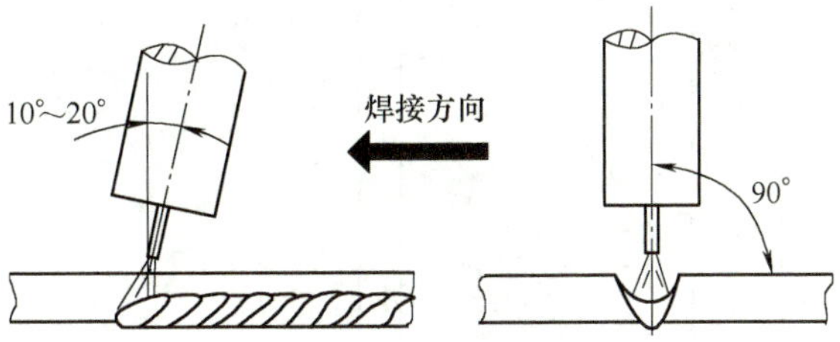

图4-10　焊枪角度

在正面焊接完成之后，接着进行反面焊接。反面焊时，可适当加大焊接电流，保证与正面焊缝内部熔合。

【经验交流】

在焊接过程中，正常熔池呈椭圆形，如出现椭圆形熔池被拉长，即为烧穿前兆。这时应根据具体情况，改变焊枪操作方式以防止烧穿。例如，加大焊枪前后摆动或横向摆动幅度等。

采用短路过渡的方式进行焊接时，要特别注意保证焊接电流与电弧电压配合好。如果电弧电压太高，则熔滴短路过渡频率降低，电弧功率增大，容易引起烧穿，甚至熄弧；如果电弧电压太低，则可能在熔滴很小时就引起短路，产生严重的飞溅，影响焊接过程；当焊接电流与电弧电压配合好时，则焊接过程电弧稳定，可以观察到周期性的短路，听到均匀的、周期性的“啪、啪”声，熔池平稳，飞溅小，焊缝成形良好。

钢结构行车梁焊接工艺卡

零件简图

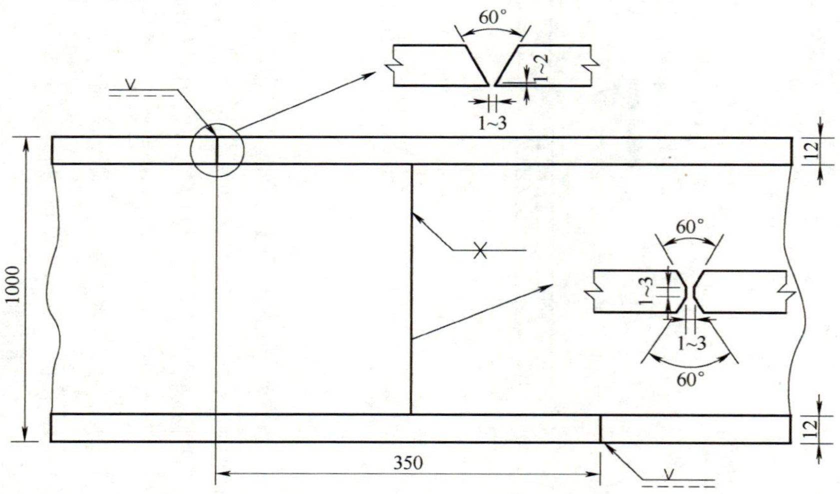

焊接工艺卡编号	HJGYK-01
零部件图号	GJHCL-01
零部件名称	钢结构行车梁拼接 H3
零部件数量	1
母材材质	Q345B
母材规格	12mm
接头数量	2
焊接工艺评定报告编号	××××
焊工持证项目	GMAW-FeⅡ-1G-12-FefS-02/11/15

焊接工艺参数

接头形式	对接接头	焊接位置	平焊（F）	层次	焊材牌号	焊材规格	电流/A	电压/V	焊速/(cm/min)	气流量/(L/min)
焊接方法	实心焊丝 CO_2 气体保护焊（GMAW-CO_2）	过渡形式	熔滴过渡	打底	ER50-6	ϕ1.2mm	180～260	25～38	25～45	15～20
预热温度/℃	≥5	层间温度/℃	≤200	填充	ER50-6	ϕ1.2mm	220～320	25～38	25～45	15～20
后热/℃	/	保护气体	CO_2	盖面	ER50-6	ϕ1.2mm	220～280	25～38	25～45	15～20

焊接检验

1. 外观：焊缝与母材应平滑过渡；焊缝及其热影响区表面无裂纹、未熔合、夹渣、气孔、弧坑、咬边等表面缺陷；焊缝宽窄差在任意连续50mm长度内不得大于3mm；焊缝高低差在任意连续25mm长度内不得大于3mm。

2. 无损检测：按GB/T 11345标准100%UT，UT检测B级合格（无损检测应在焊后24h以后，经外观检查合格后，才能进行）。

工艺说明

1. 焊丝上的油锈等污物应清除干净。焊前坡口及附近50mm内油、锈等污物应打磨清除干净。

2. 禁止在坡口以外的母材表面引弧。

3. 定位焊采用的焊接方法、材料与正式焊接时的打底焊相同。

4. 多层焊接，焊接接头应错开，并逐层逐道清渣。

5. 焊接完毕，应清除干净焊缝表面的熔渣、飞溅等物，并用记号笔写上焊工钢印。

6. 焊接时，采用直流反接，单面焊双面成形。

【操作示例】

二氧化碳气体保护焊

第三节 氩弧焊

一、氩弧焊概述

氩弧焊是以氩气作为保护气体的一种气体保护电弧焊方法。

1. 氩弧焊的分类

氩弧焊根据所用的电极材料，可分为钨极（不熔化极）氩弧焊（用 TIG 表示）和熔化极氩弧焊（用 MIG 表示）；若在氩弧焊电源中加入脉冲装置，又可分为钨极脉冲氩弧焊和熔化极脉冲氩弧焊。

2. 氩弧焊的主要特点

（1）焊缝质量较高　由于氩气是惰性气体，并且也不溶解于液态金属，保证高温下被焊金属中合金元素不会氧化烧损，能有效地保护熔池金属，获得较高的焊接质量。

（2）焊接变形与应力小　由于氩弧焊热量集中，电弧受氩气流的冷却和压缩作用，使热影响区窄，焊接变形和应力小，特别适宜于薄件的焊接。

（3）可焊的材料范围广　几乎所有的金属材料都可进行氩弧焊。通常，多用于焊接不锈钢、铝、铜等有色金属及其合金，有时还用于焊接构件的打底焊。

二、钨极氩弧焊

钨极氩弧焊是使用纯钨或活化钨（钍钨、铈钨）为电极的氩气保护焊，简称 TIG 焊。钨极本身不熔化，只起发射电子产生电弧的作用，故也称非熔化极氩弧焊（或 GTAW），主要适用于薄板焊接或打底层焊接。钨极氩弧焊的原理如图 4-11 所示。

1. 钨极氩弧焊的焊接材料

钨极氩弧焊的焊接材料主要是钨极、氩气和焊丝。

（1）钨极氩弧焊对钨极材料的要求　耐高温、电流容量大、施焊损耗小，还应具有很强的电子发射能力，以保证引弧容易、电弧稳定。常用的钨极有纯钨极、钍钨极和铈钨极三种。

纯钨极（如牌号 W1、W2）要求电源空载电压高，且易烧损；钍钨极（如牌号 WTh-10、WTh-7）钍钨极电子发射率提高，增大了许用电流范围，降低了空载电压，改善引弧和稳弧性能，但是具有微量放射性。而铈钨极（如牌号 WCe20）克服了纯钨极和钍钨极的缺点，因而应用最广。

为了使用方便，钨极的一端常涂有颜色，以便识别。例如，钍钨极涂红色，铈钨极涂灰色，纯钨极涂绿色。

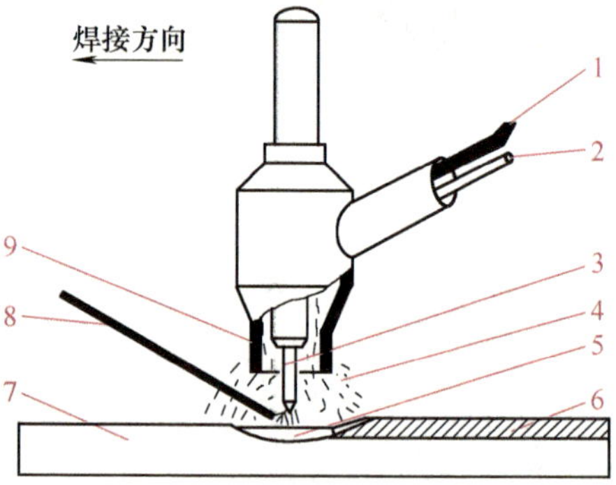

图 4-11　钨极氩弧焊的原理

1—电缆　2—保护气导管　3—钨极　4—保护气体　5—熔池　6—焊缝　7—工件　8—填充焊丝　9—喷嘴

（2）氩气　氩气是无色、无味的惰性气体，不与金属起化学反应，也不溶解于金属，且氩气比空气的密度大25%，使用时气流不易漂浮散失，有利于对焊接区的保护作用。氩的电离能较高，引燃电弧较困难，故需采用高频引弧及稳弧装置。但氩弧一旦引燃，燃烧就很稳定。

氩弧焊对氩气的纯度要求很高，为保证焊接质量，按我国现行标准规定，其纯度应达到99.99%。焊接用工业纯氩以瓶装供应，在温度20℃时满瓶压力为14.7MPa，容积一般为40L。氩气钢瓶外表涂灰色，并标有深绿色“氩气”的字样。

（3）焊丝　我国目前尚无专用的钨极氩弧焊焊丝标准，一般选用熔化极气体保护焊用焊丝或焊接用钢丝。焊接低碳钢及低合金钢时一般按照等强原则选择焊丝；焊接特殊性能钢及有色金属时一般按照成分匹配原则选择焊丝。

2. 钨极氩弧焊设备

钨极氩弧焊设备按操作方式分类，可分为手工钨极氩弧焊焊机和自动钨极氩弧焊焊机。按所用电源类型分类，可分为直流钨极氩弧焊焊机、交流钨极氩弧焊焊机及脉冲钨极氩弧焊焊机三种。目前，常用的手工钨极交流氩弧焊焊机的型号为WSJ-150、WSJ-300等；手工钨极直流氩弧焊焊机的型号为WS-250、WS-300和WS-400等。

手工钨极氩弧焊设备由焊接电源、焊接控制系统、焊枪、水冷系统和供气系统等部分组成，如图4-12所示。

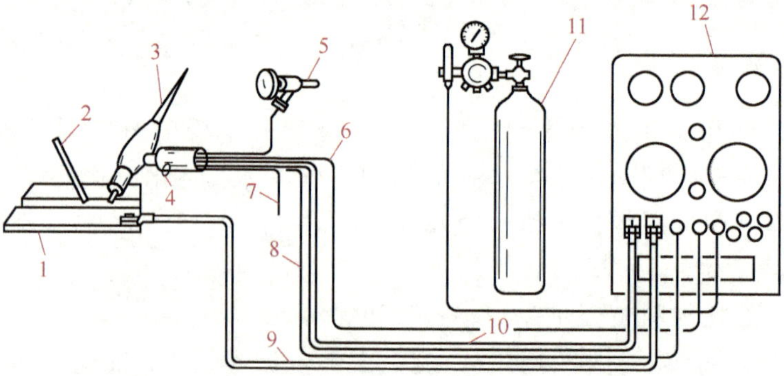

图 4-12　手工钨极氩弧焊设备的组成

1—母材　2—填充金属　3—焊枪　4—开关　5—水冷系统　6—气体　7—放水　8—开关线　9—工业电缆　10—电极电缆　11—供气系统　12—焊接电源和控制系统

（1）焊接电源　因为钨极氩弧焊的电弧静特性曲线与焊条电弧焊相类似，所以任何具有陡降外特性的弧焊电源（如逆变电源、晶体管电源、弧焊变压器等）都可以用作钨极氩弧焊的电源，只是外特性要求更陡些。

（2）焊枪　钨极氩弧焊焊枪的作用是夹持电极、导电和输送氩气流。氩弧焊焊枪分为气冷式焊枪（QQ 系列）和水冷式焊枪（PQI、QS 系列）。气冷式焊枪结构紧凑、便于操作、价格便宜，但限于小电流（150A）焊接使用；水冷式焊枪适宜大电流和自动焊接使用。

焊枪一般由枪体、喷嘴、钨极夹头、进气管、手柄和按钮等组成。典型的 PQI-350 型 TIG 焊焊枪如图 4-13 所示。

（3）供气系统　钨极氩弧焊的供气系统由氩气瓶、氩气流量调节器和电磁气阀组成。氩气流量调节器不仅起到降压和稳压的作用，还可方便地调节氩气流量。电磁气阀是控制气体通断的装置，由延时继电器控制，可起提前供气和滞后停气的作用。

（4）水冷系统　如果焊接电流小于 150A 可以不用水冷却。使用的焊接电流在 150A 以上时，必须通水冷却，并以水流开关进行控制。

（5）控制系统　钨极氩弧焊的控制系统是通过控制电路，对供电、供气、引弧与稳弧等各个阶段的动作实现控制。控制程序大体按下列程序进行。

当按动起动开关时，接通电磁气阀通氩气，经短暂延时后接通主电路，给电极和焊件输送空载电压，接通高频振荡器引燃电弧。电弧建立后，立即切断高频振荡器，即进入正常焊接过程。若为交流钨极氩弧焊焊机，正常焊接之前，还需接通脉冲稳弧器。当焊接停止时，起动关闭开关，焊接电流衰减，延时一段时间后，切断主电源；再经过一段延时后电磁气阀断开，氩气断路，此时焊接过程结束。图 4-14 所示为交流手工钨极氩弧焊的控制程序图。

图 4-13　PQI-350 型 TIG 焊焊枪

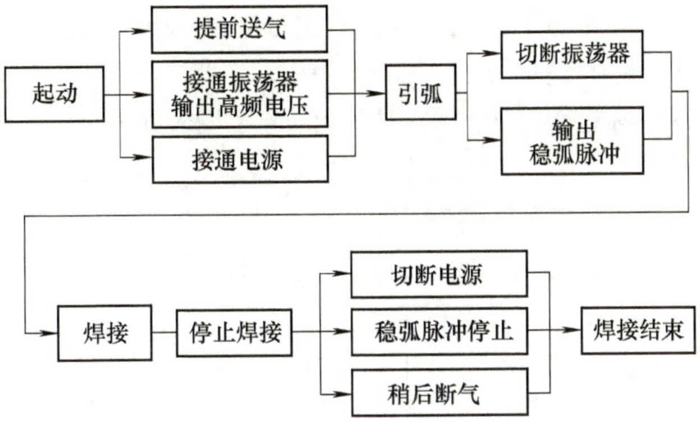

图 4-14　交流手工钨极氩弧焊控制程序框图

3. 钨极氩弧焊工艺

（1）焊前准备

1）坡口形式。坡口形式及尺寸根据材料类型、板厚来选择。一般情况下，板厚小于 3mm 时，可开 I 形坡口；板厚为 3～12mm 时，可开 V 形或 Y 形坡口。

2）焊前清理。钨极氩弧焊抗气孔能力较弱，因此必须进行严格的焊前清理，焊前必须将坡口附近 20～30mm 范围内的油污、氧化膜清理干净。清理可用不锈钢丝刷、刮刀或有机溶剂，视工件尺寸与生产条件而定。

（2）焊接参数的选择 钨极氩弧焊的焊接参数主要有电源种类和极性、焊接电流、钨极直径、电弧电压、氩气流量、焊接速度和喷嘴直径等。正确地选择焊接参数是获得优质焊接接头的重要保证。

1）电源种类和极性。电源种类和极性可根据焊件材质进行选择。

① 直流反接。钨极氩弧焊采用直流反接时，电弧空间的正离子，由钨极的阳极区飞向焊件的阴极区，撞击金属熔池表面，将致密难熔的氧化膜击碎，以达到清理氧化膜的目的，这种作用称为“阴极破碎”作用，也称“阴极雾化”，这种作用对焊接铝、镁及其合金有利，如图4-15所示。

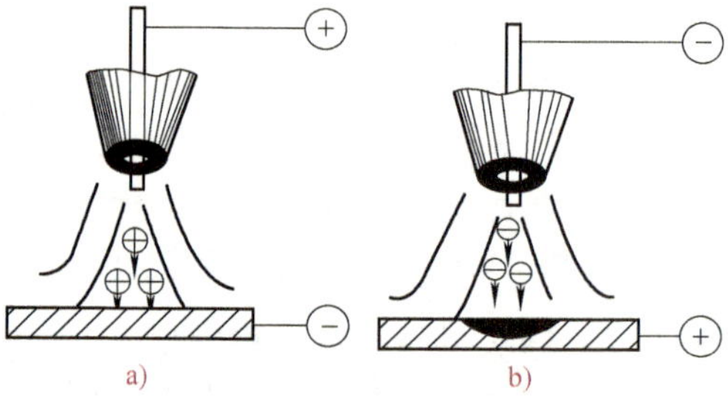

图4-15 阴极破碎示意图

尽管直流反接能将被焊金属表面的氧化膜去除，但是接正极的钨棒容易过热而烧损，许用电流小，同时焊件上产生的热量不多，因而焊缝厚度较浅，焊接生产率低，所以，钨极氩弧焊一般不采用此法，只有在焊接厚度小于3mm的铝、镁及其合金时才使用。

② 直流正接。钨极氩弧焊采用直流正接时，由于电弧在焊件阳极区产生的热量大于钨极阴极区，致使焊件的焊缝厚度增加，焊接生产率高，而且钨极不易过热与烧损，使钨极的许用电流增大，电子发射能力增强，电弧燃烧稳定性比直流反接时好。但焊件表面受到比正离子质量小得多的电子撞击，不能去除氧化膜，因此没有“阴极破碎”作用，故适合于焊接表面无致密氧化膜的金属材料。

③ 交流钨极氩弧焊。由于交流电极的极性是不断变化的，因此，交流钨极氩弧焊兼有直流钨极氩弧焊正、反接的优点，既可减少钨极烧损，又有“阴极破碎”作用，是焊接铝、镁及其合金的最佳方法。

各种材料的电源种类与极性的选用见表4-9。

表4-9 各种材料的电源种类与极性选用

材料	直流		交流
	正极性	反极性	
铝及铝合金	×	◎	△
铜及铜合金	△	×	◎
铸铁	△	×	◎
低碳钢、低合金钢	△	×	◎
高合金钢、镍及镍合金、不锈钢	△	×	◎
钛合金	△	×	◎

注：△—最佳，◎—可用，×—最差。

2）焊接电流、钨极直径。焊接电流主要根据焊件厚度、钨极直径和焊缝空间位置来选择，钨极直径则根据焊接电流来选择。若焊接电流与钨极直径选配不当，将造成电弧不稳、严重烧损钨极和焊缝夹钨。

钨极端部形状对电弧稳定性也有一定影响，交流钨极氩弧焊时，一般将钨极端部磨成圆珠形；直流小电流施焊时，钨极可以磨成尖锥角；直流大电流时，钨极宜磨成钝角。常用的钨极端部形状如图4-16所示。

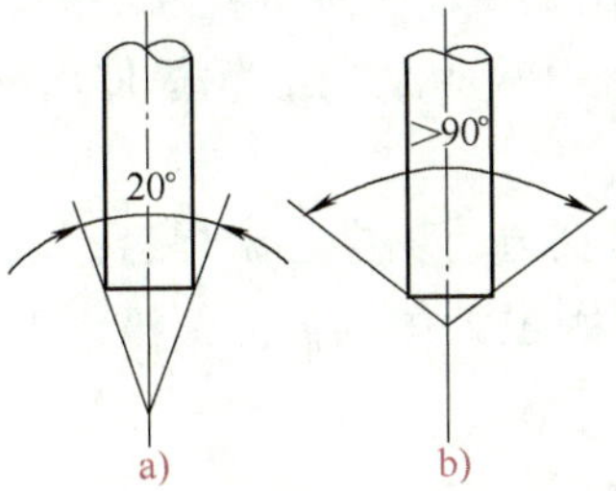

图4-16　常用的钨极端部形状
a）直流小电流　b）直流大电流　c）交流

钨极直径及端部形状与焊接电流范围见表4-10。

表4-10　不同钨极直径的许用电流范围

钨极直径/mm	直流正接/A	直流反接/A	交流/A
1.0	15~80	—	20~60
1.6	70~150	10~20	60~120
2.4	140~235	15~30	100~180
3.2	225~325	25~40	160~250
4.0	300~400	40~55	200~320
5.0	400~500	55~80	290~390

3）氩气流量和喷嘴直径。通常焊枪决定之后，喷嘴直径很少改变，而是通过调整氩气流量来增强气体保护效果。喷嘴直径的大小，一般根据钨极直径来选择。对于一定孔径的喷嘴，选用的氩气流量要适当，一般可根据下式计算：

$$q_V = (0.8 \sim 1.2) D$$

式中　q_V——氩气流量（L/min）；

D——喷嘴直径（mm）。

如果流量过大，不仅浪费，而且容易形成紊流，使空气卷入，对焊接区的保护不利；而流量过小也不好，气流挺度差，降低气体保护效果。流量不合适时，熔池表面有熔渣，焊缝表面发黑或有氧化皮。不锈钢、铝合金气体保护效果的判定见表4-11。

表4-11　不锈钢、铝合金气体保护效果的判定

焊接材料	最好	良好	较好	最差
不锈钢	银白、金黄	蓝色	红灰	黑色
铝合金	银白色	—	—	黑灰色

4）焊接速度。焊接速度通常由焊工根据熔池的大小、形状和焊件熔合情况随时调节。焊速过快，会影响气体保护效果，易产生未焊透等缺陷。焊速过慢，焊缝易咬边和烧穿。

5）电弧电压。电弧电压由电弧长度决定。当电弧电压过高时，气体保护效果变差，易

产生未焊透、气孔、焊缝被氧化等缺陷。因此，应尽量采用短弧焊，电弧电压一般为10～24V。

6）喷嘴至焊件的距离、钨极伸出长度。为防止电弧烧坏喷嘴，保证气体保护效果及便于操作，一般喷嘴至焊件的距离以8～14mm为宜；钨极伸出喷嘴的长度以3～6mm较好。

4. 焊接缺陷及防止措施

钨极氩弧焊产生的焊接缺陷，如咬边、烧穿、未焊透、表面成形不良等，与一般电弧焊方法产生的焊接缺陷相似，产生的原因也大体相似。钨极氩弧焊的工艺缺陷、产生原因及防止措施见表4-12。

表4-12 钨极氩弧焊的工艺缺陷、产生原因及防止措施

缺陷	产生原因	防止措施
夹钨	（1）接触引弧 （2）钨电极熔化	（1）采用高频振荡器或高压脉冲发生器引弧 （2）减小焊接电流或加大钨极直径，旋紧钨极夹头和减小钨极伸出长度 （3）调换有裂纹或撕裂的钨电极
气保护效果差	氢、氮、空气、水气等有害气体污染	（1）采用纯度为99.99%（体积分数）的氩气 （2）有足够的提前送气和滞后停气时间 （3）正确连接气管和水管，不可混淆 （4）做好焊前清理工作 （5）正确选择保护气流量、喷嘴尺寸、电极伸出长度等
电弧不稳	（1）焊件上有油污 （2）接头坡口太窄 （3）钨电极污染 （4）钨电极直径过大 （5）弧长过长	（1）做好焊前清理工作 （2）加宽坡口，缩短弧长 （3）去除污染部分 （4）使用正确尺寸的钨电极及夹头 （5）压低喷嘴距离
钨极损耗过多	（1）气保护不好，钨电极氧化 （2）反极性连接 （3）夹头过热 （4）钨极直径过小 （5）停焊时钨电极被氧化	（1）清理喷嘴，缩短喷嘴距离，适当增加氩气流量 （2）增大钨极直径或改为正接法 （3）磨光钨极端头，调换夹头 （4）调大钨极直径 （5）增加滞后停气时间，不少于1s/10A

三、熔化极氩弧焊

熔化极氩弧焊是利用氩气或富氩气体作为保护介质，简称MIG焊，属于熔化极惰性气体保护焊。熔化极氩弧焊用焊丝作为电极，因而可使用大电流焊接，焊件金属的熔深也大，因此熔化极氩弧焊特别适用于中等和大厚度的焊件。熔化极氩弧焊原理如图4-17所示。

1. 熔化极氩弧焊设备

熔化极氩弧焊按操作方式分为半自动和自动两种。

熔化极氩弧焊设备通常由弧焊电源、供气系统、送丝机构、控制系统、焊枪及水冷系统等部分组成。自动熔化极氩弧焊设备还配有行走小车或悬臂梁等，自动熔化极氩弧焊设备组成如图4-18所示。

熔化极氩弧焊选用细焊丝时，采用等速送丝系统，配用缓降特性的焊接电源；选用粗焊丝时，采用变速送丝系统，配用陡降特性的焊接电源，以保证自动调节作用及焊接过程稳定性。另外，半自动氩弧焊用细焊丝，而自动氩弧焊大都用粗焊丝。

熔化极氩弧焊的送丝系统与 CO_2 焊送丝系统是相同的。半自动氩弧焊的焊枪送丝方式和 CO_2 焊半自动焊枪一样。熔化极氩弧焊的供气系统与钨极氩弧焊相同。

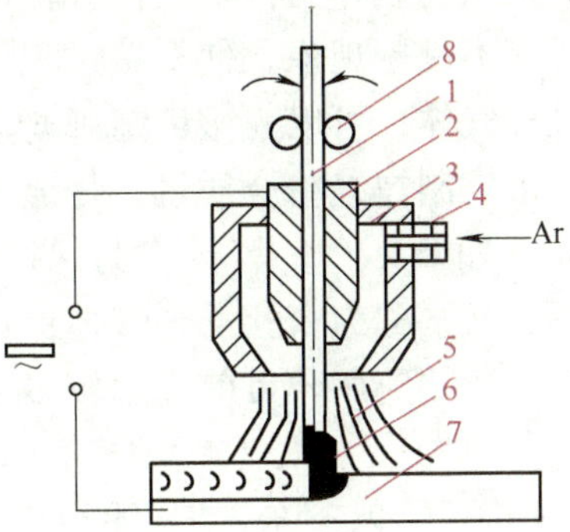

图 4-17　熔化极氩弧焊原理
1—焊丝　2—导电嘴　3—喷嘴
4—进气管　5—氩气流　6—电弧
7—焊件　8—送丝辊轮

2. 熔化极氩弧焊的焊接工艺

熔化极氩弧焊熔滴过渡一般多采用喷射过渡的形式（即随着焊接电流的增加，熔滴尺寸变得更小，过渡频率也急剧提高，在电弧力的强制作用下，熔滴脱离焊丝沿焊丝轴向飞速地射向熔池，这种过渡形式称为喷射过渡）。焊接电流和电弧电压是获得喷射过渡形式的关键，一般焊接电流应大于临界电流值，电弧电压选择得低一些，可使熔滴呈现稳定的喷射过渡形式。熔化极氩弧焊采用直流反接，这是因为直流反接易实现喷射过渡，飞溅少，并且还可发挥“阴极破碎”作用。

由于熔化极氩弧焊对熔池和电弧区的保护要求较高，而且电弧功率及熔池体积一般较钨极氩弧焊时大，所以氩气流量和喷嘴孔径要相应增大，通常喷嘴孔径为 20mm 左右，氩气流量在 30～60L/min 范围内。

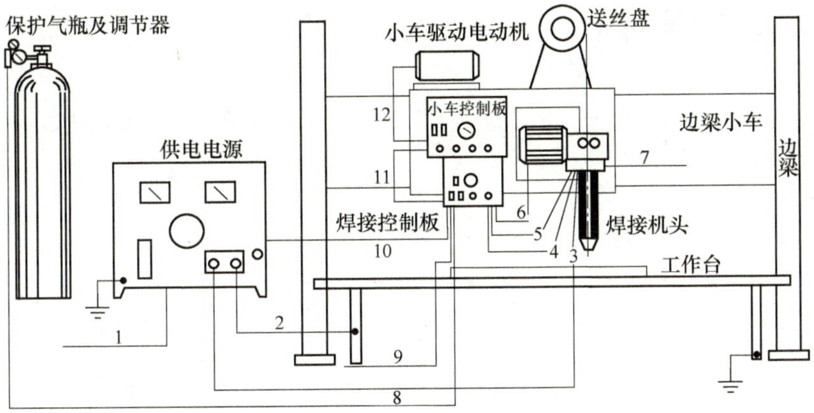

图 4-18　自动熔化极氩弧焊设备组成示意图
1—电源输入　2—焊件插头及连接　3—供电电缆　4—保护气输入　5—冷却水输入　6—送丝控制输入
7—冷却水输出　8—输入到焊接控制箱的保护气　9—输入到焊接控制箱的冷却水
10—输入到焊接控制箱的 220V 交流电　11—输入到小车控制箱的 220V 交流电
12—小车电动机控制输入

四、熔化极活性混合气体保护焊

随着熔化极氩弧焊应用范围的扩大，仅仅使用纯氩保护常常不能得到满意的结果。例如，采用纯氩作为保护气体焊接低碳钢、低合金结构钢以及不锈钢时，会出现电弧不稳和熔滴过渡不良等现象，使焊接过程很难正常进行。通过研究发现，在氩气中混入一定比例的其他某种气体，可以克服纯氩弧焊和 CO_2 焊的一些缺点，具有电弧稳定、飞溅少、熔敷效率高、可控制焊缝冶金质量、焊缝成形好等优点。在惰性气体氩（Ar）中加入一定量的活性气体（如 O_2、CO_2 等）作为保护气体的熔化极气体保护焊方法，即熔化极活性混合气体保护焊，又常称为富氩混合气体保护焊，简称 MAG 焊。目前，以混合气体为保护气体得到了十分广泛的应用。目前应用较多的配合有：

1. 氩气＋氧气（$Ar+O_2$）

Ar＋（1%～5%）O_2 主要用于焊接不锈钢。

Ar＋20% O_2 主要用于焊接低碳钢、低合金钢。

2. 氩气＋二氧化碳气体（$Ar+CO_2$）

Ar＋（5%～30%）CO_2 主要用于焊接各类钢。在焊接不锈钢时，为防止焊缝增碳，CO_2 体积分数不应超过 5%。

80% Ar＋15% CO_2 ＋5% O_2 主要用于焊接低碳钢和低合金钢。

3. 氩气＋氮气（$Ar+N_2$）

主要用于焊接具有高热导率的铜及铜合金。

随着科学技术的发展，为实现高效、优质、低成本的焊接方法，目前，在普通的气体保护焊的基础上，又发展应用了一些特种气体保护焊，如 CO_2 电弧点焊、热丝钨极氩弧焊、窄间隙熔化极氩弧焊、TIME 焊等。

【钨极氩弧焊基本操作】

任务一　平板对接（I形坡口）平焊操作训练

一、任务图样

平板对接焊焊件任务图样如图 4-19 所示。

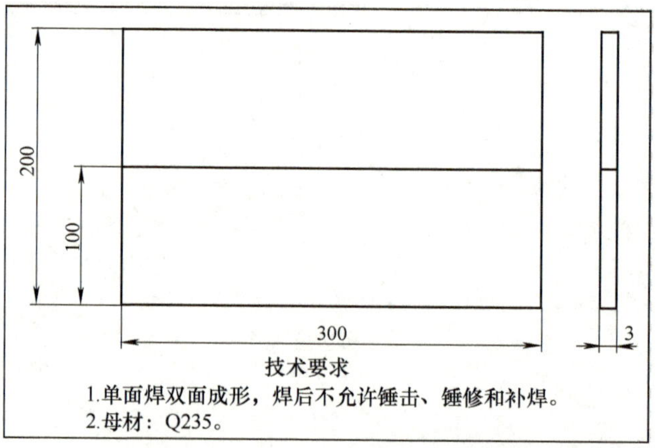

图 4-19　平板对接焊焊件训练图样

二、焊前准备

1. 焊丝

ER49-1，直径为2.0mm。电极为铈钨极，直径为2.4mm。

2. 焊接材料

Q235钢板两块，尺寸为300mm×100mm×3mm。

3. 焊机

WS-300钨极氩弧焊机，直流正接。

4. 清理

清理坡口及其正、反两面两侧20mm范围内和焊丝表面的油污、锈蚀，直至露出金属光泽，然后用丙酮进行清洗。

5. 其他辅件

工作服、焊工手套、护脚、面罩、钢丝刷、锉刀、角向磨光机和焊缝量尺等。后面的氩弧焊的焊接电源、试件清理、训练辅助工具与此相同，不再复述。

6. 装配及定位焊

装配及定位参数见表4-13。

表4-13　装配及定位参数

坡口形式	装配间隙/mm	钝边/mm	反变形/(°)	错边量/mm
I形坡口	1.2~2.0	0	≤3	≤0.6

7. 确定焊接参数

焊接参数见表4-14。

表4-14　焊接参数

焊接层次	钨极直径/mm	喷嘴直径/mm	焊接电流/A	氩气流量/(L/min)	钨极伸出长度/mm	焊丝直径/mm
打底焊	2.4	8~12	70~90	8~12	5~6	2.0
盖面焊	2.4	8~12	100~120	10~14	5~6	2.0

三、任务指导

1. 装配及定位焊

焊件装配应保证两板对接处齐平，间隙要均匀。手工钨极氩弧焊通常采用左向焊法，故将试件装配间隙大端放在左侧。定位焊后，将焊点接头端预先打磨成斜坡。

2. 引弧

在试件右端定位焊缝上引弧。引弧时采用较长的电弧（弧长为4~7mm），引弧后预热引弧处，当定位焊缝左端形成熔池并出现熔孔后开始送丝。

3. 打底焊

采用左焊法。

（1）持枪姿势和焊枪、焊件与焊丝的相对位置　平焊时持枪的姿势和焊枪、焊件与焊丝的相对位置分别如图4-20和图4-21所示。

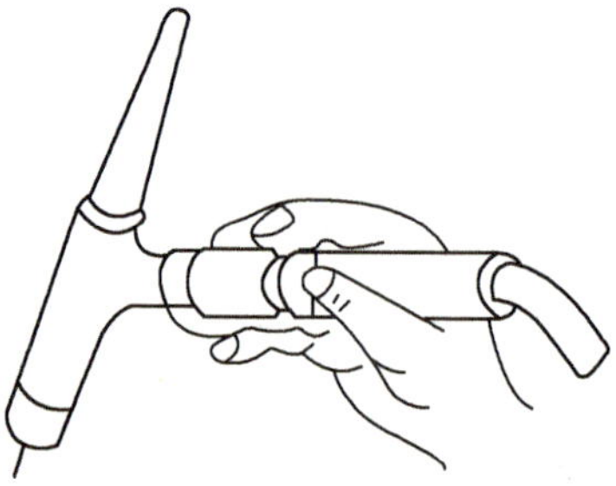

图4-20　平焊时持枪的姿势

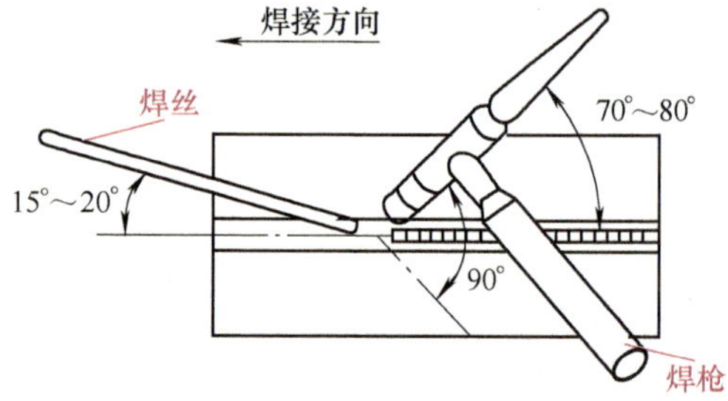

图4-21　焊丝、焊枪与焊件角度示意图

（2）焊丝送进方法　起焊时，将稳定燃烧的电弧移向定位焊缝的边缘，用焊丝迅速触及焊接部位进行试探，当感到该部位变软开始熔化时，立即添加焊丝。焊丝的填充一般采用断续点滴填充法，同时，焊枪向前作微微摆动。

焊接过程中，焊件间隙变小时，则应停止添加焊丝，将电弧压低1～2mm，直接进行击穿；当间隙增大时，应快速向熔池添加焊丝，然后向前移动焊枪。

焊丝送进方法有两种。一种是以左手的拇指、食指捏住，并用中指和虎口配合托住焊丝便于操作的部位。需要送丝时，将弯曲捏住焊丝的拇指和食指伸直，如图4-22a所示，即可将焊丝稳稳地送入焊接区，然后借助中指和虎口托住焊丝，迅速弯曲拇指、食指，向上倒换捏住焊丝如图4-22b所示，如此反复地填充焊丝。

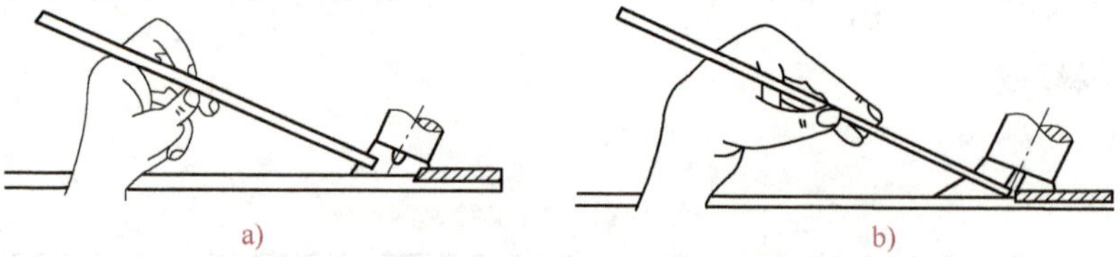

a)　b)

图4-22　焊丝送进方法一

另一种方法如图4-23所示，夹持焊丝，用左手拇指、食指、中指配合动作送丝，无名指和小手指夹住焊丝控制方向，靠手臂和手腕的上、下反复动作，将焊丝端部的熔滴送入熔池，全位置焊接时多用此法。

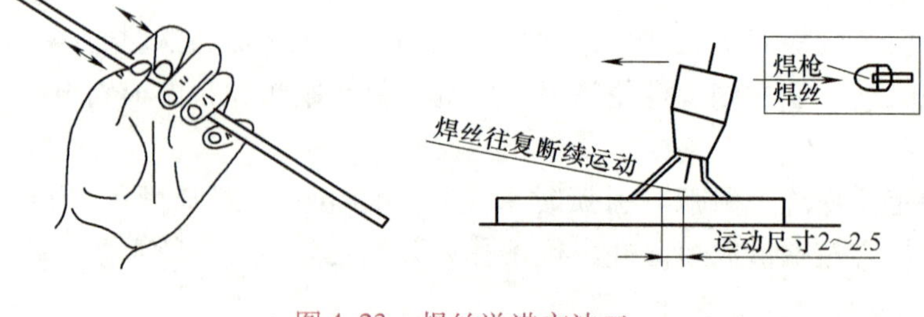

图4-23　焊丝送进方法二

（3）连接　当更换焊丝或暂停焊接时，需要接头。这时松开焊枪上按钮（使用接触引弧焊枪时，立即将电弧移至坡口边缘上快速灭弧），停止送丝，借焊机电流衰减熄弧，但焊枪仍需对准熔池进行保护，待其完全冷却后方能移开焊枪。若焊机无电流衰减功能，应在松开按钮后稍抬高焊枪，待电弧熄灭、熔池完全冷却后移开焊枪。进行接头前，应先检查接头熄弧处弧坑质量。如果无氧化物等缺陷，则可直接进行接头焊接。如果有缺陷，则必须将缺陷修磨掉，并将其前端打磨成斜面，然后在弧坑右侧15~20mm处引弧，缓慢向左移动，待弧坑处开始熔化形成熔池和熔孔后，继续填丝焊接。

4. 盖面焊

盖面层焊接应适当加大焊接电流，可选择比打底层焊接时稍大些的钨极直径及焊丝。操作时，焊丝与焊件间的角度尽量减小，焊枪作小锯齿形横向摆动。

5. 收弧

当焊至试件末端时，应减小焊枪与试件夹角，使热量集中在焊丝上，加大焊丝熔化量以填满弧坑。切断控制开关，焊接电流将逐渐减小，熔池也随着减小，将焊丝抽离电弧（但不离开氩气保护区）。停弧后，氩气延时约10s关闭，从而防止熔池金属在高温下氧化。

6. 焊后清理检查

焊接结束后，关闭气路和电源，用钢丝刷清理焊缝表面，并清理操作现场。用肉眼或低倍放大镜检查焊缝表面是否有气孔、裂纹、咬边等缺陷；用焊缝量尺测量焊缝外观成形尺寸。

后面的焊后清理检查与此相同，不再复述。

【经验交流】

如果焊接过程中，焊丝与钨极相触碰，发生瞬间短路造成焊缝污染和夹钨。应立即停止焊接，用砂轮磨掉被污染处，直至露出金属光泽，被污染的钨极要重新磨尖后，方可继续施焊。

打底焊时，尽量采用短弧焊接，填丝量要少，焊枪尽可能不摆动，当焊件间隙较小时，可直接进行击穿焊接；如果定位焊缝有缺陷，必须将缺陷磨掉，不允许用重熔的办法来处理定位焊缝上的缺陷。盖面焊时，填充焊丝要均匀，快慢适当。过快焊缝余高大；过慢则焊缝下凹和咬边。焊至收尾处焊件温度会提高很多，这时就应适当加快焊接速度，收弧时多送几滴熔滴填满弧坑，防止产生弧坑裂纹。

手工钨极氩弧焊是双手同时操作，这一点有别于焊条电弧焊。操作时，双手配合协调尤其重要。因此，应加强基本功训练。

任务二 平板对接（V形坡口）平焊操作练习

一、任务图样

平对接焊（V形坡口）焊件任务图样如图4-24所示。

二、焊前准备

1. 焊丝

ER49-1，直径为2.5mm，电极为铈钨极，直径为2.4mm。

2. 焊接材料

Q235钢板每人两块，尺寸为300mm×100mm×6mm。

3. 装配及定位焊

装配与定位参数见表4-15。

4. 确定焊接参数

焊接参数见表4-16。

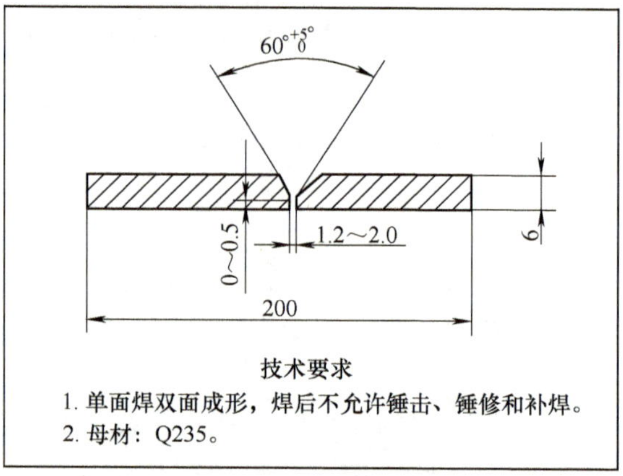

图 4-24 平对接焊（V 形坡口）焊件任务图样

表 4-15 装配与定位参数

坡口形式	装配间隙/mm	钝边/mm	反变形/(°)	错边量/mm
V 形坡口	1.2~2.0	0~0.5	≤3	≤0.6

表 4-16 焊接参数

焊接层次	钨极直径/mm	喷嘴直径/mm	焊接电流/A	氩气流量/(L/min)	钨极伸出长度/mm	焊丝直径/mm
打底焊	2.4	8~12	70~90	8~12	5~6	2.5
填充焊	2.4	8~12	90~100	8~12	5~6	2.5
盖面焊	2.4	8~12	100~120	10~14	5~6	2.5

三、任务指导

1. 打底焊

手工钨极氩弧焊通常采用左向焊法，故将试件装配间隙大端放在左侧。

2. 填充焊

按填充层焊接参数调节好设备，进行填充层焊接，其操作与打底层相同。焊接时焊枪可作圆弧“之”字形横向摆动，其幅度应稍大，并在坡口两侧停留，保证坡口两侧熔合好，焊道均匀。从试件右端开始焊接，注意熔池两侧熔合情况，保证焊缝表面平整且稍下凹。盖面层的焊道焊完后应比焊件表面低 1.0~1.5mm，以免坡口边缘熔化导致盖面层产生咬边或焊偏现象，焊完后将焊道表面清理干净。

3. 盖面焊

按盖面层焊接参数调节好设备进行盖面层焊接，其操作与填充层基本相同，但要加大焊枪的摆动幅度，保证熔池两侧超过坡口边缘 0.5~1mm，并按焊缝余高决定填丝速度与焊接速度，尽可能保持焊缝速度均匀，熄弧时必须填满弧坑。

【经验交流】

手工钨极氩弧焊的氩气流量如果过小，容易产生气孔、焊缝被氧化等缺陷；若氩气流量过大，则会产生紊流，使空气卷入焊接区，降低保护效果。在生产实践中，孔径在 12~20mm 的喷嘴，最佳氩气流量为 8~16L/min。

法兰-接管焊接工艺卡

接头简图	焊接工艺卡编号	GCBJ2020-1-3
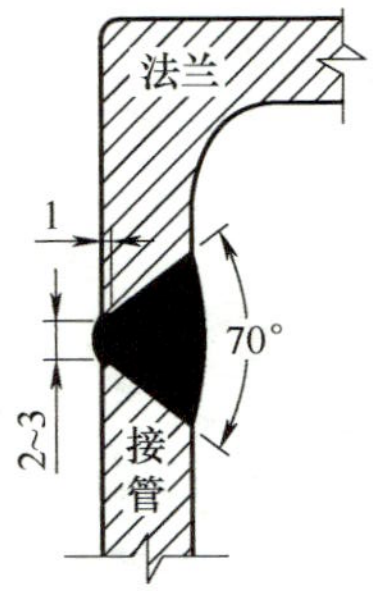	零部件图号	10FAMBB102-00
	零部件名称	N6 功能接管与法兰对接焊缝 B4
	零部件数量	2
	母材材质	S31603 + S31603 Ⅲ
	母材规格	$\phi57\times4+\phi57\times4$
	接头数量	1
	焊接工艺评定报告编号	××××
	焊工持证项目	GTAW-FeIV-5G-5/60-FefS-02/11/12

焊接工艺参数

接头形式	对接	焊接位置	水平转动	层次	焊材牌号	焊材规格	电流/A	电压/V	焊速/(cm/min)	气流量/(L/min)
焊接方法	GTAW	钨极直径	铈钨极 2.5mm	打底	ER316L	ϕ2.5mm	85~105	9~16	3.6~8.5	正：9~12；反：6~10
预热温度/℃	—	层间温度	≤60℃	填充	ER316L	ϕ2.5mm	85~105	9~16	3.6~8.5	正：9~12；反：6~10
后热/℃	—	保护气体	Ar 正面 99.999%；反面 99.99%	盖面	ER316L	ϕ2.5mm	85~105	9~16	3.6~8.5	正：9~12；反：6~10

焊接检验

1. 外观：焊缝与母材应平滑过渡；焊缝及其热影响区表面无裂纹、未熔合、夹渣、气孔、弧坑、咬边等表面缺陷；焊缝宽窄差在任意连续 50mm 长度内不得大于 1mm；焊缝高低差在任意连续 25mm 长度内不得大于 1mm。

2. 无损检测：按 NB/T47013—2015 标准 100% RT + 100% PT，RT 检测Ⅱ级合格，PT 检测 Ⅰ 级合格（探伤应在焊后 24h 以后，经表面检查合格后，才能进行）。

工艺说明

1. 焊丝上的油锈等污物应清除干净。焊前，坡口及附近 50mm 内油、锈等污物应打磨清除干净。
2. 禁止在坡口以外的母材表面引弧。
3. 定位焊采用的焊接方法、材料与正式焊接时的打底焊相同。接头错口≤0.6mm。
4. 打底时，焊缝背面应进行氩气保护。
5. 多层焊接，焊接接头应错开，并逐层逐道清渣。
6. 焊接完毕，应清除干净焊缝表面的熔渣、飞溅等物，并打上焊工钢印。
7. 焊接时，采用直流正接。

【操作示例】钨极氩弧焊（TIG）操作

TIG 焊枪结构与安装　　TIG 焊送丝法　　TIG 焊直线运行

【考级练习与课后思考】

一、判断题

1. 氧气可作为焊接铜及铜合金的保护气体。(　　)
2. 由于气体保护焊时没有熔渣，所以焊接质量比焊条电弧焊和埋弧焊差得多。(　　)
3. CO_2 气体保护焊时可能产生3种气孔，即一氧化碳气孔、氢气孔、氮气孔。(　　)
4. CO_2 气体保护焊的供气系统中的预热器应该安装在减压器之前。(　　)
5. 推丝式送丝机构用于长距离输送焊丝。(　　)
6. 手工钨极氩弧焊较好的引弧方法是接触引弧法。(　　)
7. 手工钨极氩弧焊时，由于电弧受到氩气的压缩和冷却作用，使电弧热量集中，热影响区缩小，因此，焊接应力和变形较大，此法只适宜于厚板的焊接。(　　)
8. 熔化极氩弧焊时，薄板高速焊和全位置焊一般采用喷射过渡。(　　)
9. 熔化极氩弧焊时，由于用焊丝作电极，可采用高密度电流。(　　)
10. 手工钨极氩弧焊时，为增加保护效果，氩气的流量越大越好。(　　)
11. 钨极脉冲氩弧焊可焊接钨极氩弧焊不能焊接的超薄板，但不适宜于全位置焊。(　　)
12. 富氩混合气体保护焊克服了纯氩弧焊易咬边、电弧斑点漂移等缺陷，同时改善了焊缝成形，提高了接头的力学性能。(　　)
13. 氩弧焊机按焊接电源的性质可分为直流氩弧焊机、交流氩弧焊机、脉冲氩弧焊机。(　　)

二、选择题

1. CO_2 气体保护焊焊接薄板及全位置焊接时，熔滴过渡形式通常用（　　）过渡。

A. 滴状　　B. 短路　　C. 喷射

2. CO_2 气体保护焊的电源常用（　　）。

A. 交流电源　　B. 直流正接　　C. 直流反接

3. CO_2 气瓶内剩余压力不应低于（　　）MPa。

A. 0.98　　B. 0.5　　C. 1.5　　D. 2

4. 粗丝 CO_2 气体保护焊的焊丝直径为（　　）。

A. <1.2mm　　B. 1.2mm　　C. ≥1.6mm　　D. 1.2～1.5mm

5. CO_2 气体保护焊时，若选用焊丝直径≤1.2mm，则气体流量一般为（　　）。

A. 2～5L/min　　B. 8～15L/min　　C. 15～25L/min　　D. 25～30L/min

6. CO_2 加 O_2 混合气体保护电弧焊时，CO_2 加氧气混合气体中 O_2 的比例是（　　）。

A. 5%　　B. 55%～60%　　C. 50%～55%　　D. 20%～25%

7. CO_2 气体保护焊的设备由焊接电源、送丝系统、焊枪、（　　）和控制系统等部分组成。

A. 供电装置　　B. 供水装置　　C. 供气装置　　D. 供丝装置

8. CO_2 气体保护焊时用于焊丝直径为（　　）的半自动焊枪是拉丝式焊枪。

A. 0.2～0.6mm　　B. 0.3～1mm　　C. 0.5～0.8mm　　D. 0.6～1.2mm

9. 储存 CO_2 气体的气瓶容量为（　　）L。

A. 10　　B. 20　　C. 30　　D. 40

10. CO_2 保护焊的电弧电压必须与焊接电流配合恰当，电弧电压随着焊接电流的增加而（　　）。

A. 下降　　B. 升高　　C. 不变　　D. 成正比例的增大

11. 当 CO_2 气体保护焊采用（　　）焊时，所出现的熔滴过渡形式是短路过渡。

A. 细焊丝，小电流、低电弧电压施　　B. 细焊丝，大电流、低电弧电压施

C. 细焊丝，大电流、低电弧电压施　　D. 细焊丝，小电流、高电弧电压施

12. 细丝 CO_2 气体保护焊时使用的（　　）是平硬外特性。

A. 陡降特性　　B. 电源特性　　C. 上升特性　　D. 缓降特性

13. 储存 CO_2 气体的气瓶外涂（　　）颜色并标有二氧化碳字样。

A. 白　　B. 黑　　C. 红　　D. 绿

14. CO_2 气体保护焊时应（　　）。

A. 先通气后引弧　　B. 先引弧后通气

C. 先停气后熄弧　　D. 先停电后停送丝

15. 焊接用 CO_2 气体的含水量和含氮量均不应超过（　　）。

A. 0.4%　　B. 0.3%　　C. 0.2%　　D. 0.05%

16. 药芯焊丝 CO_2 气体保护焊属于（　　）保护。

A. 气　　B. 渣　　C. 气-渣联合

17. 钨极氩弧焊的代表符号是（　　）。

A. MIG。　　B. TIG　　C. MAG　　D. PMIG

18. 铝、镁及其合金采用直流钨极氩弧焊时，不应该将钨极接在电源的正极上，其原因是（　　）。

A. 避免钨极损耗过大　　B. 容易产生气孔

C. 工件表面没有“阴极破碎”作用　　D. 飞溅大

19. 进行钨极氩弧焊时的稳弧装置是（　　）。

A. 电磁气阀　　B. 高频振荡器　　C. 脉冲稳弧器

20. 熔化极氩弧焊为使熔滴出现（　　），其电源极性应选用直流反接。

A. 粗滴过渡　　B. 短路过渡　　C. 颗粒状过渡　　D. 喷射过渡

21. 熔化极氩弧焊在氩气中加入（　　），可以有效地克服焊接不锈钢时的阴极飘移现象。

A. 一定量的 N_2　　B. 一定量的 H_2　　C. 一定量的 CO　　D. 一定量的 O_2

三、简答题

1. 气体保护电弧焊的原理及主要特点是什么？
2. 焊接用的保护气体有哪几种？各自的主要用途是什么？
3. 为什么 CO_2 气体保护焊的电弧气体具有强烈的氧化性？从焊接冶金方面如何解决？
4. 为什么 CO_2 气体保护焊容易产生飞溅？减少飞溅的主要措施是什么？
5. CO_2 气体保护焊对保护气体和焊丝有何要求？
6. CO_2 气体保护焊供气装置各部分的作用是什么？半自动焊焊枪送丝方式与特点如何？
7. CO_2 气体保护焊有哪些焊接参数？如何选择焊接电流？
8. 什么是钨极氩弧焊？对电极材料有何要求？
9. 为什么交流钨极氩弧焊适用于铝、镁及其合金的焊接？
10. 钨极氩弧焊设备由哪些部分组成？
11. 钨极氩弧焊有哪些焊接参数？钨极氩弧焊工艺与焊接质量有何关系？
12. 什么是熔化极氩弧焊？有哪些特点？
13. 富氩混合气体主要有哪几种？各自的应用范围如何？

模块五

等离子弧焊接与切割、碳弧气刨及其他焊接方法

【目标导读】

在焊接实践生产中，很多焊接结构件生产批量大或者属于特殊焊接材料和焊接结构，若只采用常用的焊接和切割方法，难以保证质量和提升生产效率，而使用一些其他焊接方法如等离子弧焊与切割、碳弧气刨、埋弧焊、电阻焊、钎焊等及先进的焊接方法，可显示出其独特的优越性，更体现了焊接技术的发展趋向，高效节能、自动化、智能化的发展方向。

第一节 等离子弧焊接与切割

等离子弧焊接与切割是在钨极氩弧焊的基础上形成的，是焊接领域中较有发展前途的一种先进工艺。

一、等离子弧的形成、特点及应用

1. 等离子弧的形成

等离子弧是普通电弧借助于水冷喷嘴的压缩而引起的如图5-1所示。电弧通过喷嘴时，截面减小，电流密度增加，弧柱区电离度增大，流速提高，而形成等离子弧。

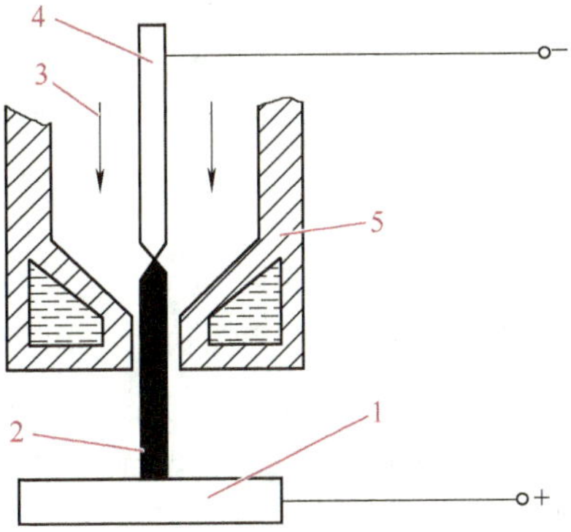

图5-1 等离子弧的形成

1—焊件 2—等离子弧 3—离子气流 4—钨极 5—水冷喷嘴

电弧在通过喷嘴孔道时，受到三种压缩作用。

（1）机械压缩作用 孔径对弧柱断面的限制。

（2）热收缩效应 喷嘴的冷却作用使电弧边缘的温度降低，气体电离度减小，使弧柱向高温的中心部位集中。

（3）电磁收缩效应 电弧电流所产生的磁场对电弧产生的电磁力，使弧柱截面缩小。

2. 等离子弧的特点

与普通电弧相比，等离子弧具有以下特点：

1）温度高、能量密度大。等离子弧的温度可达24000～50000K，能量密度达10^5～$10^6W/cm^2$。而钨极氩弧焊电弧最高温度仅为10000～24000K，能量密度不超过$10^4W/cm^2$。

2）电弧稳定性好。电流可以在很大范围内调节。

3）电弧挺直性好。电弧长度变化时，加热面积不会发生很大变化。

4）具有很强的机械冲力。

3. 等离子弧的分类

根据电极的接法不同，等离子弧可分为下述三种类型。

（1）非转移型　电极接负极，喷嘴接正极，等离子弧在电极与喷嘴之间燃烧，借助于由喷嘴内喷出的工作气体形成等离子焰加热焊件，如图5-2a所示。非转移弧又称间接弧，其加热温度较低。

（2）转移型　电极接负极，焊件接正极，电弧首先在电极与喷嘴内表面之间引燃，然后在电极与焊件之间加一个高电压，电弧转移到焊件与电极之间，此时维弧电源断开，喷嘴与电极之间的电弧熄灭，如图5-2b所示。转移型弧又叫作直拉弧，焊件加热温度高，热量利用也充分。

（3）联合型　转移型弧与非转移型弧同时存在，如图5-2c所示。

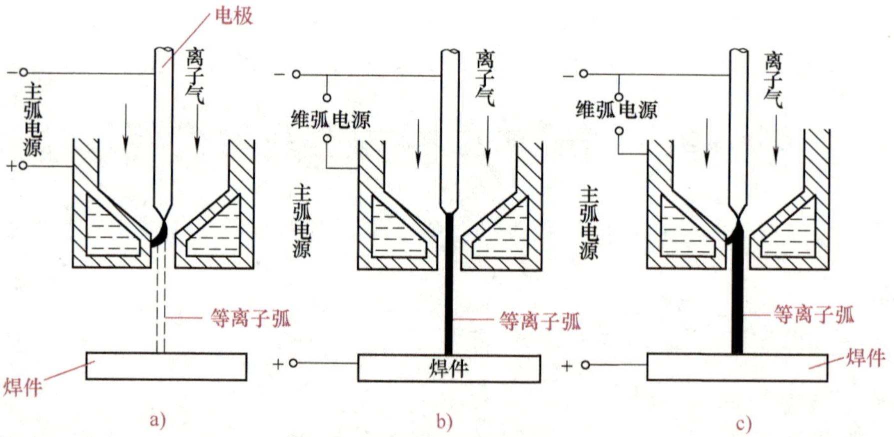

图5-2　等离子弧的分类

a）非转移型弧　b）转移型弧　c）联合型弧

4. 等离子弧的应用

等离子弧适用范围很广，可以焊接与切割各种金属，还可用于喷涂及粉末冶金堆焊。一些不能用氧气切割下料的材料，如铝、铜合金、不锈钢等，用等离子弧切割可获得高的切割质量与生产率。非转移型弧工件不与电路连接，用它可以焊接与切割不导电的各种非金属材料。

二、等离子弧焊接

等离子弧焊接是指借助水冷喷嘴对电弧的约束作用，获得较高能量密度的等离子弧进行焊接的方法。它是利用特殊构造的等离子弧焊枪所产生的高达几万摄氏度的高温等离子弧，有效地熔化焊件而实现焊接的过程。等离子弧焊接的原理如图5-3所示。

等离子弧用于焊接具有生产率高、焊缝尺寸稳定、热影响区窄、残余变形小和适用范围

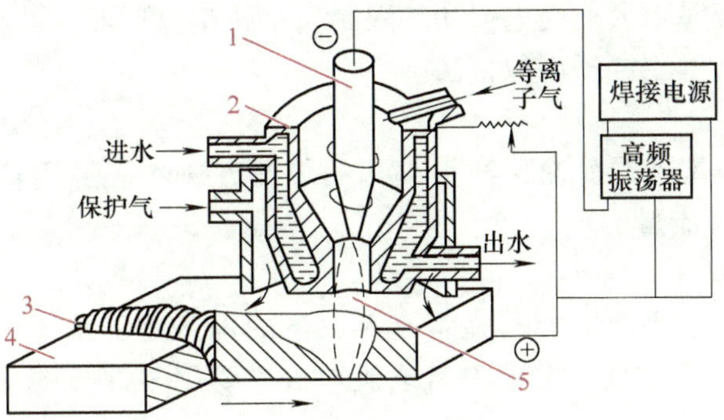

图 5-3 等离子弧焊接的原理

1—钨极 2—喷嘴 3—焊缝 4—焊件 5—等离子弧

宽等优点。等离子弧的稳定性极好，在电流只有 0.1A 左右时，也能保持稳定燃烧，因而可焊接超薄焊件。此外，由于钨极缩在喷嘴内部，焊接时不会与焊件接触，钨极烧损少并能有效防止熔池夹钨。

依据电流范围与可焊焊件厚度，等离子弧焊接可分为三种方法。

1. 穿透型焊接法

这种焊接方法的特点是在焊接过程中，随着等离子弧向前移动，弧柱在熔池前部穿透焊件而形成一个小孔，在液体金属的表面张力作用下熔滴不会因下落而形成切割，这样，就形成了一条完全熔透正反面都能成形的焊缝，也称为小孔型等离子弧焊。目前大电流（100 ~ 500A）等离子弧焊接都采用这种方法，可以不开坡口，一次焊成 2 ~ 8mm 厚的合金钢板。穿透型焊接法焊缝的形成过程如图 5-4 所示。

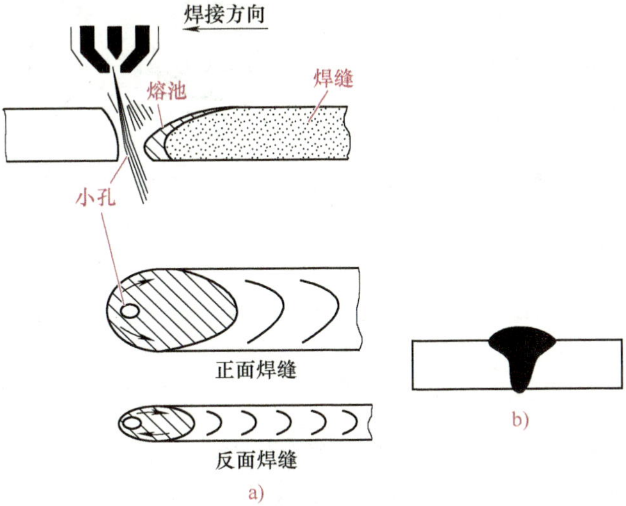

图 5-4 穿透型焊接法焊缝的形成过程

a）熔池穿透状态 b）焊缝横端面形状

穿透型焊接一般不需加填充金属，但对焊件厚度有一定的要求。焊件太薄，液体金属不足以将小孔封闭；而板厚太大，受电弧功率限制，小孔难以形成。但当板厚较大进行开坡口的多层焊时，第一层可以用穿透型焊接法。

2. 熔入型焊接法

熔入型焊接法是只熔透焊件而不产生小孔的焊接方法。一般用较小的焊接电流（15～100A）和较小的离子气流量。

3. 微束等离子弧焊接

微束等离子弧焊接主要指焊接电流在15A以下的熔入型等离子弧焊接。为保证电弧的稳定性，一般采用联合型电弧。微束等离子弧焊接主要用于焊接薄板和细丝，如0.025mm的不锈钢板等。

等离子弧焊接目前多为非熔化极（钨极），所用气体应兼有离子气与保护气的功能，一般用纯氩、氩加氢或氩加氦。离子气与保护气在供气系统中气路是分开的，各自的流量也不相同。因此，等离子弧焊接的焊枪、供气系统和控制线路都比较复杂。

三、等离子弧切割

等离子弧切割是以等离子弧为热源，利用其高温及高冲击力，将金属熔化并立即吹落，形成狭窄的切口而达到切割的目的。由于等离子弧具有温度高、能量集中、冲力大等特点，因而可以切割绝大多数的金属与非金属，切割质量高、速度快。

等离子弧切割设备包括电源、控制箱、气路系统、控制系统、割炬及水路系统等。等离子弧切割设备及相关系统如图5-5所示。

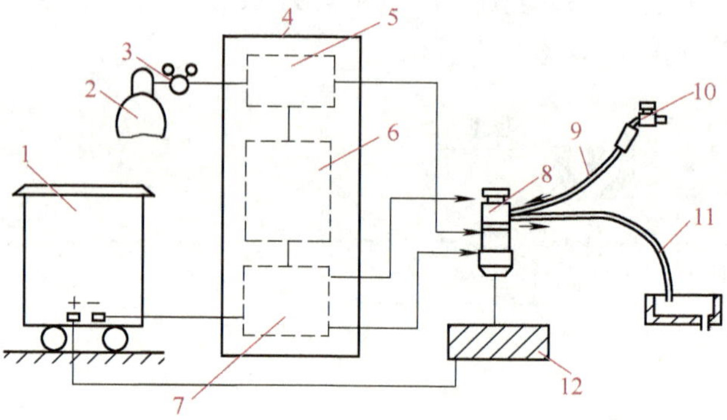

图5-5 等离子弧切割设备及相关系统
1—电源 2—气源 3—调压表 4—控制箱 5—气路控制 6—程序控制
7—高频发生器 8—割炬 9—进水管 10—水源 11—出水管 12—焊件

等离子弧切割的工作气体称为离子气，常用的离子气为氮气。切割厚大焊件时，可用氮加氢混合气。氮气要求纯度不低于99.5%。在用氮加氢混合气时，要特别注意安全，氢气通路必须密封，防止因泄漏而引起爆炸。

等离子弧切割的工艺参数，包括气体的种类与流量、切割电流与电压、喷嘴直径、切割速度、喷嘴与焊件的距离等。

适当提高气体流量可提高切割速度与质量。气体流量过大，会带走热量并增加气体的消耗。切割电流与电压是等离子弧切割的最重要的参数，二者同时适当提高，可提高切割速度；单独提高电流会使切口加宽并烧坏喷嘴。因此，当喷嘴直径一定时，电流应限制在一定范围内。在切割厚大焊件时，主要通过提高切割电压来提高切割功率。喷嘴直径根据切割电流而定，而且在增加喷嘴直径的同时增加喷嘴通道长度。切割速度则取决于被割材料成分与厚度，切割低熔点材料（如铝）时，速度应高些。切割速度决定切割生产率，但割速过高，会造成不能割穿、后拖量过大和切口底面飞边过多等现象。喷嘴至焊件的距离决定了等离子弧的电压，因而距离增大，切割功率提高。距离过大，会增加热量的损失；距离过小，则喷嘴与焊件之间容易发生短路而将喷嘴烧坏，一般取 8 ~ 10mm。

四、等离子弧焊接与切割的双弧问题

当采用转移型弧进行焊接或切割时，往往会在正常的等离子弧主弧之外，又在钨极—喷嘴—焊件之间产生燃烧的串联电弧，这种现象称为双弧（图 5-6）。出现双弧后，主电弧电流降低，正常的焊接或切割过程被破坏，严重时易导致喷嘴烧毁。

在等离子弧焊接或切割时，等离子弧柱与喷嘴孔壁之间存在着由离子气所形成的冷气膜。这层冷气膜由于喷嘴的冷却作用，具有比较低的温度和电离度，对弧柱向喷嘴的传热和导电都具有较强的阻滞作用。因此，冷气膜的存在起到绝热作用，可防止喷嘴因过热而损坏。另一方面，冷气膜的存在相当于在弧柱和喷嘴孔壁之间有一绝缘套筒存在，它隔断了喷嘴与弧柱间电的联系。焊接或切割时，当冷气膜被击穿遭到破坏时，绝热和绝缘作用消失，就会产生双弧现象。

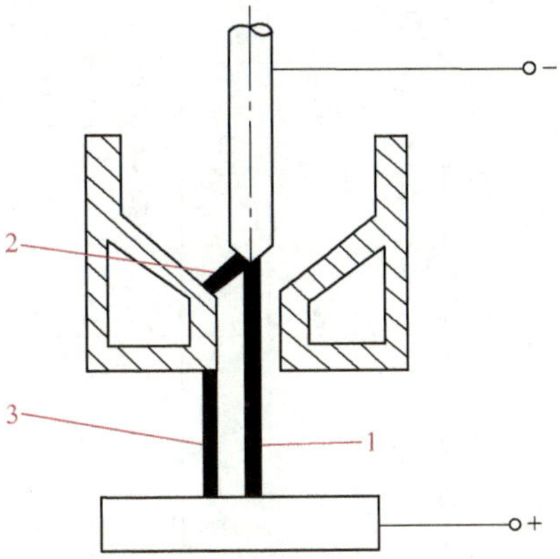

图 5-6　双弧现象

1—主弧　2、3—串列电弧

防止产生双弧的措施如下：

（1）正确选择焊接电流和等离子气种类及流量　焊接电流增大，等离子弧的弧柱直径也增大，使冷气膜的厚度减小，容易被击穿，故易产生双弧。等离子气种类不同，产生双弧的可能性也不一样，故采用 $Ar + H_2$ 混合气体时，由于 H_2 的冷却作用强，弧柱热收缩作用增大，弧柱直径缩小，冷却膜厚度增大，故不易被击穿形成双弧。同样，增大等离子气流量，冷却作用增强，也可减少产生双弧的可能性。

（2）正确选择喷嘴　喷嘴结构参数对双弧的形成有着决定性作用，喷嘴孔径减少，喷嘴孔道长度增大或钨极内缩量增大都易产生双弧。

（3）电极与喷嘴尽可能同心　电极与喷嘴同心度不好，也是引起双弧的主要原因。

（4）正确选择喷嘴离焊件的距离　喷嘴到焊件距离不宜太近，一般在 5 ~ 12mm 为宜。

（5）其他措施　加强对喷嘴和电极的冷却，保持喷嘴清洁，采用切向进气的焊枪等也可防止双弧的形成。

【企业实践案例】

钢结构行车梁下料工艺卡

零件简图

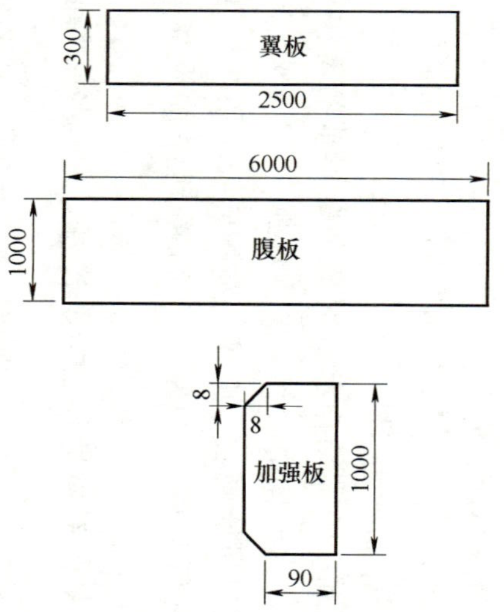

焊接工艺卡编号	HJGYK-05	零部件图号	GJHCL-06
零部件名称	钢结构行车梁 H6	零部件数量	1
母材材质	Q345B	母材规格	12mm
下料方法	等离子弧切割	喷嘴孔径	12mm
切割电流	100～250A	切口宽度	3.0mm
空载电压	—	喷嘴高度	3～5mm
焊工持证项目	××××		
气体	氧气	气流量/(L/min)	—
切割引入/引出线位置	零件右下角		
电极内缩量	2～4mm	切割速度/(cm/min)	100～140

下料说明

1. 切割由零件右下角 10mm 处引入，由右下角 5mm 处引出，切割过程中预留切口宽度。
2. 切割前清理检查喷嘴。
3. 切割过程中需佩戴护目镜，避免弧光辐射。
4. 切割完毕，应清除干净零件表面的熔渣、飞溅等物。

【操作示例】

等离子弧切割演示

第二节　碳弧气刨

碳弧气刨是用碳棒（或石墨）电极与工件间产生的电弧将金属熔化，并用压缩空气将熔化金属吹掉，实现在金属表面形成沟槽的方法。碳弧气刨的原理如图 5-7 所示。

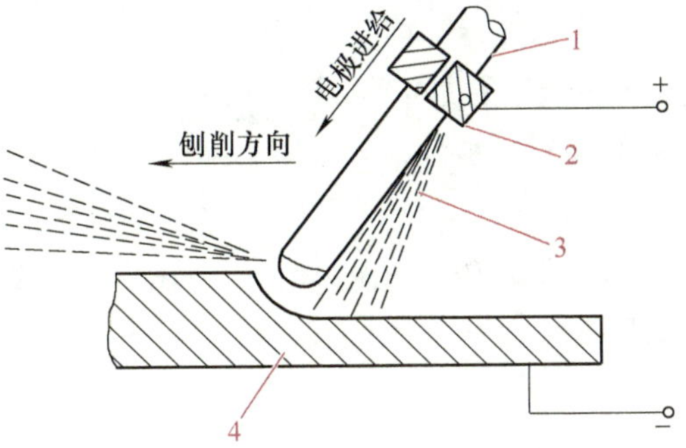

图 5-7　碳弧气刨的原理

1—电极　2—刨钳　3—压缩空气流　4—工件

一、碳弧气刨的特点及应用

碳弧气刨是对金属进行“刨削”，与传统使用的风铲相比，有以下特点：

1）生产率高，可达到风铲的 3 ~ 4 倍。在上仰或垂直位置操作时，优越性更为明显。

2）没有震耳的噪声，劳动强度低。

3）便于在狭窄部位操作，特别适用于挑焊根和修补缺陷前的清理工作。

碳弧气刨的缺点是操作时烟尘较大，在通风不良的条件下工作对工人的健康有一定的影响。

碳弧气刨主要用于挑焊根；返修前清理缺陷并开坡口；开焊接坡口，主要是 U 形坡口；清理铸件毛刺、飞边、浇冒口以及切割不锈钢中薄板等。

二、碳弧气刨的电源、工具及电极材料

碳弧气刨设备由电源、碳弧气刨枪、碳棒、电缆气管和空气压缩机组成，如图 5-8 所示。

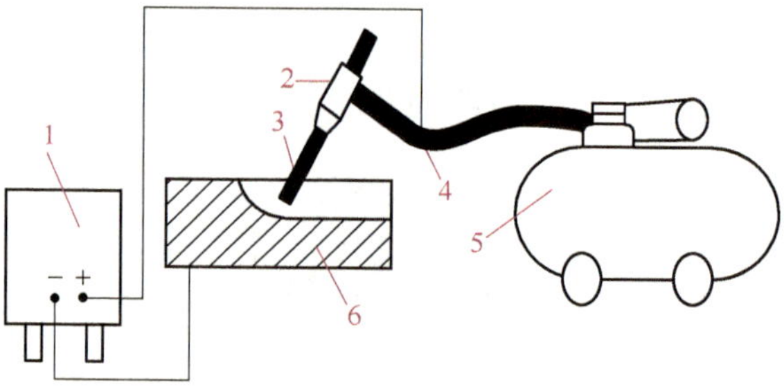

图 5-8 碳弧气刨设备
1—电源 2—碳弧气刨枪 3—碳棒 4—电缆气管 5—空气压缩机 6—工件

1. 电源

采用直流电源，对电源特性的要求与焊条电弧焊相同，一般的直流焊条电弧焊电源都可用于碳弧气刨。选择电源时，应考虑碳弧气刨所用电流较大、持续工作时间长等特点而选用功率较大的焊机，如 ZXG—500、ZXG—1000 等。

2. 碳弧气刨枪

碳弧气刨枪是碳弧气刨的主要工具，它的作用是夹持电极、传导电流和输送压缩空气。常用的刨枪有焊钳式（侧面送风式）与圆周送风式两种。

3. 电极

碳弧气刨用碳棒作电极，要求碳棒耐高温、导电性好、不易断裂、灰分少、断面组织细致。一般采用镀铜的实心圆棒。

三、碳弧气刨工艺

1. 电源极性

电源极性由被刨材料而定，刨削低碳钢、低合金钢时为反极性；刨削铸铁、铝、铜及其合金时为正极性，这样刨削过程稳定，刨槽光滑。

2. 碳棒直径与刨削电流

碳棒直径一般可根据工件的厚度来定，碳棒直径还与要求的刨槽宽度有关。一般碳棒直径应比刨槽宽度小 2 ~ 4mm。

刨削电流是影响刨削深度和刨削速度的重要因素。电流增加，刨槽加深加宽，并可提高刨削速度，获得光滑的刨削表面。刨削电流一般根据要求刨削深度与碳棒直径确定，可取碳棒直径的 35 ~ 50 倍。

3. 压缩空气压力

碳弧气刨的压缩空气压力通常为 0. 4 ~ 0. 6MPa。

4. 电弧长度

一般控制在 1 ~ 2mm，电弧过长，稳定性差，操作不好掌握；电弧过短，容易造成金属“夹碳”。

5. 碳棒与工件之间的倾角

碳棒与刨件沿刨槽方向的夹角称为碳棒倾角，倾角大小决定了刨槽的深度与宽度。倾角增加，刨槽深度增加，宽度减小，一般取45°为宜。

6. 碳棒的伸出长度

碳棒的伸出长度即从刨枪的导电嘴外端到碳棒端面的距离，一般取80～100mm，工作中，当碳棒烧损了20～30mm时，应调整夹持的位置。

第三节　其他焊接方法

一、埋弧焊

埋弧焊是电弧在焊剂层下燃烧进行焊接的方法。

埋弧焊的焊接过程一般包括引燃电弧、焊接、收尾三个阶段。如果借助于机械和电气的方法使上述三个阶段实现自动化，即称焊接过程自动化。目前，普遍使用的埋弧焊基本都是自动化焊接。

埋弧焊的焊缝形成过程如图5-9所示。焊剂2从焊剂漏斗3流出后，均匀地堆敷在装配好的焊件1上，焊丝4由送丝机构送进，经导电嘴6送往焊接电弧区。焊接电源的两极，分别接在导电嘴和焊件上。焊丝4末端和焊件1之间产生电弧后，电弧的辐射热使焊丝末端周围的焊剂2熔化，有部分被蒸发，焊剂蒸气将电弧周围的熔化焊剂、熔渣排开，形成一个封闭空间，使电弧与外界空气隔绝，电弧在此空间内继续燃烧，焊丝便不断熔化，并以滴状落下，与焊件被熔化的液态金属混合形成焊接熔池。随着焊接过程的进行，电弧向前移功，焊接熔池也随之冷却而凝固，形成焊缝7。密度较小的熔渣浮在熔池的表面，冷却后成为渣壳8。

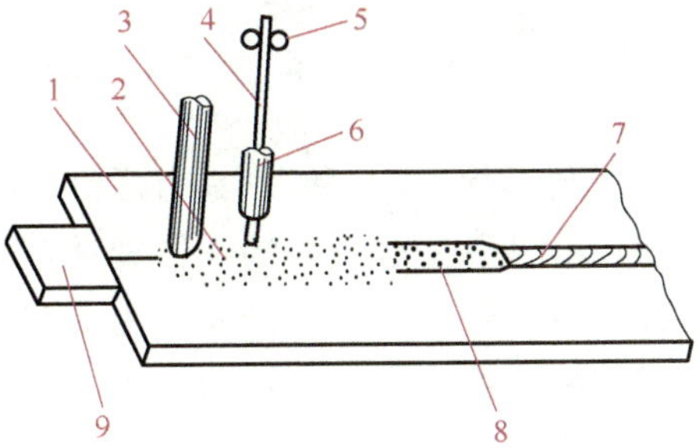

图5-9　埋弧焊的焊接过程
1—焊件　2—焊剂　3—焊剂漏斗　4—焊丝
5—送丝轮　6—导电嘴　7—焊缝
8—渣壳　9—引出板

埋弧焊与焊条电弧焊相比具有生产率高、焊接质量好、节省焊接材料和电能、焊件变形小、劳动条件好等优点，但埋弧焊尚不能适应全位置的焊接。

二、电阻焊

将准备连接的焊件置于两电极之间加压，并对焊接处通以较大电流，利用焊件电阻产生的热量加热并形成局部熔化（或达塑性状态），断电后在压力继续作用下，形成牢固接头。这种焊接工艺过程就称为电阻焊。电阻焊是压焊中应用最广的一种焊接方法。目前最常用的电阻焊是按工艺方法分类，有点焊、缝焊和对焊三种。图5-10即为点焊原理示意图。

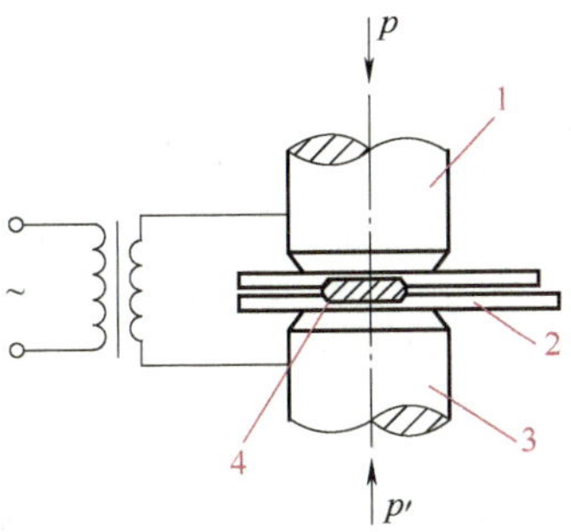

图5-10　点焊原理示意图
1、3—电极　2—焊件　4—焊核

电阻焊变形小，质量较好，生产率高，节省材料，操作简便，易于实现机械化、自动化。但电阻焊也有不足之处：设备一次性投资较大，设备维修较困难；焊件的尺寸、形状、厚度受到设备的限制；不如焊条电弧焊等灵活、方便等。

三、钎焊

钎焊是采用比焊件熔点低的金属材料作钎料，将焊件和钎料加热到高于钎料熔点，低于焊件熔点的温度，利用液态钎料润湿母材，填充接头间隙并与母材相互扩散，实现连接焊件的方法，其过程如图5-11所示。

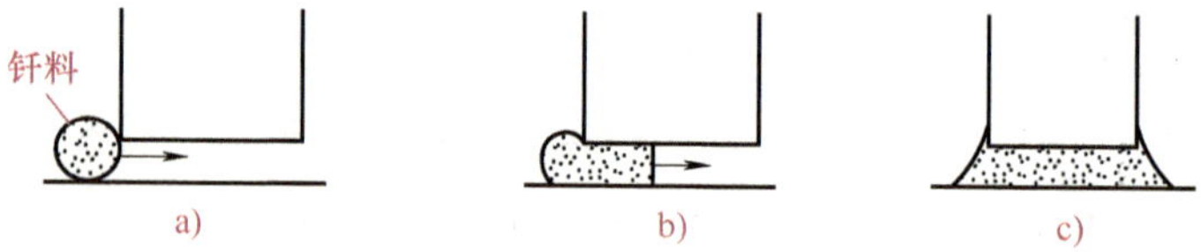

图5-11　钎焊过程示意图

a）在接头处安置钎料，并对焊件和钎料进行加热　b）钎料熔化并开始流入钎缝间隙

c）钎料填满整个钎缝间隙，凝固后形成钎焊接头

钎焊与熔焊方法比较，具有焊件应力与变形小、生产率高、应用范围广等特点，可以用于焊接尺寸精度要求较高的焊件和焊接用其他方法无法焊接的结构形状复杂的焊件，还可以焊接异种金属等焊件。但钎焊的主要缺点是：钎焊接头的强度和耐热能力较基本金属低；装配要求比熔焊高；以搭接接头为主，使结构质量增加。但随着焊接材料的发展，这一缺点已逐步被改善。

四、其他先进焊接方法

目前，焊接技术已进入到崭新的阶段，为满足现代工业高新技术的发展，计算机、微电子、信息传感、机器人、真空、超声、激光、电子束等技术领域的最新成果正广泛应用于焊接技术。

1. 激光焊与切割

激光焊是以高能量密度的激光作为热源来熔化焊件进行焊接的方法，现已成为最具发展潜力的先进制造技术之一。近年来，激光与其他热源的复合焊接技术也日益得到重视与发展。

激光切割与氧乙炔焰切割、等离子弧切割等方法相比，激光切割的切口狭小、切割形状复杂多样、切割速度高，母材的热影响区小，材料变形小，因此，可以进行材料的精密切割。而且，对氧乙炔焰难以切割的不锈钢、钛、铝、铜、锆及其合金等材料都可采用激光切割。

2. 焊接机器人

焊接机器人系统一般由焊接机器人、焊接电源及周边辅助装置（如变位机、中央控制计算机和相应的安全设备等部分）构成，而焊接机器人又是由机械手、控制器、驱动器和示教盒四个基本部分组成，如图5-12所示。

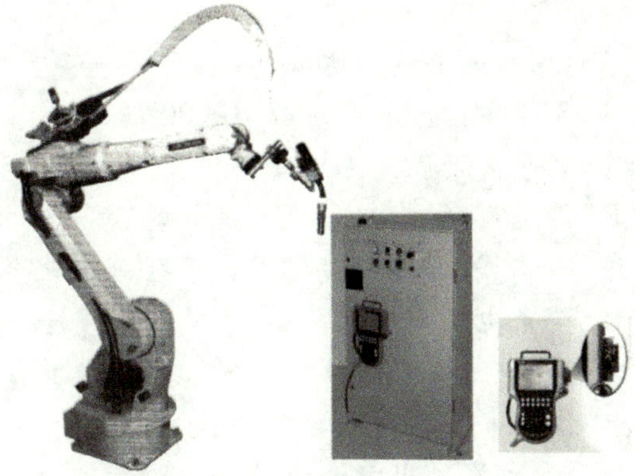

a)　　b)　　c)

图 5-12　焊接机器人的组成

a）机械手　b）控制器　c）示教盒

【操作示例】

埋弧焊　　钎焊　　激光点焊

【考级练习与课后思考】

一、判断题

1. 等离子弧都是压缩电弧。(　　)

2. 等离子弧焊接是利用钨极氩弧焊焊枪产生的等离子弧来熔化金属的焊接方法。(　　)

3. 等离子弧焊时，利用“小孔效应”可以有效地获得单面焊双面成形的效果。(　　)

4. 等离子弧和普通自由电弧本质上是完全不同的两种电弧，表现在前者弧柱温度高，而后者弧柱温度低。(　　)

5. 除了不用保护气和电源空载电压较高以外，等离子弧切割设备跟等离子弧焊接设备完全一样。(　　)

6. 等离子弧比普通电弧的导电截面小。(　　)

7. 工业上常采用的等离子气体是 CO_2。(　　)

8. 钎焊时，由于钎料熔化，焊件不熔化，所以焊件金属组织和性能变化较少，焊接应力和变形也较小。(　　)

二、选择题

1. 一般等离子弧在喷嘴口中心的温度可达（　　）。

A. 2600℃　　B. 3300℃　　C. 10000℃　　D. 20000℃

2 在电弧与焊件之间建立的等离子弧，称为（　　）。

A. 转移弧　　B. 非转移弧　　C. 联合型弧　　D. 双弧

3. 等离子弧焊接是利用（　　）产生的高温等离子弧来熔化金属的焊接方法。

A. 钨极氩弧焊焊枪　　B. 焊条电弧焊焊钳　　C. 等离子弧焊枪　　D. 碳弧气刨枪

4. 微束等离子弧焊的优点之一是可以焊接（　　）的金属构件。

A. 极薄件　　B. 薄板　　C. 中厚板　　D. 大厚板

5. 等离子弧切割时必须通冷却水，用以冷却（　　）和电极。

A. 喷嘴　　B. 变压器　　C. 整流器　　D. 电缆

6. 等离子弧切割比氧乙炔火焰切割的（　　）。

A. 应用范围小　　B. 生产率低　　C. 切割质量高　　D. 切口宽

7. 等离子弧切割工作气体氮气的纯度应不低于（　　）。

A. 99.5%　　B. 99.9%　　C. 99.95%　　D. 99.99%

8. 下列埋弧焊的特点中__________是不正确的。

A. 生产率高　　B. 质量好　　C. 劳动条件好　　D. 焊材消耗大

9. 埋弧焊主要适用于__________位置。

A. 平焊　　B. 仰焊　　C. 立焊　　D. 横焊

10. 埋弧焊主要是靠__________热来熔化焊丝和被焊金属进行焊接的。

A. 电阻　　B. 化学　　C. 电弧

三、简答题

1. 什么叫等离子弧？等离子弧是怎样形成的？

2. 等离子弧有哪几种类型？适宜范围如何？

3. 简述等离子弧切割的原理、特点及类别。

4. 等离子弧焊接有哪几种方法？简述其各自的原理、特点。

5. 为什么用氧气切割有困难的材料可以用等离子弧切割？为什么用等离子弧可以焊接或切割不导电的材料？

6. 简述碳弧气刨的基本过程及应用范围。

模块六

气焊与气割

【目标导读】

气焊与气割利用气体火焰进行金属材料的焊接与切割，是金属材料热加工常用的传统工艺方法之一。本模块要求掌握气焊与气割的原理、特点、应用及所用材料、设备和工艺等，并能正确规范地进行基本功操作训练。

第一节 气焊、气割概述

一、气焊基本原理、特点及应用

1. 气焊的原理

气焊是利用可燃气体和助燃气体通过焊炬按一定比例混合，熔化被焊金属和填充焊丝，使其形成牢固焊接接头。气焊过程如图 6-1 所示。

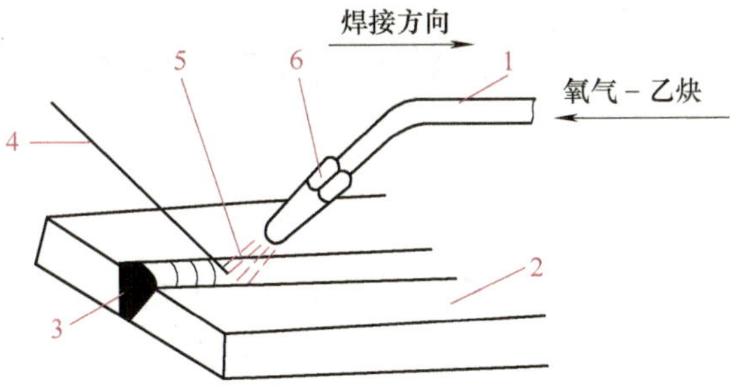

图 6-1 气焊过程示意图

1—焊枪 2—焊件 3—焊缝 4—焊丝 5—气焊火焰 6—焊嘴

2. 气焊的特点及应用

气焊设备简单、成本低、操作方便，在无电力供应的地区可以方便地进行焊接，但由于气焊热量分散，热影响区及变形大，因此气焊接头质量不如焊条电弧焊容易保证。目前，气焊主要应用于有色金属及铸铁的焊接和修复，碳钢薄板及小直径管道的焊接。气焊火焰还可用于钎焊、火焰矫正等。

二、气割基本原理、条件、特点及应用

1. 气割的原理

气割是利用气体火焰热能，将工件切割处预热到燃烧温度后，喷出高速切割氧气流，使其燃烧并放出热量，从而实现切割的方法。

气割过程包括预热、燃烧、吹渣三个阶段。其实质是铁在纯氧中的燃烧过程，而不是熔化过程。

2. 气割的条件

金属进行氧气气割需符合下列条件：

1）金属材料在纯氧中的燃点应低于熔点，否则金属材料在未燃烧之前就熔化了，不能实现切割。

2）金属氧化物的熔点必须低于金属的熔点，这样的氧化物才能以液体状态从切口处被吹除。

3）金属材料在切割氧中燃烧时应是放热反应，如是吸热反应，下层金属得不到预热，气割将无法继续下去。

4）金属材料的导热性应小，导热太快，会使金属切口温度很难达到燃点。

5）金属材料中阻碍气割过程的元素（如碳、铬、硅等）和易淬硬的杂质（如钨、钼等）含量应少，以保证气割正常进行及不产生裂纹等缺陷。

符合上述条件的金属材料有低碳钢、中碳钢和低合金钢等。目前如铸铁、不锈钢、铝和铜及其合金因不符合气割条件，均只能采用等离子切割、激光切割等。

3. 气割的特点及应用

气割的效率高，成本低，设备简单，切割厚度可达 300mm 以上，并能在各种位置进行切割和在钢板上切割各种外形复杂的零件，因此，广泛地用于钢板下料、开焊接坡口等。

第二节　气焊与气割用的材料

一、氧气

氧气本身虽不燃烧，但具有强烈的助燃作用。在高压或高温下的氧气与油脂等易燃物接触时，能引起强烈燃烧和爆炸，因此在使用氧气时，切不可使氧气瓶阀、减压器、焊炬、割炬及氧气皮管等沾上油脂。

氧气的纯度对气焊与气割的质量和效率有很大的影响。生产上用于焊接的氧气纯度要求在 99.2% 以上，用于气割的氧气纯度在 98.5% 以上。

二、乙炔

乙炔是由电石（碳化钙）和水相互作用而得到的一种无色、带有臭味的碳氢化合物，化学式为 C_2H_2。

乙炔是可燃性气体，与氧气混合燃烧产生的温度可达 3000～3300℃，同时它也是一种

具有爆炸性的危险气体，在一定压力和温度下很容易发生爆炸。因此使用乙炔时必须注意安全。乙炔与铜或银长期接触后会生成爆炸性的化合物，凡是与乙炔接触的器具、设备，都不能用纯铜或含铜量（质量分数）超过70%以上的铜合金制造。

三、液化石油气

液化石油气是一种略带臭味、无色的可燃气体，它是油田开发或炼油厂裂化石油的副产品，主要成分是丙烷、丁烷等碳氢化合物。在常温常压下，它以气态形式存在，如果加压到0.8～1.5MPa，就会变成液态，便于装入瓶中储存和运输。

液化石油气与乙炔一样，与空气或氧气混合具有爆炸性。其燃烧的火焰温度可达2800～2850℃，比乙炔的火焰温度低，而且完全燃烧所需的氧气量也比乙炔的多。由于液化石油气价格低廉，比乙炔安全，质量较好，用它来代替乙炔进行金属切割和焊接，具有一定的经济意义。

四、气焊丝

焊丝是气焊时起填充作用的金属丝。常用的气焊丝有非合金钢焊丝、低合金钢焊丝、不锈钢焊丝、铸铁焊丝、铜及铜合金焊丝、铝及铝合金焊丝等。焊丝使用前应清除表面上的油、锈等污物。

五、气焊熔剂

气焊熔剂是焊接时的辅助熔剂。其作用是与熔池内的金属氧化物或非金属夹杂物相互作用生成熔渣，覆盖在熔池表面，减少有害气体侵入，改善焊缝质量。

气焊熔剂可预先涂在焊件的待焊处或焊丝上，也可以在气焊过程中将高温的焊丝端部在装有气焊熔剂的器皿中沾上焊剂，再填加到熔池中。常用气焊熔剂的种类、用途及性能见表6-1。

表6-1 常用气焊熔剂的种类、用途及性能

牌 号	名 称	适用材料	基本性能
CJ101	不锈钢及耐热钢气焊熔剂	不锈钢及耐热钢	熔点约为900℃，有良好的润湿作用，能防止熔化金属被氧化，焊后熔渣易清除
CJ201	铸铁气焊熔剂	铸铁	熔点约为650℃，呈碱性反应，有潮解性，能有效地去除铸铁在气焊时产生的硅酸盐和氧化物，可加速金属熔化
CJ301	铜气焊熔剂	铜及铜金合	熔点约为650℃呈酸性反应，能溶解氧化铜和氧化亚铜
CJ401	铝气焊熔剂	铝及铝合金	熔点约为560℃，呈碱性反应，能有效地破坏氧化铝膜，因具有潮解性，在空气中能引起铝的腐蚀，焊后必须将熔渣清除干净

第三节 气焊与气割设备及工具

气焊、气割设备及工具的连接如图6-2所示，气割所用的乙炔瓶、氧气瓶和减压器与气焊相同。

一、氧气瓶

氧气瓶用合金钢经热挤压制成，瓶体外表涂蓝色油漆，并用黑漆标注“氧气”字样。国内常用氧气瓶的容积为40L，在15MPa压力下可储存6000L的氧气。其构造如图6-3所示。其中瓶阀是控制氧气瓶内氧气进出的阀门，使用时手轮逆时针旋转瓶阀开启，顺时针旋转瓶阀关闭。由于氧气是极活泼的助燃气体，瓶内压力高，使用时应注意安全，严格遵守以下使用规则：

1）氧气瓶严禁与油脂接触。不允许用沾有油污的手或手套去搬运或开启瓶阀，以免发生事故。

2）夏季使用氧气瓶应遮阳防暴晒，以免瓶内气体膨胀超压而爆炸。

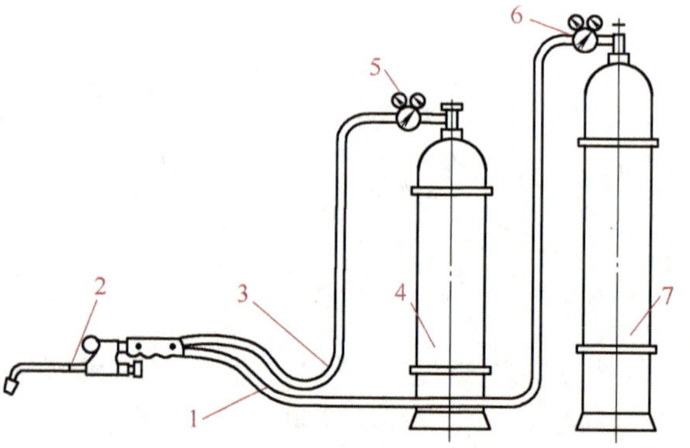

图6-2 气焊、气割设备及工具的连接

1—氧气胶管 2—焊炬或割炬 3—乙炔胶管 4—乙炔瓶 5、6—减压器 7—氧

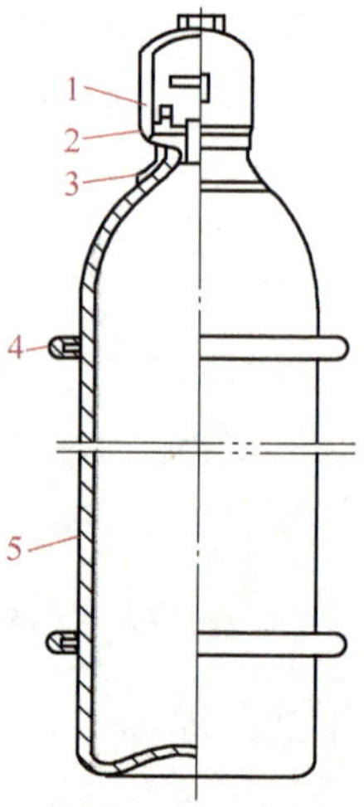

图6-3 氧气瓶的构造

1—瓶帽 2—瓶阀 3—瓶箍 4—防振圈 5—瓶体

3）氧气瓶应远离易燃易爆物品，不要靠近明火或热源，其安全距离应在10m以上，与乙炔瓶的距离不小于3m。

4）氧气瓶一般应直立放置，安放要稳固，防止倾倒。取瓶帽时，只能用手或扳手旋取，禁止用铁锤等敲击。

5）冬季要防止冻结，如遇瓶阀或减压阀冻结，只能用热水或蒸汽解冻，严禁用明火直接加热。

6）氧气瓶内的氧气不应全部用完，最后要留0.1MPa的余压，以防其他气体进入瓶内。

7）氧气瓶运输时要检查防振胶圈是否完好，应避免互相碰撞。不能与可燃气体的气瓶、油料等同车运输。

二、乙炔瓶

乙炔瓶是由低合金钢板经轧制焊接而成，是一种储存和运输乙炔的容器。瓶体外面涂成白色，并标注红色“乙炔”“不可近火”字样。瓶内最高压力为1.5MPa。其构造如图6-4所示，乙炔瓶内装着浸满丙酮的固态填料，能使乙炔稳定而安全地储存在乙炔瓶内。乙炔瓶阀内活门的开启、关闭应使用方孔套筒扳手，当方孔套筒扳手逆时针方向旋转时，活门向上移动而开启瓶阀，反之则关闭瓶阀。乙炔瓶操作方便、安全卫生，目前已取代用电石和水相互作用制取乙炔的乙炔发生器。

由于乙炔是易燃、易爆气体，使用中除必须遵守氧气瓶的使用规则外，还应严格遵守以下使用规则：

1）乙炔瓶应直立放置，不准倒卧，以防瓶内丙酮随乙炔流出而发生危险。

2）乙炔瓶体表面温度不得超过40℃，因为温度过高会降低丙酮对乙炔的溶解度，而使瓶内的乙炔压力急剧增高。

3）乙炔瓶应避免撞击和振动，以免瓶内填料下沉而形成空洞。

4）使用前应仔细检查乙炔减压器与乙炔瓶的瓶阀连接是否可靠，应确保连接处紧密。严禁在漏气的情况下使用，否则乙炔与空气混合，极易发生爆炸事故。

5）存放乙炔瓶的地方，要求通风良好。乙炔瓶与明火之间的距离，要求在10m以上。

6）乙炔瓶内的乙炔不可全部用完，当高压表的读数为零，低压表的读数为0.01~0.03MPa时，应立即关闭瓶阀。

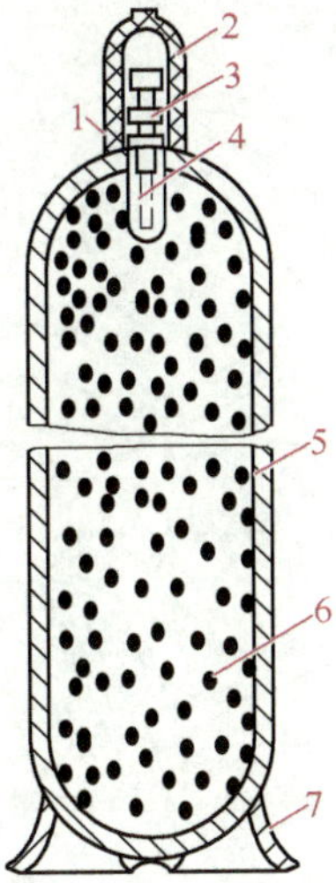

图6-4 乙炔瓶的构造

1—瓶口 2—瓶帽 3—瓶阀
4—石棉 5—瓶体
6—多孔填料 7—瓶底

三、减压器

减压器是将气瓶内的高压气体降为工作时的低压气体（氧气工作压力一般为0.1~0.4MPa，乙炔工作压力不超过0.15MPa）的调节装置，同时也能起到稳压的作用。

减压器按用途不同，可分为氧气减压器和乙炔减压器；按构造不同，可分为单级式和双级式两类；按工作原理不同，可分为正作用式和反作用式两类。目前常用的是单级反作用式减压器。

1. 乙炔减压器的基本结构

单级反作用式乙炔减压器的外部构造如图6-5所示。焊工平常操作部分是进气口1、出气口2、调压手柄（手轮）3和安全阀4。焊工必须观察的是低压表5和高压表6。

2. 氧气减压器、丙烷减压器和乙炔减压器

氧气减压器、丙烷减压器和乙炔减压器的构造、工作原理和使用方法大致差不多，但也有不同。主要不同的是，由于乙炔瓶的阀体侧没有连接减压器的接头，因此乙炔减压器必须使用乙炔减压器夹环，如图6-6所示。

3. 使用步骤

1）将夹环装在乙炔减压器上，使连接管伸出一定长度（10~15mm）。

2）将装有减压器的夹环从乙炔瓶阀的上面套在瓶阀上，连接管对准瓶阀出气口的密封圈，旋紧紧固螺杆。

3）旋松调压手柄（原来应是已调松状态），用专用扳手打开乙炔瓶阀，观察乙炔减压器的高压表，应是指针指向1.6MPa以下。

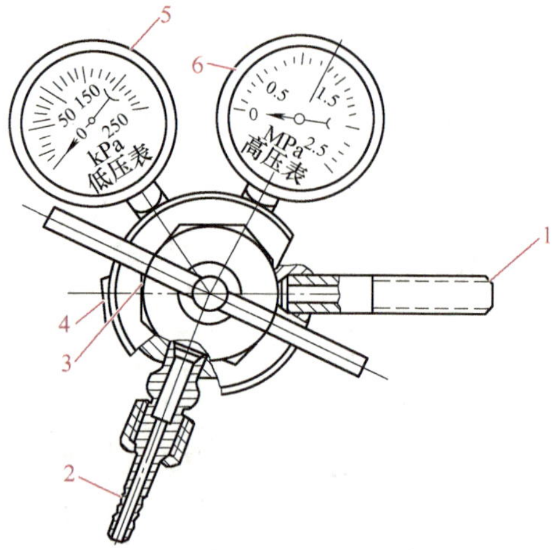

图6-5 单级反作用式乙炔减压器的外部构造

1—进气口 2—出气口 3—调压手柄 4—安全阀 5—低压表 6—高压表

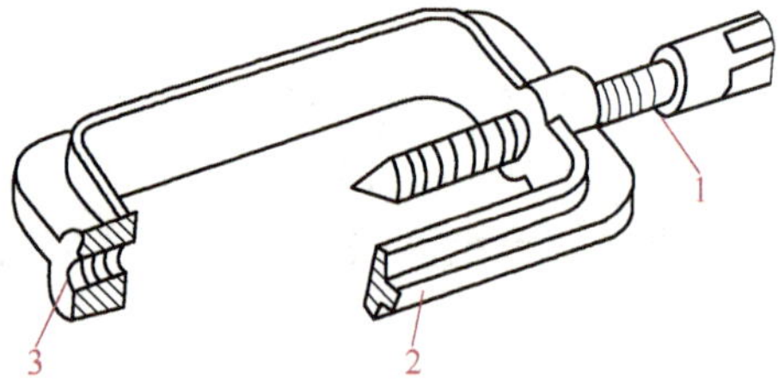

图6-6 乙炔减压器夹环

1—紧固螺栓 2—夹环 3—减压器接口

顺时针方向缓慢旋转调压手柄，乙炔减压器的低压表指针顺时针偏转，调到所需要的气压（一般是0.05～0.1MPa）后停止。

工作结束后，熄火，关闭乙炔气瓶的瓶阀，将乙炔减压器的调压手柄顺时针旋转，打开焊炬的乙炔阀将管内的余气放掉再关好，此时低压表的指示应为零。

液化石油气减压器可使用一般民用减压器稍加改制即可，另外也可以直接使用丙烷减压器。如果用乙炔瓶灌装液化石油气，则可使用乙炔减压器。

四、焊炬

1. 焊炬的作用及分类

焊炬的作用是使可燃气体与氧按需要的比例在焊炬中混合均匀，并由一定孔径的焊嘴喷出，进行燃烧以形成一定能率和性质的稳定的焊接火焰。焊炬又称焊枪，它在构造上应安全可靠，尺寸小，质量小，调节方便。

焊炬按可燃气体进入混合室的方式不同，可分为射吸式焊炬（也称低压焊炬）和等压式焊炬（也称中压式焊炬）两种。等压式焊炬使用的氧、乙炔气压力相近，乙炔压力较高，不易回火，但不能用于乙炔瓶输出的低压乙炔，所以，目前常用的是射吸式焊炬。

2. 射吸式焊炬的构造及原理

射吸式焊炬的构造如图6-7所示。施焊时，打开氧气调节阀，氧气从喷嘴口快速射出，并在喷嘴外围造成负压，产生吸力；再打开乙炔调节阀，乙炔气即聚集在喷嘴的外围。由于氧气射流负压的作用，聚集在喷嘴外围的乙炔气即被氧气吸出，并按一定的比例与氧气混合，经过射吸管、混合气管后从焊嘴喷出。

射吸式焊炬既可使用中压乙炔，又可使用乙炔瓶输出的低压乙炔，但缺点是焊接过程中焊炬温度升高后，会使乙炔流入量减少，火焰变成氧化焰，因此常需重新调整火焰或把焊嘴

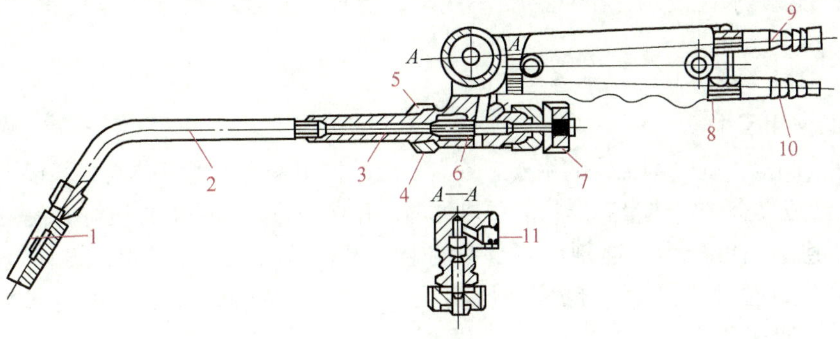

图 6-7 射吸式焊炬的构造

1—焊嘴 2—混合气管 3—射吸管 4—喷嘴 5—射吸管螺母 6—氧气阀针 7—氧气调节阀 8—氧气进气管 9—乙炔管接头 10—氧气管接头 11—乙炔阀针

和混合管浸入水中冷却。

3. 常用射吸式焊炬的型号及其参数

常用氧乙炔射吸式焊炬的型号及其参数见表 6-2。

表 6-2 常用氧乙炔射吸式焊炬型号及其参数

型号	焊接厚度/mm	氧气工作压力/MPa	乙炔使用压力/MPa	可换焊嘴个数	焊嘴孔径/mm				
					1	2	3	4	5
H01-2	0.5 ~2	0.1 ~0.25	0.001 ~0.10	5	0.5	0.6	0.7	0.8	0.9
H01-6	2 ~6	0.2 ~0.4			0.9	1.0	1.1	1.2	1.3
H01-12	6 ~12	0.4 ~0.7			1.4	1.6	1.8	2.0	2.2
H01-20	12 ~20	0.6 ~0.8			2.4	2.6	2.8	3.0	3.2

注：型号中 H 表示焊炬，0 表示操作方式为手工，1 表示射吸式，后缀数字表示可焊接的最大厚度，单位为 mm。

4. 焊炬的安全使用

1）根据焊件的厚度选用合适的焊炬及焊嘴，并组装好。焊炬的氧气管接头必须接得牢固。乙炔管不要接得太紧，以不漏气又容易插上、拉下为准。

2）焊炬使用前要检查射吸情况。先接上氧气胶管，但不接乙炔管，打开氧气和乙炔阀门，用手指按在乙炔进气管的接头上，如在手指上感到有吸力，说明射吸能力正常；如没有射吸力，则不能使用。

3）检查焊炬的射吸能力后，把乙炔的进气胶管接上，同时把乙炔管接好，检查各部位有无漏气现象。

4）检查合格后才能点火，点火后要随即调整火焰的大小和形状。如果火焰不正常，或有灭火现象时，应检查焊炬通道及焊嘴有无漏气及堵塞。在大多数情况下，灭火的原因是乙炔压力过低或通路有空气等。

5）停止使用时，先关乙炔阀门，后关氧气阀门，以防止火焰回烧和产生黑烟。当发生回火时，应迅速关闭乙炔和氧气阀门。待回火熄灭后，将焊嘴放入水中冷却，然后打开氧气吹除焊炬内的烟灰，再重新点火。此外，在紧急情况下，可将焊炬上的乙炔胶管拔下来。

6）焊嘴被飞溅物阻塞时，应将焊嘴卸下来，用通针从焊嘴内通过，清除脏物。

7）严禁焊炬与油脂接触，不能戴有油的手套点火。

8）焊炬不得受压，使用完毕或暂时不用时，要放到合适的地方或挂起来，以免碰坏。

五、割炬

1. 割炬的作用及分类

割炬也称气割枪，是气割工作的主要工具。割炬的作用是将可燃气体与氧气以一定的比例和方式混合后，形成具有一定热量和形状的预热火焰，并在预热火焰的中心喷射出氧气进行气割。

割炬按用途不同可分为普通割炬、重型割炬、焊割两用炬等。按可燃气体进入混合室的方式不同，可分为射吸式割炬（也称低压割炬）和等压式割炬（也称中压式割炬）两种。目前常用的是射吸式割炬。

2. 射吸式割炬的构造及工作原理

（1）构造　这种割炬的结构是以射吸式焊炬为基础，增加了切割氧的气路和阀门，并采用专门的割嘴。割嘴的中心是切割氧的通道，预热火焰均匀地分布在它的周围，如图6-8所示。割嘴根据具体结构不同，可分为组合式（环形）割嘴和整体式（梅花形）割嘴，如图6-9所示。

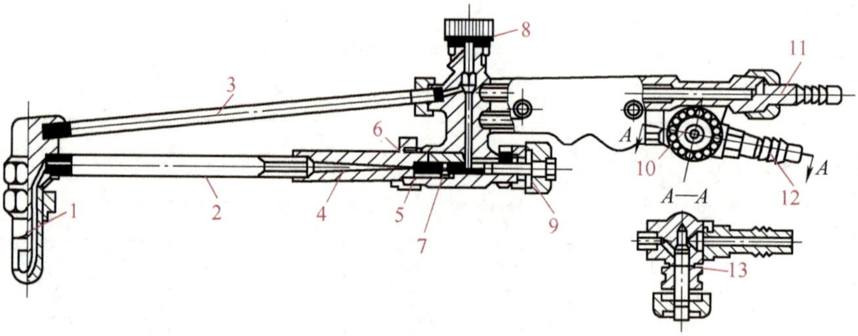

图6-8　射吸式割炬的构造

1—割嘴　2—混合气管　3—切割氧气管　4—射吸管　5—喷嘴　6—射吸管螺母　7—氧气阀针　8—切割氧气调节阀　9—预热氧气调节阀　10—乙炔调节阀　11—氧气管接头　12—乙炔管接头　13—乙炔阀针

（2）工作原理　气割时，先开启预热氧气调节阀，再打开乙炔调节阀，使氧气与乙炔混合，从割嘴喷出并立即点火。待割件预热至燃点时，即开启切割氧气调节阀。此时高速切割氧气流由割嘴的中心孔喷出，将切口处的金属氧化并吹除。

（3）常用的射吸式普通割炬的型号及规格　常用的射吸式普通割炬的型号及规格见表6-3。

3. 割炬的安全使用方法

焊炬的使用基本上也适用于割炬，此外还应注意以下几方面：

1）在切割前要注意将工件表面上的漆皮、铁锈和油水污物等加以清理，以防油漆燃着爆溅伤人；在水泥地面切割时，应垫高工件，防止水泥地面受热爆溅伤人。

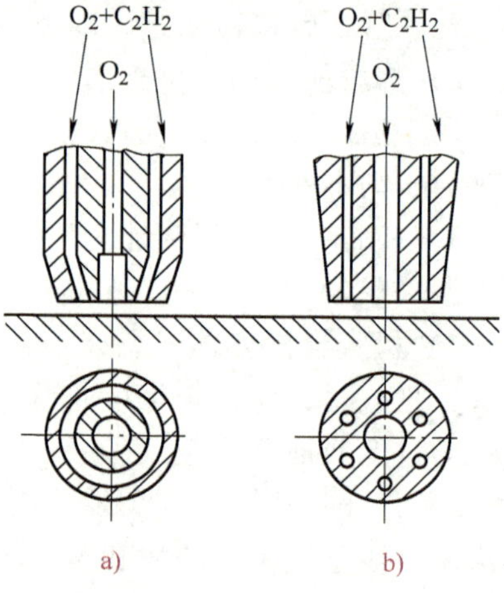

图6-9　割嘴的形状

a）环形　b）梅花形

表 6-3　常用的射吸式普通割炬的型号及规格

型　号	配用割嘴	割嘴形式	切割氧孔径/mm	切割厚度范围/mm	氧气压力/kPa	气体消耗量/(L/h)	
						氧气	乙炔
G01-30	1	环形	0.7	3～10	196～294	800～2200	210
	2		0.9	10～20			240
	3		1.0	20～30			310
G01-100	1	梅花形	1.0	16～25	294～490	2200～7300	350～400
	2		1.3	25～50			400～500
	3		1.6	50～100			500～600
G01-300	1	梅花形	1.8	100～150	490～637	9000～14000	680～780
	2		2.2	150～200			800～1100
	3	环形	2.6	200～250	784～900	14500～26000	1150～1200
	4		3.0	250～300			1250～1600

注：1. 气体消耗量为参考数据。
2. 割炬型号的含义：G 表示割炬；01 表示射吸式；后缀数字表示能切割的最大厚度（mm）。

2）进行切割时，飞溅出来的金属微粒与熔渣微粒很多，割嘴的喷孔很容易被堵塞，因此，应该经常用通针通，以免发生回火。

3）装配割嘴时，必须使内嘴与外嘴严格保持同心，这样才能保证切割用的氧气射流位于环形预热火焰的中心。

4）内嘴必须与高压氧气通道紧密连接，以免高压氧漏入环形通道而把预热火焰吹灭。

5）在正常工作停止时，应先关闭切割氧调节阀，再关闭乙炔和预热氧调节阀。一旦发生回火时，应快速地按以上顺序关闭各个调节阀。

4. 液化石油气割炬

对于液化石油气割炬可以购买液化石油气专用割炬，也可以对乙炔用射吸式割炬进行改造，配用液化石油气专用割嘴。

六、气割机

从 20 世纪初，气割方法进入工业应用以来，一直是工业生产中切割碳素钢和低合金钢的基本方法。从 20 世纪 50 年代开始，相继开发出了各种机械化、自动化切割设备，如半自动气割机、仿形气割机、光电跟踪气割机、数控气割机等，使切割质量和效率有了明显的提高。下面简单介绍最常用的气割机——半自动气割机。

半自动气割机是一种最简单的机械化气割机，一般是由一台小车带动割嘴在专用轨道上自动地移动，但轨道轨迹要人工调整。当轨道是直线时，割嘴可以进行直线气割；当轨道呈一定的曲率时，割嘴可以进行一定曲率的曲线气割；如果轨道是一根带有磁铁的导轨，小车利用爬行齿轮在导轨上爬行，割嘴可以在倾斜面或垂直面上气割。CG1-30 型半自动气割机是目前常用的小车式半自动气割机，它结构简单、操作方便，如图 6-10 所示。

从今后趋势来看，气割将被等离子弧切割乃至激光切割所部分代替；但是，由于气割以其独有的优越性，在热切割法中仍将占有一席之地。

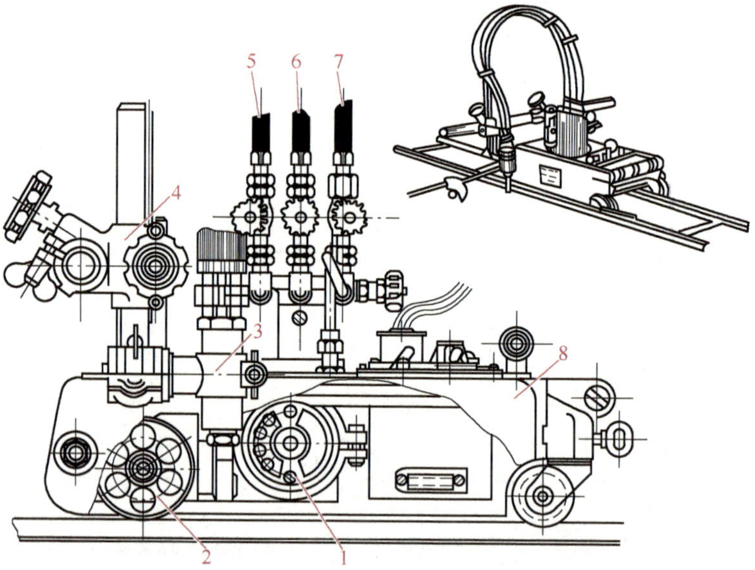

图6-10 CG1-30型半自动气割机

1—电动机 2—滚轴 3—割炬 4—升降架 5—乙炔进气管 6—预热氧进气管 7—切割氧进气管 8—机身

第四节 气焊与气割工艺

一、气焊的焊接参数

气焊的焊接参数是保证焊接质量的主要技术依据。

1. 接头形式和焊前准备

气焊可以进行平、立、横、仰各种位置的焊接，主要采用对接接头和角接接头，适用于焊接薄板。焊接厚度小于2mm的薄板时可采用卷边接头；焊接厚度大于5mm的钢板时，必须开坡口，但厚板很少用气焊。由于搭接接头和T形接头焊后变形较大，故较少采用。

为保证焊缝质量，气焊前，应将焊丝和焊接接头两侧10~20mm内的油污、铁锈和水分等充分去除。

2. 焊丝的选择

应根据焊件材料的力学性能或化学成分，选择相应性能或成分的焊丝。常用的碳钢焊丝牌号有H08、H08A、H08MnA等，这些焊丝具体成分都有相应的国家标准。选用时可按焊件成分查表选择。

焊丝直径要根据焊件厚度来决定。焊件厚度应与焊丝直径相适应，不宜相差太大。焊丝直径与焊件厚度的关系见表6-4。

表6-4 焊丝直径与焊件厚度的关系

焊件厚度/mm	0.5~2	2~4	3~5	5~10
焊丝直径/mm	1~2	2~3	3~4	3~5

3. 气焊熔剂

气焊熔剂的选择要根据焊件的成分及其性质而定。一般碳素结构钢气焊不必用熔剂。但在焊接有色金属、铸铁以及不锈钢等材料时，必须采用气焊熔剂。

4. 火焰种类的选择

1）氧乙炔火焰是氧与乙炔混合燃烧所形成的火焰，根据氧和乙炔的比例不同，划分有中性焰、碳化焰和氧化焰三种，其火焰形状如图 6-11 所示。

2）氧乙炔火焰的特点见表 6-5。

3）火焰种类的选择主要是根据焊件的材质。常用金属材料气焊火焰的选择见表 6-6。

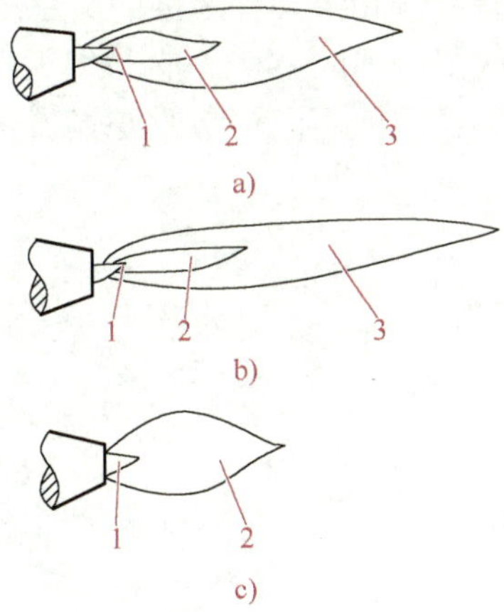

图 6-11　氧乙炔火焰的构造和形状
a）中性焰　b）碳化焰
c）氧化焰
1—焰心　2—内焰　3—外焰

5. 火焰能率的选择

火焰能率是以每小时可燃气体（乙炔）的消耗量(L/h)来确定的，而火焰能率又取决于焊炬型号和焊嘴大小。焊嘴孔径越大，火焰能率也就越大，反之则越小。一般来说，焊接厚度较大、熔点较高、导热性好的工件，要选用较大的火焰能率；焊接小件、薄件或是立焊、仰焊等，火焰能率要适当减小。

表 6-5　氧乙炔火焰的特点

火焰种类	$O_2:C_2H_2$	火焰最高温度/℃	火焰特点
中性焰	1.1～1.2	3050～3150	焰心呈亮白色，端部有淡白色火焰闪动，轮廓清楚；氧气与乙炔充分燃烧
氧化焰	>1.2	3100～3300	焰心短而尖，内焰和外焰没有明显的界线，火焰笔直有劲，并发出“嘶、嘶”的响声。火焰具有强烈的氧化性
碳化焰	<1.1	2700～3000	焰心的轮廓不清，整个火焰长而柔软，外焰呈橙黄色，乙炔过多时，还会冒黑烟，具有较强的还原性和一定的渗碳作用

表 6-6　常用金属材料气焊火焰的选择

焊件金属	火焰性质	焊件金属	火焰性质
低、中碳钢	中性焰	锰钢	氧化焰
低合金钢	中性焰	镀锌薄钢板	氧化焰
纯铜	中性焰	高碳钢	碳化焰
铝及铝合金	中性焰或轻微碳化焰	硬质合金	碳化焰
铅、锡	中性焰	高速工具钢	碳化焰
青铜	中性焰	铸铁	碳化焰
不锈钢	中性焰或轻微碳化焰	镍	碳化焰或中性焰
黄铜	氧化焰	蒙乃尔合金	碳化焰

6. 焊嘴倾角

焊嘴倾角大小要根据焊件厚度、焊嘴大小及施焊位置来确定。在焊接厚度较大、熔点较高、导热性好的焊件时，为使热量集中，焊嘴倾角就要大些；反之，焊嘴倾角就要相应地减小。焊嘴倾角与焊件厚度的关系。如图 6-12 所示。在气焊过程中，焊丝与焊件表面的倾斜角度一般为 30°～40°，它与焊炬中心线的角度为 90°～100°。在焊接过程中，根据选择原则视具体情况的不同灵活改变焊嘴倾角，如图 6-13 所示。

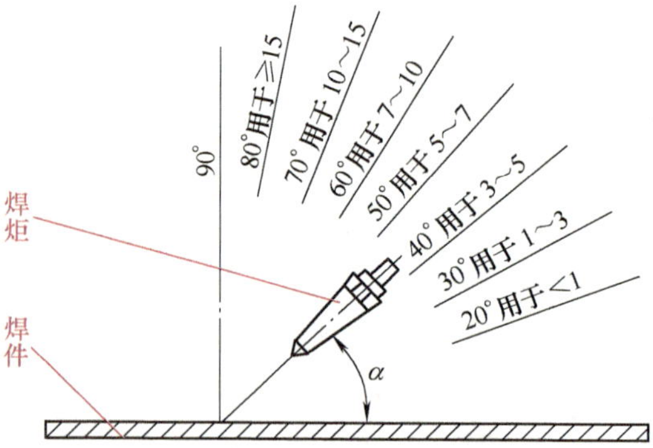

图 6-12　焊嘴倾角与焊件厚度的关系

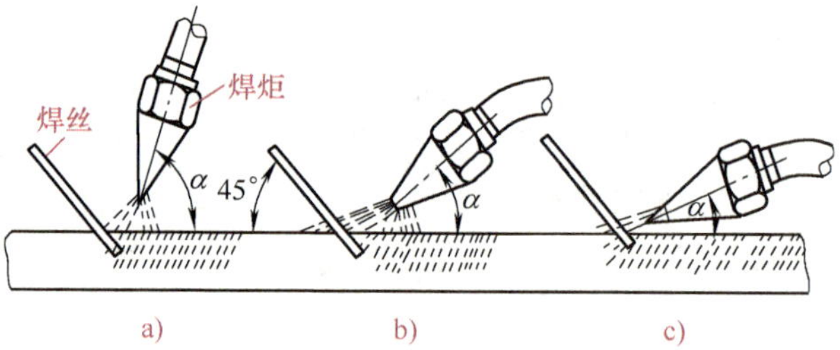

图 6-13　焊接过程中焊嘴倾角的变化示意图

7. 焊接速度

根据不同焊件结构、焊件材质、焊件材料的热导率，并根据焊工的操作熟练程度来选择焊接速度。一般来说，对于厚度大、熔点高的焊件，焊接速度要慢些，以避免产生未熔合的缺陷；对于厚度小、熔点低的焊件，焊接速度要快些，以避免产生烧穿的缺陷。

二、气割工艺参数

气割工艺参数主要包括气割氧压力、预热火焰能率、割嘴与被割工件表面距离、割嘴与被割工件表面倾斜角和切割速度等。上述参数的选择主要取决于割件厚度。

1. 气割氧压力

切割氧压力与割件厚度、割炬型号、割嘴号码以及氧气纯度等因素有关。一般情况下，割件越厚，所选择的割炬型号、割嘴号码越大，要求切割氧压力也越大；切割氧压力过低，会使切割过程缓慢，易形成粘渣，甚至产生割不透。切割氧压力过大，不仅造成氧气浪费，而且使切口表面粗糙，切口加大，气割速度反而减慢。切割氧压力与割件厚度、割炬型号、割嘴号码的关系见表 6-7。另外，氧气纯度低，金属氧化缓慢，使气割时间增加，氧气消耗量也大，也影响着气割质量。

表 6-7　切割氧压力与割件厚度、割炬型号、割嘴号码的关系

割件厚度/mm	割炬型号	割嘴号码	氧气压力/MPa	乙炔压力/kPa
<3.0	G01-30	1～2	0.29～0.39	1～120
3.0～12		1～2	0.39～0.49	
12～30		2～4	0.49～0.69	
30～50	G01-100	3～5	0.49～0.69	1～120
50～100		5～6	0.59～0.78	
100～150	G01-300	7	0.78～1.18	
150～200		8	0.98～1.37	
200～250		9	0.98～1.37	

2. 气割速度

气割速度与割件厚度和使用的割嘴形状有关。割件越厚，气割速度越慢；反之，割件越薄，气割速度应越快。气割速度太慢，会使切口上缘熔化，切口加宽；气割速度过快，会产生很大的后拖量，甚至割不透。所谓后拖量，就是在切割过程中，切割面上的切割氧流轨迹的始点与终点在水平方向上的距离。氧乙炔切割的后拖量如图 6-14 所示。切割速度的选择，应以尽量使切口产生的后拖量较小为原则，以保证气割质量。

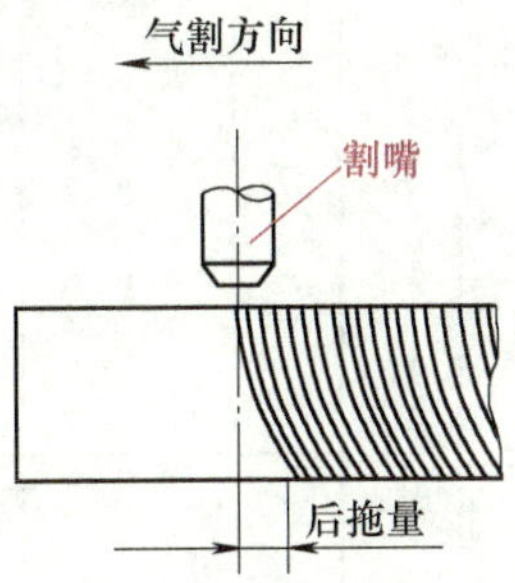

图 6-14　氧乙炔切割的后拖量

3. 预热火焰能率

预热火焰能率是以每小时可燃气体消耗量来表示的。它主要取决于割件厚度。一般割件越厚，火焰能率越大。火焰能率过大时，割件切口边缘棱角被熔化；火焰能率过小时，预热时间增加，切割速度减慢或割不透。

预热火焰应采用中性焰或轻微氧化焰。碳化焰因有游离状态的碳，会使切口边缘增碳，故不能使用。

4. 割嘴与割件的倾角

割嘴与割件的倾角对气割速度和后拖量有很大的影响，它主要取决于割件的厚度。当割嘴沿气割相反方向倾斜一定角度时（后倾），可充分利用燃烧反应产生的热量来减少后拖量，从而促使切割速度的提高。割嘴倾角如图 6-15 所示。割嘴与割件的倾角与割件厚度的关系见表 6-8。

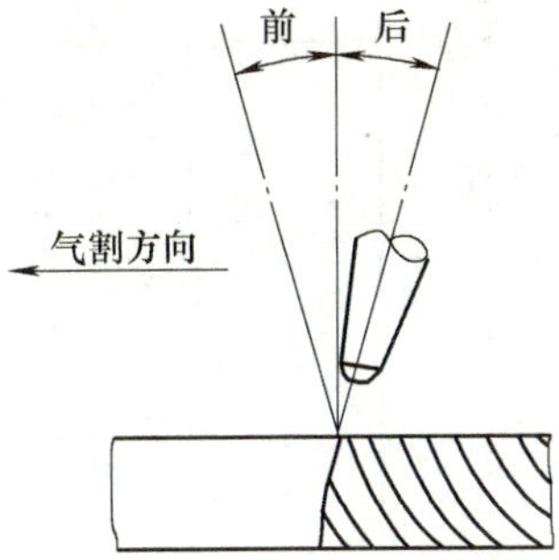

图 6-15　割嘴倾角示意图

表 6-8　割嘴与割件的倾角与割件厚度的关系

割件厚度/mm	<6	6～30	>30		
			起割	割穿后	停割
倾斜方向	后倾	垂直	前倾	垂直	后倾
倾斜角度	25°～45°	0°	5°～10°	0°	5°～10°

5. 割嘴与割件的表面间距

割嘴与割件的表面间距应根据预热火焰长度及割件的厚度来决定。一般预热火焰焰心离开割件表面的距离应保持在 3～5mm，当割件厚度较小时，火焰可长些，距离可适当加大；当割件厚度较大时，由于气割速度放慢，火焰应短些，距离应适当减小。要注意防止因割嘴与割件距离太小，割嘴产生过热和喷溅的熔渣堵塞割嘴，引起回火现象。

三、回火问题

回火是指在气焊和气割工艺中，燃烧的火焰进入喷嘴内逆向燃烧的现象。这种现象有以下两种情况。

（1）逆火　火焰向喷嘴孔逆行，并瞬时自行熄灭，同时伴有爆鸣声，也称爆鸣回火。

（2）回烧　火焰向喷嘴孔逆行，并继续向混合室和气体管路燃烧。回烧可能导致烧毁焊炬、管路，也可能引起可燃气体源的爆炸。

发生回火的根本原因是混合气体燃烧的速度大于混合气体从焊炬（或割炬）的喷嘴孔内喷出的速度。因此应尽量减少和防止造成混合气体喷出速度减小的一切因素。

【企业实践案例】

圆管焊接工艺卡

接头简图

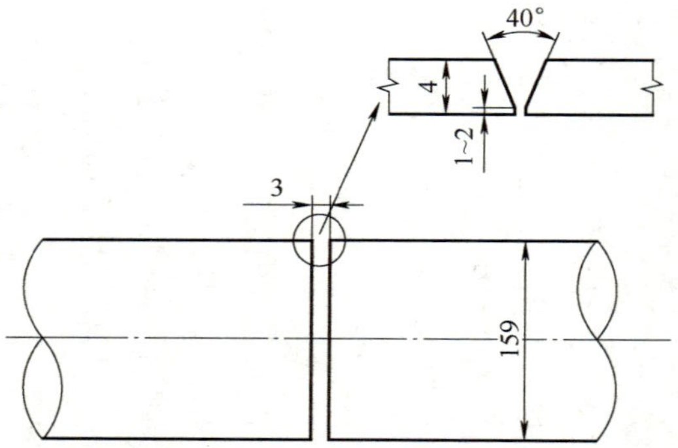

焊接工艺卡编号	HJGYK-04	零部件图号	HJYS-12
零部件名称	桁架支管 GR-05	零部件数量	1
母材材质	Q345B	母材规格	ϕ159×4mm
焊接方法	气焊（G）	接头形式	对接
焊接位置	1G	接头数量	1
火焰种类	中性焰	火焰高度	3～5mm
焊接工艺评定报告编号	××××		
焊工持证项目	××××		

焊嘴倾角	40°～80°	焊嘴型号	H01-12
预热温度/℃	≥5	层间温度/℃	≤200
后热/℃	—	气体	100%乙炔+100%氧气
操作方法	右焊法	火焰能率	—

焊接参数

层次	焊丝型号	焊丝规格	焊速/(cm/min)	气流量/(L/min)
1	ER50-6	ϕ3.2mm	3.6～8.5	—
2	ER50-6	ϕ3.2mm	3.6～8.5	—
—	—	—	—	—

焊接检验

1. 外观：焊缝与母材应平滑过渡；焊缝及其热影响区表面无裂纹、未熔合、夹渣、气孔、弧坑、咬边等表面缺陷；焊缝宽窄差在任意连续50mm长度内不得大于3mm；焊缝高低差在任意连续25mm长度内不得大于3mm。

2. 无损检测：按GB/T11345标准100%UT，UT检测B级合格（探伤应在焊后24h以后，经外观检查合格后，才能进行）。

工艺说明

1. 焊丝上的油锈等污物应清除干净。焊前，坡口及附近50mm内油、锈等污物应清除干净。
2. 焊前检查焊嘴，用专用通针进行清理。
3. 定位焊接时，焊接方法与焊丝选取与焊接工艺一致。
4. 起焊时，起焊处火焰应往复运动，充分预热。
5. 焊缝收尾时，焊炬应停留或小幅摆动，反复添加2、3次焊丝。
6. 焊接完毕，应清除干净焊缝表面的熔渣、飞溅等物，并打上焊工钢印。

第五节 手工氧气切割操作

一、气割前的准备

气割前要仔细检查工作场地是否符合安全要求，整个切割系统的设备是否能正常工作，若有故障应及时排除。对割件表面的油污、氧化皮等应清除干净。割件应垫平，其下面应留有一定的间隙，以利于氧化熔渣的顺利吹出，也是为了防止氧化铁的飞溅而烧伤操作者，必要时可以加挡板。调节氧气和乙炔阀门压力，使其达到要求。一切工作准备好后方可点燃火焰，并调到合适的形状开始气割过程。

二、气割的基本操作

手工气割可根据个人的习惯，在满足切割要求的前提下采用各种各样的操作姿态。一般对初学气割的人员来说，应从“抱切法”练起，即双脚成八字形蹲在割线的一侧，右手握住割炬手把，右手拇指和食指靠住手把下面的预热氧气调节阀，以方便调节预热火焰，并当发生回火时能及时切断混合气管的氧气。左手的拇指和食指应把住切割氧气阀的开关，其余三指平稳地托住割炬，以便掌握方向。右臂靠住右膝盖，左臂悬空在两膝盖中间，保证移动割炬方便，不移动位置时的割线较长。身体略微向前挺起，呼吸应有节奏，眼睛注意前面的割线和割嘴，达到手、眼、脑协调配合，切割方向一般自右向左进行。

起割时，先将割件划线处边缘预热到红热状态（割件发红），开始缓慢开启切割氧调节阀，待铁液被氧射流吹掉时，可加大切割氧气流，当听到割件下面发出“啪、啪”的声音时，表明割件已被切透。这时根据割件厚度，灵活掌握切割速度，沿切割线前进方向施割。

在整个切割过程中，割炬运行要均匀，割嘴离割件表面的距离应保持不变。在切割较长的割件时，每割 300～500mm 时需移动操作位置，这时应先关闭切割氧气手轮，将割炬火焰离开割件，移动身体位置后再将割嘴对准接割处并适当预热，然后缓慢打开切割氧继续向前切割。

切割临近终点时，割嘴应沿切割方向略向后倾斜一定角度，以利于割件下面提前割透，保证收尾时的切口质量。气割结束时，应先关闭切割氧气手轮，再关闭乙炔手轮和预热氧气手轮。如果停止工作时间较长，应旋松氧气减压器，再关闭氧气瓶阀和乙炔输送阀。

在气割过程中割炬发生回火时，应先关闭乙炔开关，然后再关闭氧气开关，待火熄灭后，割嘴不烫手时方可重新进行气割。

三、各种工件的气割方法

1. 圆钢的气割

气割圆钢时，割嘴应按图 6-16 中 1 的位置起割（即先从一侧开始预热），在慢慢打开切割氧气阀的同时，将割嘴转为与地面相垂直的方向，这时加大切割氧气流使圆钢割透，割嘴在向前移动的同时稍加横向摆动，切割过程按图 6-16 中 2～6 位置进行。

圆钢最好一次割完。若圆钢的直径较大，一次割不透时，可采用分瓣切割法，如图 6-17 所示。

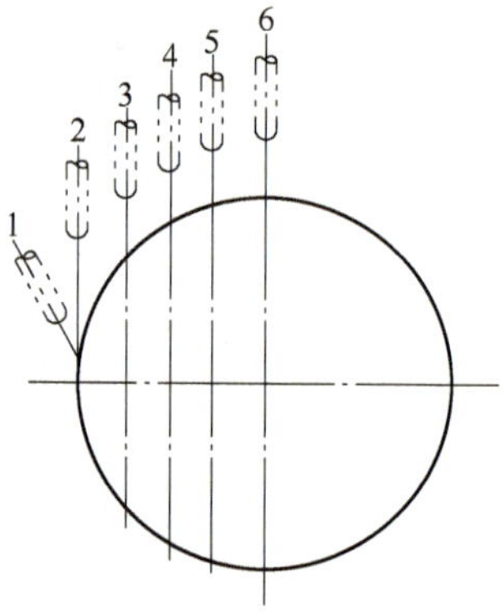

图6-16　气割圆钢时割嘴的位置

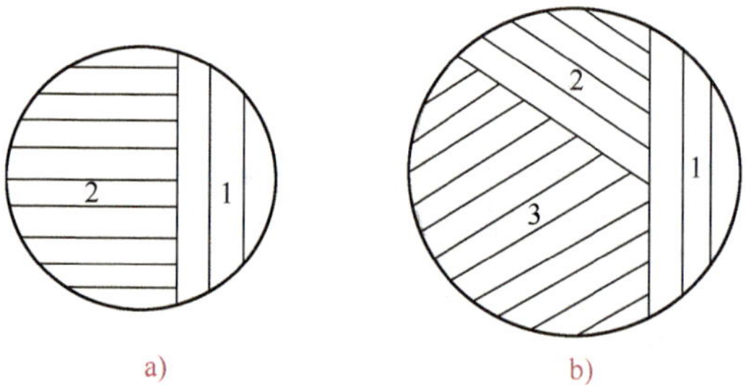

图6-17　分瓣切割法

2. 圆管的切割

（1）可转动管子的切割　一般是分段进行，即在管子不动时切割一定长度后，将管子转动再切割下一段。切割通常从管子侧面开始，预热时割嘴与管壁垂直（图6-18的位置1），割透后即将割嘴上翘，使之与管壁接触点处的切线成70°~80°角（图6-18中位置2），然后割嘴不断上移，在移动中始终保持与管壁切线的角度不变（图6-18中位置2~4）。切割一定距离后将管旋转一定角度，继续切割下一段。

（2）固定管的气割　由于管子不可转动，因此切割应从管子底部开始分两段进行，如图6-19中切割方向①和②。切割时割嘴的位置变化如图6-19中1~7所示。

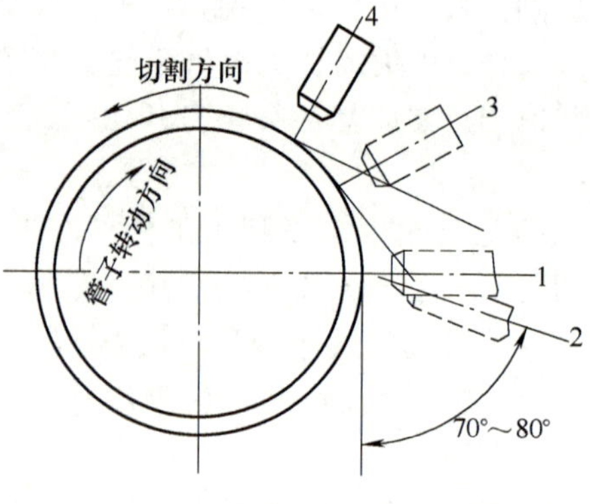

图6-18　切割可转动管子时割嘴位置的变化

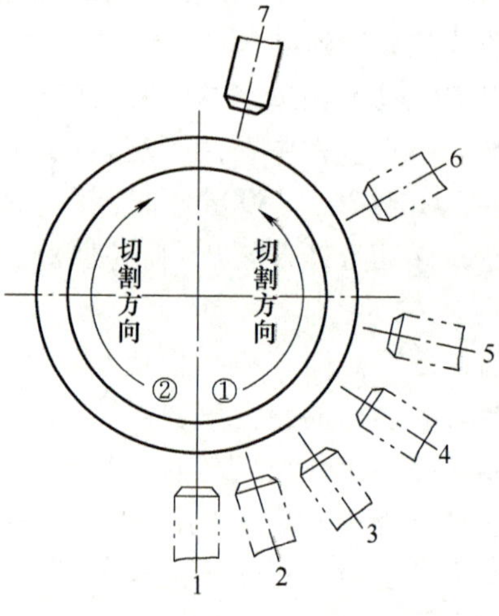

图6-19　固定管气割示意图

3. 薄板的气割

薄板气割时受热快，散热慢，切口边缘易引起熔化，熔渣不易吹掉，粘在板背面冷却后不易去除，而且切割后变形很大。若切割速度稍慢及预热火焰控制不当，易造成先割开而后熔合的现象。为了改善切割质量，常选用G01-30型割炬及小号割嘴，预热火焰采用小能率；割炬后倾角度应加大到30°~45°；割嘴与割件距离加大到10~15mm，切割速度应尽可能快。

对薄板成批下料时，为了提高生产率，改善切割质量，可采用多层气割法，就是把多层钢板叠在一起，气割一次切开。但注意切割前应消除污物，叠好后一定用夹具夹紧，使钢板紧密相切，若有间隙会影响传热，可能引起切割中断。多层气割时，顶层钢板切口易烧化，底层的切口又易熔合，因此常用废钢板作上下垫板，以减少浪费。

4. 厚板的气割

厚度大于300mm的钢板气割时厚度方向预热往往不均匀，下层预热差，燃烧比上层慢，后拖量大，有时熔渣堵塞切口下部，甚至割不透。另外，厚钢板化学成分往往不均匀，影响气割，因此，常需提高切割氧的压力。但是提高氧压后气流直径会上大下小，因而切口上宽下窄；同时气流的冷却作用也增大，使气割速度减慢。所以对厚板的切割，通常采用大型号割炬和割嘴，并且供应充足的氧气，预热火焰要大且紧挨割件，使整个厚度均匀加热到燃烧温度以利于切割处割透；在合适的气割速度下割嘴可做月牙形横向摆动，以保证下部割透；气割收尾时速度应适当放慢，以减小后拖量，完全割断切口。

5. 不锈钢及铸铁的振动气割

不锈钢板应尽量采用切割质量好、效率高的等离子弧切割。但当遇到切割较厚的不锈钢板或没有等离子弧切割设备时，也可采用振动气割，如图6-20所示。这种工艺方法虽然切口不够光滑，但优点是设备简单，容易掌握，而且切割厚度可以很大。

不锈钢采用氧乙炔火焰之所以不能连续气割的原因是切口处表面生成高熔点的Cr_2O_3薄膜，阻碍了下层金属的继续燃烧。为了能连续气割，必须设法破坏这种薄膜，振动气割就是利用振动来破坏Cr_2O_3薄膜。

不锈钢的振动切割采用普通的G01-300型割炬，预热火焰采用中性焰，较气割碳钢的火焰大而集中，切割氧气压力要大15%~20%。切割时首先用火焰预热割件边缘，当呈红色熔融状态时，打开切割氧气阀门，少许抬高割炬，熔渣即从切口处流出，此时割炬立刻做一定幅度的前后、上下摆动，便可进行连续气割。割嘴摆动的频率为80次/min左右，振幅为10~15mm。利用火焰的高温来破坏切口处的氧化膜，使金属继续燃烧，并借助于火焰中氧气流的前后、上下振动的冲击研磨作用，冲掉熔渣，达到连续气割的目的。

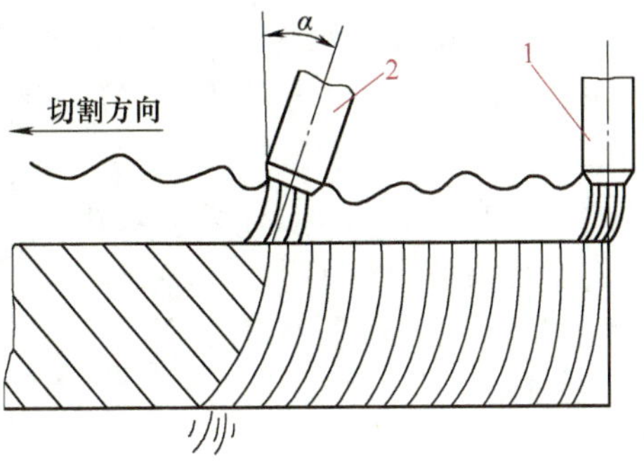

图6-20　不锈钢振动气割示意图
1—预热时割嘴的位置　2—气割过程中割嘴的位置

铸铁的振动气割原理与工艺基本上和不锈钢的振动气割相同。其区别在于铸铁气割时，割炬只作上下振动，不作前后摆动，另外割嘴振动的频率可比气割不锈钢时低（约60次/min）。

【操作示例】半自动气割

半自动气割示例1

半自动气割示例2

【考级练习与课后思考】

一、判断题

1. 凡是与乙炔接触的器具、设备不能用银或铜质量分数超过70%的铜合金制造。( )
2. 发生回火的根本原因是混合气体的喷出速度大于混合气体的燃烧速度。( )
3. 钢材含碳量越高，其气割性能越好。( )
4. 为了储存乙炔，乙炔瓶内装满浸有丙酮的多孔性填料。( )
5. 气割时，预热火焰一般采用中性焰或轻微碳化焰。( )
6. 气割后拖量是指切割面上切割氧流轨迹的始点与终点在水平方向的距离。( )
7. 气焊铝时应该选用中性火焰。( )

二、选择题

1. 在氧乙炔焰中氧气起（ ）作用。

A. 助燃　B. 燃烧　C. 助燃和燃烧

2. 氧化焰的最高温度可达（ ）℃。

A. 3050～3150　B. 2700～3000　C. 3100～3300

3. 气割时后拖量过大主要由于（ ）引起的。

A. 切割速度过快　B. 切割速度过慢　C. 氧气压力太高

4. CJ301是用于气焊（ ）一种溶剂。

A. 黄铜　B. 铸铁　C. 中碳钢

5. 气焊采用的主要接头形式是（ ）。

A. 对接接头　B. 搭接接头　C. 角接接头

6. 乙炔瓶内的最高压力为（ ）MPa。

A. 1.5　B. 15　C. 0.4

三、简答题

1. 气焊的原理是什么？在什么情况下应用？
2. 气割的原理是什么？金属用氧乙炔气割的条件是什么？
3. 单级反作用式乙炔减压器如何使用？
4. 解释焊炬型号H01-6，割炬型号G01-30的意义。
5. 氧乙炔焰的构造、种类、特性及其应用如何？
6. 气焊焊接参数包括哪些内容？如何选择？
7. 气割工艺参数包括哪些内容？如何选择？

模块七 常用金属材料的焊接

【目标导读】

分析了解常用金属材料的焊接性，理解和掌握各种金属材料的焊接规律，从而合理选用焊接材料，合理制订焊接工艺，最终才能保证焊接质量。

第一节 金属的焊接性

一、影响金属焊接性的因素

金属材料焊接性的好坏主要取决于材料本身的性质，同时也受到工艺条件、结构条件和使用条件等方面的影响。

1. 材料因素

材料因素包括焊件本身和使用的焊接材料，如焊条、焊丝、焊剂、保护气体等。它们在焊接时都参与熔池或半熔化区内的冶金过程，直接影响焊接质量。正确选用焊件和焊接材料是保证焊接性良好的重要基础，必须十分重视。

2. 工艺因素

对于同一焊件，当采用不同的焊接工艺方法和工艺措施时，所表现的焊接性也不同。例如，钛合金对氧、氮、氢极为敏感，用气焊和焊条电弧焊不可能焊好，而用氩弧焊或真空电子束焊，由于能防止氧、氮、氢等侵入焊接区，就比较容易焊接。而对于灰铸铁焊接时容易产生白口组织来说，从防止白口出发，应选用气焊、电渣焊等方法。

工艺措施对防止焊接接头缺陷，提高使用性能也有重要的作用。如焊前预热、焊后缓冷和去氢处理等，它们对防止热影响区淬硬变脆，降低焊接应力，避免氢致冷裂纹是比较有效的措施。另外，如合理安排焊接顺序能减少应力变形。

3. 结构因素

焊接构件的结构设计会影响应力状态，从而对焊接性也产生影响。焊接接头刚度较大、缺口、截面突变、焊缝余高过大、交叉焊缝等都容易引起应力集中，要尽量避免。不必要地增大焊件厚度或焊缝体积，就会产生多向应力，也应注意防止。

4. 使用条件

焊接结构的使用条件是多种多样的，有高温、低温下工作，腐蚀介质中工作及在静载或动载条件下工作等。当在高温下工作时，可能产生蠕变；在低温下工作或有冲击载荷工作时，容易发生脆性破坏，在腐蚀介质下工作时，接头要求具有耐蚀性。总之，使用条件越不利，焊接性就越不容易保证。

二、焊接性的研究判断方法

评定焊接性的试验方法很多，不论工艺焊接性和使用焊接性，大体上可分为直接试验和间接试验两种类型。这里主要介绍焊接冷裂纹的试验方法。

1. 焊接冷裂纹的间接判断法

碳当量是判断焊接性好坏的最简便的方法之一。所谓碳当量是指把钢中合金元素（包括碳）的含量按其作用换算成碳的相当含量，可作为评定钢材焊接性的一种参考指标。

在钢材的各种化学元素中，对焊接性影响最大的是碳，碳是引起淬硬的主要元素，故常把钢中含碳量的多少作为判别钢材焊接性的主要标志。钢中含碳量越高时，其焊接性越差。钢中除了碳元素以外，其他的元素如锰、铬、镍、铜、钼等对淬硬性都有影响，故可将这些元素根据它们对焊接性影响的大小，折合成相当的碳元素含量，即碳当量来判别焊接性的好坏。

下列碳当量公式是国际焊接协会推荐的估算碳钢及低合金钢的碳当量公式：

$$C_E = C + \frac{Mn}{6} + \frac{Cr + Mo + V}{5} + \frac{Ni + Cu}{15}$$

式中元素的符号表示其在钢中的质量分数。根据经验：当 $C_E < 0.4\%$ 时，钢材的淬硬倾向不明显，焊接性优良，焊接时不必预热；当 $C_E = 0.4\% \sim 0.6\%$ 时，钢材的淬硬倾向逐渐明显，需要采取适当预热，控制热输入等工艺措施；当 $C_E > 0.6\%$ 时，淬硬倾向更强，属于较难焊的材料，需采取较高的预热温度和严格的工艺措施。

利用碳当量来评定钢材的焊接性，只是一种近似的方法，因为它没有考虑到焊接方法、焊件结构、焊接工艺等一系列因素对焊接性的影响。

2. 焊接冷裂纹的直接试验法

冷裂纹的直接试验方法主要包括斜Y形坡口焊接裂纹试验方法（又称小铁研法）、搭接接头焊接裂纹试验方法、插销式试验方法、拉伸拘束裂纹试验法、刚度拘束裂纹试验方法、T形接头焊接裂纹试验方法。

通过焊接性的直接试验，可以检测焊接接头对裂纹、气孔、夹渣等缺陷的敏感性，它可使我们以较小的代价获得进行生产准备和制订焊接工艺措施的初步依据。

第二节 碳素钢的焊接

碳素钢的焊接性主要取决于含碳量的高低，随着含碳量的增加，其焊接性将会逐渐变差。

一、低碳钢的焊接

低碳钢含碳量及合金元素少，淬硬倾向小，是焊接性最好的金属材料。在低碳钢的焊接过程中，一般情况下不需要采取特殊的工艺措施，就可获得较满意的焊接质量。但是电渣焊后的接头，为了细化晶粒，要进行正火或正火加回火处理。

二、中碳钢的焊接

1. 中碳钢的焊接性

中碳钢中碳的质量分数为0.25%～0.6%，随着含碳量的增加，中碳钢焊接性逐渐变差，出现的主要问题就是热裂纹和冷裂纹，而且不但产生裂纹倾向性增大，同时也会产生气孔和接头脆性。

2. 中碳钢的焊接工艺

中碳钢焊接时，焊条电弧焊是最常用的焊接方法，其焊接工艺通常如下。

（1）焊条选择　尽量采用相应强度级别的碱性低氢型焊条，以增强焊缝的抗裂性。

根据中碳钢的焊接、补焊经验，还可采取先在坡口表面堆焊一层过渡焊缝再进行焊接的方法，防裂效果较好。堆焊过渡焊缝的焊条通常选用含碳量很低、强度低、塑性好的纯铁焊条（$w_C \leqslant 0.03\%$）。

（2）坡口制备　将坡口两侧的油、锈等污物清理干净，一般开成U形或V形，以减少母材的熔入量。

（3）预热　大多数情况下，焊接中碳钢需要预热和一定的层间温度，预热温度取决于材料的含碳量、焊件的大小和厚度、焊条类型、焊接参数及结构刚度等。通常35钢、45钢预热温度为150～250℃；含碳量更高或刚度更大时，可提高到250～400℃。

（4）焊接电源　一般选用直流反接，减小熔深，降低裂纹倾向和气孔的敏感性。

（5）后热或热处理　焊件焊后放在石棉灰中或放在炉中缓冷，对含碳量高、较厚和刚度大的焊件，焊后则应立即作600～650℃的消除应力回火处理。

三、高碳钢的焊接

高碳钢中碳的质量分数大于0.60%。由于碳含量很高，淬硬倾向和裂纹敏感性更大，因此高碳钢焊接性很差，它们的焊接也大多为补焊。焊接方法多为焊条电弧焊和气焊，而且辅以必要的焊接工艺措施。

四、工程应用实例

轴与法兰盘插入式连接的角接焊件，法兰盘为Q235钢（直径为160mm，厚20mm），轴（直径为108mm）为35钢，属于中碳钢，其化学成分为：$w_C = 0.32\% \sim 0.40\%$；$w_{Si} = 0.17\% \sim 0.37\%$；$w_{Mn} = 0.50\% \sim 0.80\%$；$w_P \leqslant 0.035\%$；$w_S \leqslant 0.035\%$；$w_{Ni} \leqslant 0.25\%$；$w_{Cr} \leqslant 0.25\%$；$w_{Cu} \leqslant 0.25\%$。

工艺分析：

经计算，该轴的碳当量在0.48%～0.61%之间，其焊接性较差，因此需采取预热、焊后缓冷及焊后回火处理等工艺措施。

焊前预热温度为150～250℃；采用碱性焊条E5015，焊条使用前经350～450℃烘干，并保温2h；第一层焊道焊接时，采用小电流、慢焊接速，同时注意对母材的熔透深度，避免产生夹渣及未熔合等缺陷；焊后采用绝热材料保温缓冷；焊后立即进行600～650℃的消除应力回火处理。

第三节　低合金高强度结构钢的焊接

一、低合金高强度结构钢的焊接性

低合金高强度结构钢，由于其碳含量和合金元素含量均较低，因此焊接性总体较好。但由于这类钢中含有一定量的合金元素，随着强度级别的提高，板厚增加，钢的焊接性将会变差。其主要问题如下。

1. 热影响区的脆化

产生脆化的原因与钢材的成分及强化方式有关，但其根本原因有两点：一是热输入过小时，由于热影响区的马氏体等淬硬组织比例增大而降低韧性；二是热输入过大时，由于晶粒粗化或魏氏体组织等而降低韧性。因此，通过控制焊接热输入的办法能有效防止热影响区的脆化。

2. 焊接接头的裂纹

低合金高强度结构钢焊接时，随着强度级别的提高，容易在焊缝金属和热影响区产生冷裂纹。尤其在焊接强度级别较高的厚板结构时，最易产生冷裂纹。这是由于其淬硬倾向大，焊接接头易得到淬硬组织；又因厚板的刚度大，焊接接头的残余应力相应较大造成的。

低合金高强度结构钢产生热裂纹的可能性比冷裂纹小得多，只有在原材料化学成分不符合规格（如S、C含量偏高）时才有可能产生。

二、常用低合金高强度结构钢的焊接工艺要点

低合金高强度结构钢对焊接方法无特殊要求，如焊条电弧焊、埋弧焊、气体保护焊等一些常用的焊接方法都能采用。应根据所焊的金属材料厚度、装配结构和具体施工条件来确定焊接材料和焊接参数。

Q345钢是焊接结构中最常用的低合金钢。Q345钢冶炼加工和焊接性能都较好，其广泛用于制造各种焊接结构。

Q345钢在大厚度、低温条件下焊接时应进行适当的预热，预热条件参见表7-1。

表7-1　不同条件下Q345钢焊接时的预热条件

板厚/mm	不同气温下的预热条件
<10	不低于－26℃，不预热
10～16	不低于－10℃，不预热；－10℃以下预热至100～150℃
16～25	不低于－5℃，不预热；－5℃以下预热至100～150℃
25～35	不低于0℃，不预热；0℃以下预热至100～150℃
≥35	均预热至100～150℃

Q345钢常用焊接方法和焊接材料见表7-2。

表 7-2 Q345 钢常用焊接方法和焊接材料

焊接方法	焊接材料
焊条电弧焊	重要结构：J506、J507 强度要求不高的结构：J426、J427 不重要的结构：J502、J503
埋弧焊	开 I 形坡口对接或角接：H08A + HJ431、H08MnA + SJ101 开坡口对接：H08MnA + HJ431、H10Mn2 + SJ101 开坡口角接：H08MnA + SJ101、H08A + HJ431 深坡口焊缝：H10Mn2 + SJ101、H10MnSi + SJ101 焊后热处理的对接焊缝：H08MnMoA + HJ350
CO_2 气体保护焊	实芯焊丝：H08Mn2Si 或 H08Mn2SiA（ER49-1）、ER50-6 药芯焊丝：E501T-1
电渣焊	焊丝为 H10Mn2、H08MnMoA、H10MnMo 焊剂为 HJ431、HJ360、HJ252、HJ171

1. 焊接热输入

Q345 钢的过热敏感性不大，淬硬倾向小，为防止冷裂纹的产生，采用较大的热输入焊接，一般焊接热输入应控制在 50kJ/cm 以下。

2. 焊后热处理

对于一般 Q345 钢结构的焊接接头，不需要进行焊后热处理，而对于电站锅炉钢结构的梁和柱的厚板（板厚大于 38mm）对接接头，还有要求耐应力腐蚀的结构、低温下工作的结构，以及厚壁高压容器等特殊情况，要进行焊后热处理。

三、工程应用实例

用 Q345 钢制造球罐，其直径为 15.7m、壁厚为 25 ~ 28mm，工作压力为 0.65MPa。焊接方法为焊条电弧焊。

工艺分析：

考虑到该结构的强度要求，选用 E5015 焊条，焊前进行 350 ~ 450℃ 的烘干，并保温 1 ~ 2h，随用随取。坡口设计上采用不对称的 X 形坡口。坡口外大内小，先焊外侧大坡口，可有效地防止裂纹。焊前在焊缝中心至两侧距离为球罐壁厚的 3 倍处，进行预热，达到 100℃ 时才可施焊。焊接时由两名焊工从两端向中间同时对称进行，第一、二层焊缝采用分段退焊法焊接，背面焊缝应用碳弧气刨清根后再焊，直至焊完。焊后做超声波探伤和相应的 X 射线探伤，检查焊缝质量。

第四节 耐热钢的焊接

耐热钢是指在高温下具有良好的化学稳定性或较高强度的钢。根据 GB/T 20878—2007

的分类标准，其牌号按冶金学分类列表，可分为奥氏体型、奥氏体-铁素体型、铁素体型、马氏体型和沉淀硬化型。

由于奥氏体型耐热钢与奥氏体型不锈钢系列具有基本相同的焊接性，在第五节会详细介绍，因此本节主要介绍其他两种常用的耐热钢：铁素体型和马氏体型。

一、铁素体型耐热钢

铁素体型耐热钢是以低碳高铬 Fe-Cr-C 合金为主，并加入 Al、Nb、Mo、Ti 等铁素体化元素。常见牌号有 06Cr13Al 、022Cr11Ti、022Cr12、022Gr12Ni、10Cr17 等。

1. 焊接性

铁素体型耐热钢随着铬质量分数的增加，碳质量分数的降低，奥氏体区逐渐缩小，铁素体逐渐增多。普通铁素体耐热钢在焊接热循环作用下，晶粒明显长大，焊接接头的塑性和韧性下降。为改善其焊接性，应降低焊缝中碳、氮、氧的质量分数，并加入适量的铁素体化元素。

铬的质量分数高于 21% 的铁素体型耐热钢，在 600 ~ 800℃ 温度范围内长时间加热，会形成 σ 相脆化。σ 相的脆化速度，取决于钢中的铬含量和加热温度。铬的质量分数大于 17% 的高铬钢，在 450 ~ 525℃ 之间温度下加热，会产生 475℃ 脆性变化，故应避免对它在 450 ~ 525℃ 温度区间内进行焊接接头的焊后热处理。

2. 焊接工艺要点

（1）预热　预热温度在 100 ~ 150℃，使材料在韧性较高的状态下焊接，对铬质量分数较高的铁素体型耐热钢，预热温度应高些，一般为 200 ~ 300℃。

（2）焊接材料　根据对焊接接头性能要求不同，可选用与母材相近的铁素体型不锈钢焊条，也可采用奥氏体型不锈钢焊条。

（3）焊接参数　焊接时尽可能地减少焊接接头在高温停留时间，应采用小的焊接热输入、高的焊接速度，并尽量减少焊条的横向摆动，以窄焊道进行焊接，控制道间温度。前一道焊缝冷却至预热温度后才允许焊下一道焊缝，以防止焊接接头过热。多层焊时控制道间温度应不高于 150℃，以减少高温脆化和 475℃ 脆性。

（4）焊后热处理　为了使焊接接头的组织均匀化，从而提高其塑性和韧性，焊后应进行 750 ~ 800℃ 的回火处理，回火后应快冷，防止出现 σ 相和 475℃ 脆性，以得到均匀的铁素体组织。

二、马氏体型耐热钢

马氏体型耐热钢的合金系统基本是 Fe-Cr-C，通常铬的质量分数在 11.5% ~ 18% 。常见牌号有 12Cr12、12Cr13、30Cr13、12Cr5Mo、12Cr12Mo、21Cr12MoV。这些钢几乎在所有的冷却条件下都转变成马氏体组织，淬硬冷裂倾向很大，故这类钢的焊接性很差。

马氏体型耐热钢常用的焊接方法有焊条电弧焊、气体保护电弧焊等。焊条电弧焊是最常用的焊接方法，采用与母材相同成分的焊条焊接时，需进行预热和焊后热处理。主要采用低氢型焊条，焊条焊前要经过高达 350 ~ 400℃ 的高温烘烤，以便彻底除去水分，减少扩散氢含量和降低冷裂纹敏感性，选用小的热输入，以防止过热。也常用奥氏体型焊条焊接。含合金元素高的焊条，焊接接头塑性好，焊后无须进行热处理。视焊件厚度，焊前可不预热或仅作低温预热。

钨极氩弧焊用于薄壁件焊接，冷裂倾向小，薄件可不预热，焊件预热至 120～200℃，焊后仍需高温回火。

三、工程应用实例

1000t 试管机压力阀套的基本材料为 30Cr13 钢锻件，其焊接工艺要点见表 7-3。

表 7-3 焊接工艺要点

焊接结构及尺寸

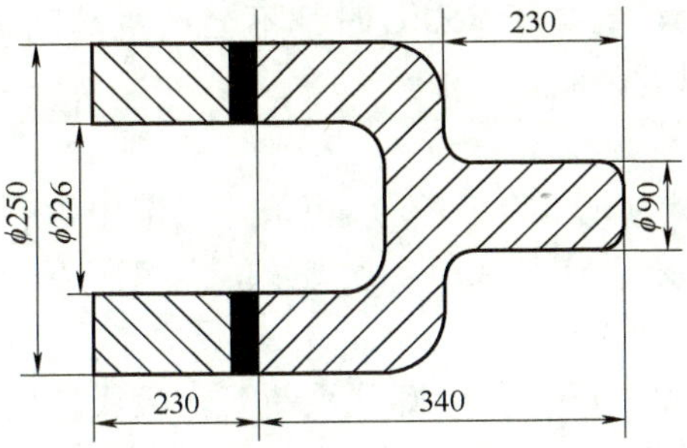

接头坡口形式及尺寸

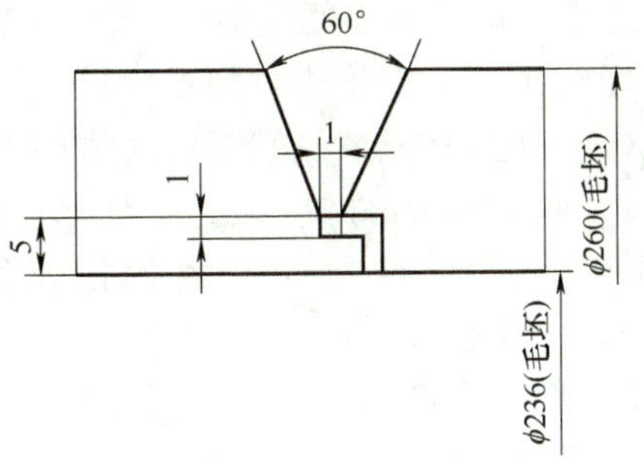

预热温度	采用整体预热工艺，预热温度为 200～400℃
焊接方法	焊条电弧焊，直流反接，选用 E310 型（A302）焊条，焊条直径为 4mm，焊接电流为 140～210A
装配定位	装配按图样要求，预热后用直径 3.2mm、E310 型焊条立即定位焊
焊接工艺	采用多层多道连续焊，封底焊时焊接电流为 160A，以后各层的焊接电流稍大些，焊道间温度不得低于 200℃。焊接工作结束后，立即将焊件埋入石灰堆里，使其保温缓冷
检验	先用着色渗透探伤，进行外观检查，并要求焊缝表面不得存在裂纹，然后用 X 射线探伤
焊后热处理	将焊件进行 730～790℃ 的炉中高温回火处理
焊件机械加工	焊后按图样进行机械加工，削除 V 形锁底接头的锁底部分

第五节 不锈钢的焊接

不锈钢是指以不锈、耐蚀性为主要特性，且铬的质量分数至少为 10.5%，碳的质量分数最大不超过 1.2% 的钢。根据 GB/T 20878—2007 的分类标准，其牌号按冶金学分类列表，可分为奥氏体型、奥氏体-铁素体型、铁素体型、马氏体型和沉淀硬化型等。本节主要介绍奥氏体型不锈钢。

一、奥氏体型不锈钢的焊接性

奥氏体型不锈钢中铬的质量分数为 18%，镍的质量分数为 8%～10%。奥氏体型不锈钢具有良好的焊接性，焊接时不需采取特殊的焊接工艺措施，但施焊中如焊接工艺选择不当，也会产生晶间腐蚀问题和热裂纹问题。

1. 晶间腐蚀问题

晶间腐蚀是奥氏体型不锈钢最危险的破坏形式之一。晶间腐蚀的不锈钢，从表面上看并没有什么特征，但在受到应力时即会沿晶界断裂，几乎完全丧失强度。

（1）奥氏体型不锈钢产生晶间腐蚀的原因　奥氏体型不锈钢产生晶间腐蚀一般认为是由于晶粒边界的贫铬层造成的。其原因是在450～850℃温度下，碳在奥氏体中的扩散速度大于铬在奥氏体中的扩散速度。当奥氏体中含碳量超过它在室温的溶解度（0.02%～0.03%）后，碳就不断地向奥氏体晶粒边界扩散，并和铬化合。由于铬的原子半径较大，扩散速度较小，来不及向边界扩散，而晶界附近大量的铬和碳化合成碳化铬，因此造成奥氏体边界贫铬。当晶界附近的金属铬质量分数低于12%时就失去了耐蚀的能力，在腐蚀介质的作用下，即产生晶间腐蚀。当加热温度低于450℃或高于850℃时都不会产生晶间腐蚀，所以把450～850℃称为危险温度区间，或称敏化温度区间。

（2）防止和减少晶间腐蚀的措施

1）碳是造成晶间腐蚀的主要元素，选择超低碳（$w_C \leqslant 0.03\%$）焊条，或选用含有稳定元素钛、铌等与碳的亲和力比铬强的不锈钢焊条，如E308L-16焊条、E347-15焊条、H0Cr19Ni9Ti焊丝。

2）焊后进行固溶处理，把焊后接头加热到1050～1100℃，使碳重新溶入奥氏体中，然后迅速冷却，稳定奥氏体组织。另外，也可以进行850～900℃下保温2h的稳定化热处理。此时奥氏体晶粒内部的铬逐步扩散到晶界，晶界处的铬质量分数重新恢复到12%以上，避免了晶间腐蚀。

3）一般情况下，控制奥氏体型不锈钢焊缝金属中铁素体的体积分数为5%～10%时可以获得比较好的耐晶间腐蚀性能。在焊缝中加入铁素体形成元素，如铬、硅、铝、钼等，以使焊缝形成奥氏体加铁素体的双相组织。

4）奥氏体型不锈钢不会产生淬硬现象，所以在焊接工艺上，采用小电流、快速焊、短弧、多道焊等措施，缩短焊接接头在危险温度区停留的时间，均可防止或减小贫铬区。为加快焊接接头的冷却速度，还可以对焊缝采取强制冷却措施（如用铜垫板，水冷等）。多层焊时，要控制好层间温度，等到前道焊缝冷却到60℃以下再焊下一道焊缝。

5）注意焊接次序，先焊接不与腐蚀介质接触的非工作面焊缝，与腐蚀介质接触的焊缝应最后焊接，使其不受重复焊接热循环的作用。

2. 热裂纹

奥氏体型不锈钢产生热裂纹的倾向要比低碳钢大得多，特别是含镍量较高的奥氏体不锈钢更易产生。

（1）产生热裂纹的主要原因

1）奥氏体型不锈钢的导热系数大约只有低碳钢的一半，而线胀系数比低碳钢约大50%，所以焊后在接头中会产生较大的焊接应力。

2）奥氏体型不锈钢中的碳、硫、磷、镍等会在熔池中形成低熔点共晶体。例如，硫与镍形成的Ni_3S_2熔点为645℃，而Ni-Ni_3S_2共晶体的熔点只有625℃。

3）奥氏体型不锈钢的液、固相线的区间较大，结晶时间较长，且结晶的枝晶方向性强，所以杂质偏析现象比较严重。

（2）防止热裂纹的措施

1）采用双相组织的焊条，使焊缝形成奥氏体和铁素体的双相组织。当焊缝中有5%左右的铁素体时，奥氏体的晶粒长大便受到阻碍，柱状晶的方向打乱，因而细化了晶粒，并可防止杂质的聚集。由于铁素体可比奥氏体溶解更多的杂质，因此还减少了低熔点共晶体在奥氏体晶粒边界上的偏析。

2）在焊接工艺上，一般采用碱性焊条、小电流、快焊速，以及焊接结束或中断时收弧慢且填满弧坑，或采用氩弧焊打底等措施来防止热裂纹。

二、奥氏体型不锈钢的焊接工艺

1. 焊条电弧焊

（1）焊前准备　根据钢板厚度及接头形式，用机械加工、等离子弧切割或碳弧气刨等方法下料和加工坡口（对接接头板厚超过3mm须开坡口）。为了避免焊接时碳和杂质混入焊缝，焊前应将焊缝两侧20～30mm范围用丙酮、汽油、乙醇等擦净，并涂白垩粉，以避免表面被飞溅金属损伤。

（2）焊条的选用　奥氏体型不锈钢焊条有酸性焊条金红石型、钛酸型药皮和碱性焊条低氢型药皮两大类。低氢型不锈钢焊条的抗热裂性较好，但成形不如酸性焊条，耐蚀性也较差。酸性不锈钢焊条具有良好的工艺性能，生产中用得较多。

（3）焊接工艺　由于奥氏体型不锈钢的电阻较大，焊接时产生的电阻热也大，所以同样直径的焊条焊接电流值应比低碳钢焊条降低20%左右，否则，焊接时药皮将迅速发红，失去保护而无法焊接。

焊接开始时，不要在焊件上随便引弧，以免损伤焊件表面，影响耐蚀性。焊接过程中，焊条最好不作横向摆动，采用小电流、快焊速。一次焊成的焊缝不宜过宽，最好不超过焊条直径的3倍。多层焊时，注意控制层间温度，焊后可采取强制冷却措施，加速接头冷却。

2. 氩弧焊

氩弧焊目前普遍用于不锈钢的焊接，具有焊缝的质量比焊条电弧焊高、生产率高、焊件变形小、耐蚀性好等优点。

目前在氩弧焊中应用较广的是手工钨极氩弧焊，常用于焊接0.5～3mm的不锈钢薄板和薄壁管。焊丝的成分一般与焊件相同。焊接时速度可适当快些，焊接时尽量避免横向摆动。对于厚度大于3mm的不锈钢，可采用熔化极氩弧焊。

3. 埋弧焊

奥氏体型不锈钢的埋弧焊一般用于焊接中等厚度以上的钢板（6～50mm）。采用埋弧焊不仅可以提高生产率，而且也能显著提高焊缝质量。

在焊接奥氏体型不锈钢时，为了避免产生裂纹，必须选择适当的焊丝和焊接参数，使焊缝中有5%左右的铁素体。

4. 等离子弧焊

用等离子弧焊在不开坡口的情况下，可以单面焊接10～12mm以下的奥氏体型不锈钢，对厚度小于0.5mm的薄件用微束等离子弧焊很适宜。

奥氏体型不锈钢常用焊接方法和焊接材料的选用见表7-4。

表 7-4　奥氏体型不锈钢常用焊接方法和焊接材料的选用

不锈钢牌号		焊条电弧焊		氩弧焊
新牌号	旧牌号	焊条牌号	焊条型号	焊丝
022Cr19Ni10	00Cr19Ni10	A002	E308L-16	H03Cr21Ni10
06Cr19Ni10 12Cr18Ni9	0Cr18Ni9 1Cr18Ni9	A102 A107	E308-16 E308-15	H06Cr21Ni10
06Cr18Ni11Ti 07Cr19Ni11Ti	0Cr18Ni10Ti 1Cr18Ni9Ti	A132 A137	E347-16 E347-15	H08Cr19Ni10Ti
06Cr18Ni11Nb	0Cr18Ni11Nb			H08Cr20Ni10Nb
10Cr18Ni12	1Cr18Ni12	A202 A207	E316-16 E316-15	H08Cr21Ni10 H08Cr21Ni10Si
06Cr23Ni13	0Cr23Ni13	A302 A307	E309-16 E309-15	H03Cr24Ni13
06Cr25Ni20	0Cr25Ni20	A402 A407	E310-16 E310-15	H08Cr26Ni21

三、工程应用实例

用06Cr18Ni9钢板制作三氯氢硅成品贮槽。钢板厚5mm，筒体直径为1200mm，贮槽总长3590mm。

工艺分析：

筒体纵、环焊缝均采用焊条电弧焊，焊条型号为E308-16，直径3.2mm，焊接电流为90~110A。焊前开带钝边Y形坡口，钝边高度为2mm，坡口向外。焊接时，正面先焊一条焊道，然后焊背面。背面（与腐蚀介质接触的一面）焊接时不需刨焊根，焊一道即成，以有利于焊缝的耐蚀性。筒体纵、环焊缝焊接后，在设备上开孔，因板较薄，可用碳弧气刨。开孔时，要从设备里面往外吹。支座加肋板和人孔加肋板为Q235钢板，与不锈钢筒体焊接时采用E309-16焊条。焊接工作结束后，进行X射线检验，并作水压检验。

第六节　铸铁的补焊

铸铁是指碳的质量分数为2.11%~6.69%的铁碳合金。按照碳存在形式不同，铸铁主要分为白口铸铁、灰铸铁、可锻铸铁和球墨铸铁。铸铁焊接主要是对各种铸造缺陷或者损坏的铸铁件进行补焊修复。

一、铸铁的焊接性

灰铸铁的应用最广，这里就以灰铸铁的焊接性进行分析。灰铸铁由于含碳量高、杂质多、强度低、塑性差，所以焊接性差。其焊接时主要问题是焊接接头易产生白口组织和裂纹。

1. 焊接接头产生白口组织

在补焊灰铸铁时，往往会在熔合区产生白口组织，严重时会使整个焊缝白口化，造成焊后难以进行机械加工。

(1) 产生白口的原因 主要是由于冷却速度快和石墨化元素不足造成的。在一般的焊接条件下，补焊区的冷却速度比铸铁在铸造时快得多，特别是在熔合线附近，是整个焊缝冷却速度最快的地方，而且其化学成分又和基本金属相接近，所以该处最易形成白口组织。另外，焊接材料选用不当，使焊缝中石墨化元素不足，也会促使产生白口组织。

(2) 防止产生白口组织的方法

1) 减慢焊缝的冷却速度。延长熔合区处于红热状态的时间，使石墨有充足的时间析出。通常采取将焊件预热后进行焊接或焊接后进行保温缓冷等措施。

2) 改变焊缝化学成分。主要是增加焊缝中石墨化元素的含量或使焊缝成为非铸铁组织。如在焊条或焊丝中加入大量的碳、硅元素。也可采用非铸铁焊接材料（镍基、铜钢、高钒钢），形成非铸铁组织焊缝，来避免产生白口或其他脆硬组织。

2. 焊接接头产生裂纹

(1) 产生裂纹的原因 由于灰铸铁的强度较低，塑性极差，而焊接时的局部快速加热和冷却，又造成较大的内应力，故易产生裂纹。当接头存在白口组织时，因白口组织硬而脆，它的冷却收缩率又比基本金属（灰铸铁）大得多，加剧了产生裂纹的倾向，严重时甚至可使整个焊缝沿半熔化区从母材上剥离下来。

铸铁焊接裂纹一般为冷裂纹，产生温度在400℃以下，产生部位为焊缝或热影响区。当采用非铸铁型材料焊接时，焊缝也会产生热裂纹。

(2) 防止裂纹的方法

1) 焊件焊前预热、焊后缓冷不但能防止白口组织的产生，而且使焊件温度分布均匀，减小焊接应力，防止裂纹产生。

2) 采用加热减应区法在焊件上选择适当的区域进行加热，如灰铸铁焊件中间有一条裂纹，若仅补焊裂纹，因四周刚度很大，加热时阻碍焊接处膨胀及伸长，冷却时阻碍焊接处收缩及缩短，因此焊后焊缝或其他部位必然开裂。但如果焊前加热框架上、下两个杆件与裂纹对称的部位，然后补焊裂纹，这样补焊处及两个加热部位可以自由膨胀和收缩，所以可大大减小应力，避免裂纹产生，如图7-1所示。

3) 调整焊缝化学成分。可采用非铸铁型焊接材料，以得到塑性好、强度高的焊缝，使焊缝产生塑性变形，松弛焊接应力，避免裂纹。

4) 采用合理的补焊工艺。冷焊时应采用分散焊、断续焊，选用细焊丝、小电流、浅熔深，焊后立即锤击焊缝等方法，减小焊接应力，防止裂纹。

5) 采用栽丝焊法。大面积补焊时，采用栽丝法，焊前在坡口内钻孔攻螺纹，拧入钢制螺钉，孔深20~30mm、间距50mm左右。先围绕螺钉焊接，再焊螺钉之间。使螺钉承担大部分焊接应力，防止焊缝剥离，如图7-2所示。

二、灰铸铁补焊工艺要点

灰铸铁的焊接主要应根据铸件大小、厚薄、复杂程度以及补焊处的缺陷情况、刚度大小、焊后的要求（如是否要求加工、致密性、强度、颜色等）来选择。灰铸铁的焊接方法见表7-5。

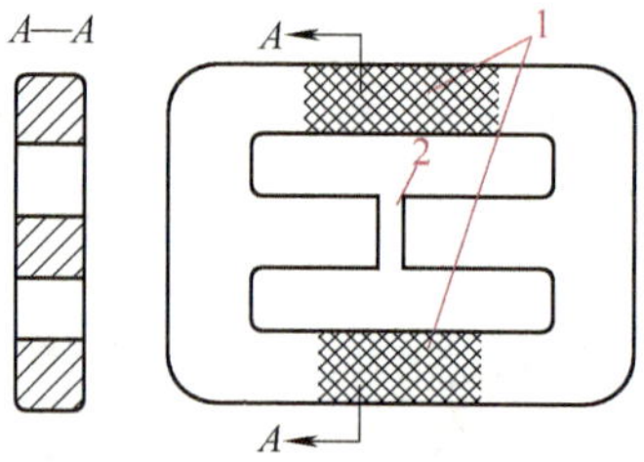

图7-1　加热减应区补焊示意图
1—加热处　2—补焊处

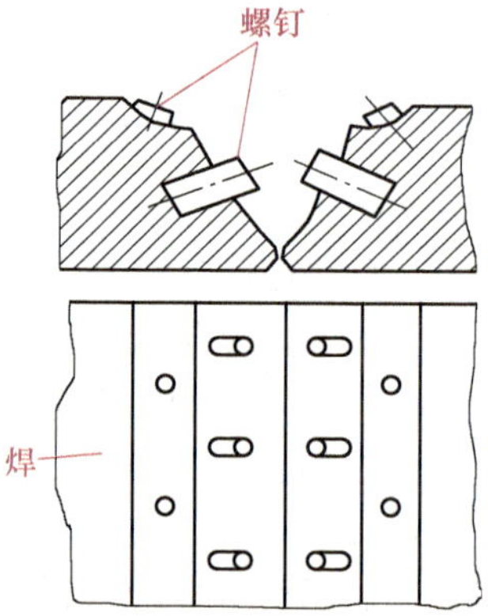

图7-2　栽丝焊法

表7-5　灰铸铁的焊接方法

焊补方法		常用焊条（焊丝）
焊条电弧焊	热焊	EZC（Z248、Z208）
	半热焊	EZC（Z208）
	不预热焊	EZC（Z208）、EZNiFe-1（Z408）
	冷焊	EZFe-2（Z100）、EZV（Z116、Z117）、EZNi-1（Z308）、EZNiFe-1（Z408）、EZNiCu-1（Z508）、E5015-G（J507）、E4303（J422）
气焊	热焊	铸铁焊丝
	加热减应区法	
	不预热焊	
钎焊		黄铜焊丝
CO_2气体保护焊		H08Mn2SiA

1. 焊条电弧焊补焊灰铸铁

（1）焊缝金属为非铸铁成分的电弧冷焊　焊前不预热或预热温度不超过300℃的焊接方法称为冷焊法。只有焊后需进行机械加工的工件，才用纯镍铸铁焊条EZNi（Z308）、镍铁铸铁焊条EZNi Fe（Z408）、镍铜铸铁焊条EZNiCu（Z508）等镍基焊条进行补焊，其他铸件可采用J427（J426、J507、J506），若条件允许，也可用不锈钢焊条。碱性低氢型焊条与铸铁有较好的熔合性，与镍基铸铁焊条相比，价格又便宜，其抗裂性比酸性焊条也强很多。铸铁本身强度很低，所以有J427就不选J507，更不能选J422。

冷焊时补焊工艺要点如下：

1）焊接电流尽可能小，可以减小熔深，不使母材铸铁熔入量过多，影响焊缝成分，以便于焊后加工。而且可以减小母材与焊接处的温差，防止开裂。同时焊接的热输入量少，还可以减小焊接应力。

2）采用短段、断续分散焊及锤击焊缝，焊条不做摆动，可以减小热应力、防止开裂。

一般薄壁件每次焊接焊缝长度取10～20mm，厚壁件取30～40mm。每焊一小段后，立即锤击处于高温的具有塑性的焊缝，可以松弛焊接应力、增加焊缝的致密性。补焊过程中，当温度降至50～60℃时，再焊下一道焊道。为了避免焊件局部过热，要采用分散焊法。

3）对于较厚的焊件多层焊，按图7-3所示安排焊接顺序，在坡口面上堆焊一层，再进行填充焊接，这样的焊接顺序抗剥离性裂纹效果较好。

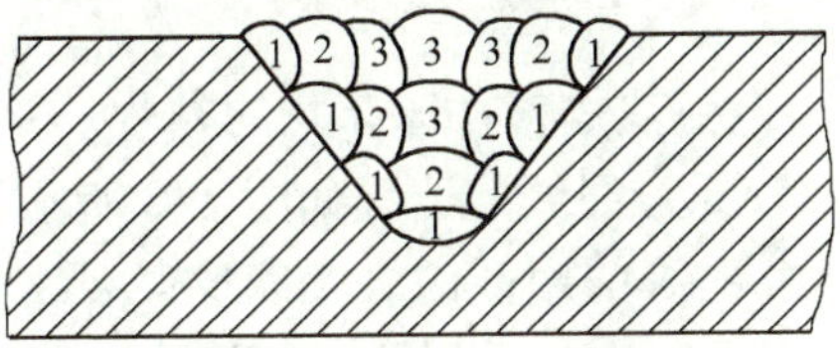

图7-3　厚铸件多层焊焊接顺序

4）焊装加强肋。补焊厚（大）铸件，坡口深度较大，在坡口内加装并焊接低碳钢加强肋，如图7-4所示，可提高补焊接头的强度和刚度、减少焊缝金属的焊接应力，有效地防止焊缝剥离，提高补焊效率。

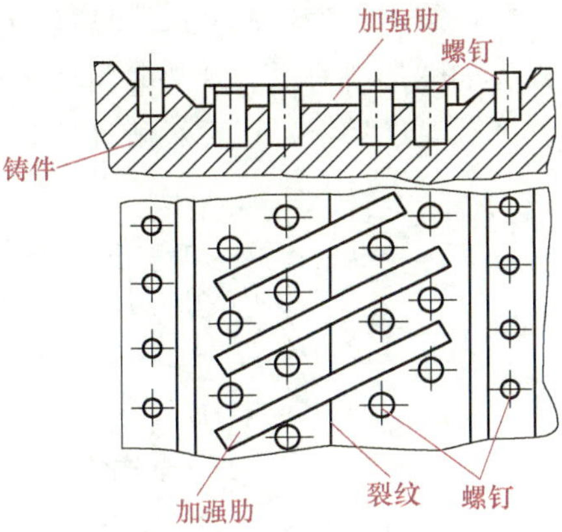

图7-4　装加强肋焊法

（2）焊缝金属为铸铁成分的电弧焊工艺　一般采用低碳钢芯石墨化型铸铁焊条（Z208）和铸铁芯石墨化型焊条（Z248）。补焊时的工艺要点为：

1）需要预热，根据预热温度不同，分为半热焊（300～400℃）和热焊（600～700℃）。

2）采用大直径焊条、大焊接电流、连续焊，焊后保温缓冷，提高焊接热输入量，减缓焊接接头的冷却速度，促使药皮中大量高熔点石墨化元素充分熔化和反应，有助于消除或减少热影响区出现马氏体组织。

3）当补焊缺陷面积小于8cm²、深度小于7mm时，因熔池体积小，焊缝热量少，冷却速度过快，会出现白口组织。如果情况允许，可把缺陷处补焊的面积适当扩大，为了防止焊接时铁液流散，坡口周围要用黄泥或耐火泥之类的材料筑堤。如果缺陷位于铸件边缘，可进行筑堤造型，如图7-5所示。

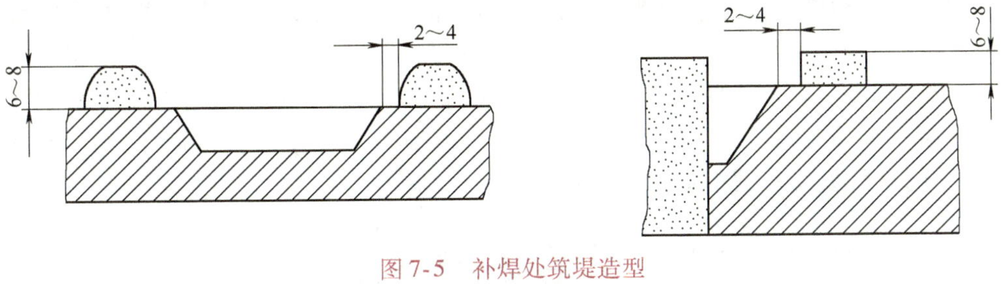

图7-5　补焊处筑堤造型

4）由于焊缝金属为铸铁，塑性很差，锤击焊缝消除应力没有多大效果，所以一般不采用锤击法。

2. 气焊补焊灰铸铁

由于气焊火焰的温度比电弧温度低得多，焊件加热和冷却缓慢，这对防止灰铸铁在焊接时产生白口组织和裂纹都有利，因此很适于铸件补焊。但是，气焊与电弧焊相比，其生产率低，成本高，焊工的劳动强度大，焊件变形也比较大。所以一般常用于中小铸件的补焊。

气焊补焊也分预热焊和不预热焊两种。若补焊缺陷所在位置刚度大、易裂纹，焊后需进行机械加工的铸件，一般选择热焊法。

气焊用铸铁焊丝可采用灰铸铁气焊丝 RZC-1、RZC-2 或合金铸铁焊丝 RZCH，熔剂采用“CJ201”。气焊火焰采用中性焰或弱碳化焰。

三、工程应用实例

电弧热焊对冲床床身的补焊。一台 80t 冲床，床身右侧面出现裂纹，其长度为 150mm、深 15mm，裂纹的位置如图 7-6 所示。其补焊工艺要点分析如下：

1）焊前用低倍放大镜观察裂纹情况，若裂纹不明显时，可用氧乙炔火焰加热至 200 ~ 300℃，待冷却后裂纹即明显表露出来，确定裂纹的走向及端头后，钻直径为 6mm 的止裂孔，并沿裂纹开 U 形坡口。

2）将铸件预热至 600℃（褐红色），预热炉可用砖垒，其三面砌砖壁，一面为活动石棉挡板，如图 7-7 所示。预热时将床身吊入预热炉后，加焦炭。床身要垫实，升温后不能再翻动，升温速度要慢，以免影响冲床材料的力学性能。

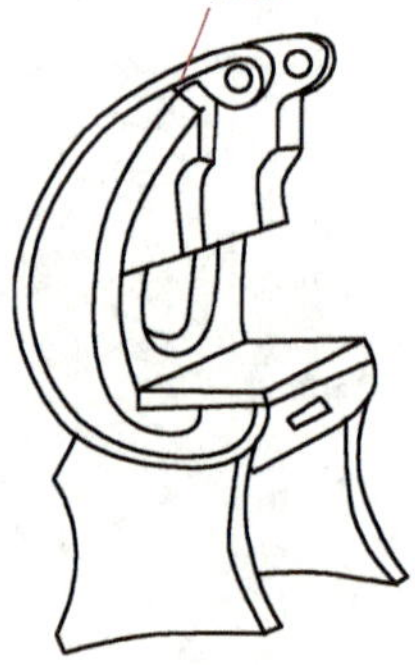

图 7-6 冲床床身裂纹位置

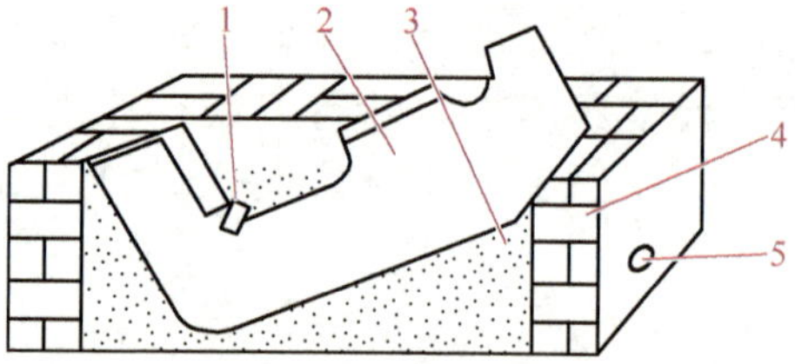

图 7-7 床身预热炉

1—焊道 2—床身 3—焦炭 4—砖墙 5—通气孔

3）选用 Z248 焊条，焊条直径为 6mm，焊接电流 300 ~ 330A，用长弧操作，连续补焊，一次成形。

4）补焊过程中，温度不能低于 400℃，采用直线运条法，焊条不作摆动，焊接速度要适当，防止液态金属流失，一层焊完后，连续补焊其余各层，待全部焊满后，再升温至 650℃停炉，将补焊处用石棉板盖好，随炉冷却。

第七节 铝及铝合金的焊接

目前铝合金焊接结构中应用最广的是防锈铝合金，其成分为 Al-Mg 系或 Al-Mn 系。

一、铝及防锈铝合金的焊接性

1. 易氧化

铝和氧的亲和力很大，因此在铝合金表面总有一层难熔的氧化铝薄膜。在焊接过程中，这层氧化铝薄膜会阻碍金属之间的良好结合，造成熔合不良与夹渣。此外，在焊接铝合金时，除了铝的氧化外，合金元素也易被氧化和蒸发，所以在焊接铝及铝合金时，焊前必须除去焊件表面的氧化膜，并防止在焊接过程中再次氧化，这是铝和铝合金熔焊的重要特点。

2. 易产生气孔

氮不溶于液态铝，铝中不含碳，因此不会产生氮和一氧化碳气孔。但氢能大量地溶于液态铝，但固态铝几乎不溶解，结晶时，由于铝及铝合金的密度较小，氢气泡在熔池里上浮速度慢，加上铝的导热性好，结晶快，因此在焊接铝时，焊缝易产生氢气孔。

3. 易焊穿

铝及铝合金由固态转变成液态时，没有显著的颜色变化，所以不易判断熔池的温度。因此，焊接时常因温度控制不当而导致烧穿。

二、铝及铝合金的焊接工艺

1. 焊前准备及焊后清理

（1）焊前准备　铝及铝合金焊前准备包括焊前清理、设置垫板和预热。

1）焊前清理的目的是去除焊件及焊丝表面的氧化膜和油污，防止夹渣和气孔的产生。可采用化学清洗和机械清理的方法。

化学清洗是采用清洗剂进行清洗，常有脱脂去油和除氧化膜两种步骤。常用的清洗工艺见表 7-6。化学清洗后 2～3h 内要进行焊接，即使在干燥环境下，也不要超过 24h。焊丝清洗后放在 150～200℃烘箱中，随用随取。

表 7-6　铝及铝合金的化学清洗工艺

工序	除油	碱洗			冲洗	中和光化			冲洗	干燥
		溶液	温度/℃	时间/min		溶液	温度/℃	时间/min		
纯铝	汽油、煤油、丙酮	6%～10% NaOH	40～60	≤20	流动清水	30% HNO_3	室温或 40～60	1～3	流动清水	风干或低温干燥
铝镁、铝锰合金	汽油、煤油、丙酮	6%～10% NaOH	40～60	≤7	流动清水	30% HNO_3	室温或 40～60	1～3	流动清水	风干或低温干燥

机械清理的方法：先用有机溶剂（丙酮或汽油）擦干焊件及焊丝表面的油污，然后用细钢丝刷或刮刀清除表面薄膜，直至露出金属光泽。

2）设置垫板。垫板由铜和不锈钢板制成，垫板表面开有圆弧形或方形槽，用以控制焊缝根部形状和余高量。

3）预热。由于铝的导热性好，为防止焊缝区热量的大量损失，焊前应对焊件进行预热。薄、小铝件可不预热；厚度超过 5～8mm 的铝件焊前应预热至 150～300℃；多层焊时，也应注意层间温度不低于预热温度。

（2）焊后清理　焊后残留在焊缝及焊缝附近的熔剂和焊渣，在空气和水分的作用下会破坏具有防腐作用的氧化薄膜，而激烈地腐蚀铝件。因此，应在焊后 1～6h 内清理干净。

焊后清理的方法：将焊件在 10% 的硝酸溶液中浸洗，处理温度为 60～65℃，处理时间为 5～15min，浸洗后用热水再冲洗一次，然后用热空气吹干或在 100℃干燥箱中烘干。

2. 焊接方法及工艺要点

铝及铝合金可采用多种焊接方法进行焊接，常用焊接方法的特点、工艺要点及适用范围见表 7-7。手工钨极氩弧焊、熔化极氩弧焊焊接铝及铝合金的焊接参数见表 7-8、表 7-9。

表 7-7 铝及铝合金常用焊接方法的特点、工艺要点及适用范围

焊接方法	焊接特点	工艺要点	适用范围
钨极氩弧焊	电弧热量集中、燃烧稳定、焊缝成形美观，接头质量较好	交流电源、短弧焊，焊丝倾角越小越好，一般10°~25°	广泛用于厚度为0.5~2.5mm的重要结构焊接
熔化极氩弧焊	电弧功率大、热集中，焊件变形及热影响区小，生产效率高	直流反接、采用喷射过渡，焊接电流尽量大，电弧长度不宜过短，以免飞溅严重	广泛用于≥3mm的中厚板材焊接
气焊	气体火焰功率低，热量分散，热影响区及工件变形大，生产率低	气焊火焰中性焰或轻微碳化焰，焊丝与母材成分相同，用气焊熔剂CJ401	用于厚度为0.5~10mm的不重要结构，铸铝件补焊
焊条电弧焊	电弧稳定性较大，飞溅大，接头质量差	用铝及铝合金焊条，直流反接，短弧，不移动	用于铸铝件补焊和一般焊件修复

表 7-8 手工钨极氩弧焊焊接铝及铝合金的焊接参数

板厚/mm	接头形式	根部间隙/mm	钨极直径/mm	焊接电流/A	焊丝直径/mm	氩气流量/(L/min)	喷嘴直径/mm	焊接层次
1~2	I形	0~1	1.6~2.4	45~100	1.6~2.4	5~9	6~11	1
2~3	I形	0~2	1.6~3.2	80~140	1.6~4.0	6~10	6~12	1
3~4	I形	0~2	2.4~4.0	110~230	2.4~4.0	7~10	7~12	1
4~5	I形	0~3	3.2~6.0	160~300	3.0~4.0	7~15	8~12	2
6	Y形	0~3	4.0~6.0	220~270	3.0~4.0	9~15	8~12	—

表 7-9 铝及铝合金手工熔化极氩弧焊的焊接参数

铝板厚度/mm	焊接电流/A	焊接速度/(cm/min)	焊道数	焊接位置
<10	220~280	38~62	2	平焊
10~15	220~320	30~56	3~4	平焊
15~20	240~340	28~55	≥5	平焊

三、工程应用实例

某厂生产运输浓硝酸的专用罐车，载重60t，有效容积40m^3，罐体直径2.3 m，长10m。采用板厚16mm耐蚀性能良好的工业纯铝1060（L2）制造，罐体焊缝选择热量比较集中的熔化极氩弧焊焊接。

工艺分析：

对于这种中厚度板的焊接，宜开成钝边较大的V形坡口，坡口在焊前采用化学清洗法和机械清理法。纵向焊缝设置引弧板，板厚与材质和焊件相同，尺寸为80mm×100mm。

焊丝选用HS301，焊前要进行化学清洗。

焊接打底焊道时，为防止焊道塌陷，需在背面加垫板（T2 纯铜板）。焊完打底焊道后，用风铲在背面清根，并铲出圆弧槽，用化学清洗和机械清理后再焊接封底焊道。为避免弧坑出现裂纹，纵缝应设置引出板；环缝的收弧应重叠在引弧点上，弧坑要填满，焊后用风铲修平。半自动熔化极氩弧焊焊接参数见表 7-10。焊后进行外观检查和 100% X 射线探伤检验，符合标准要求。

表 7-10　半自动熔化极氩弧焊焊接参数

层　次	坡口形式	焊接电流 /A	电弧电压 /V	氩气流量 /(L/min)	焊丝直径 /mm	喷嘴直径 /mm	焊接速度 /(cm/min)
打底层	Y	250～280	27～30	≥25	2.5	20～24	420～450
填充层	Y	300～320	27～30	≥25	2.5	20～24	280～310
表面层	Y	300～350	27～30	≥25	2.5	20～24	250～280

第八节　铜及铜合金的焊接

一、铜及铜合金的焊接性

1. 难熔合

铜及铜合金的导热性比钢好得多，铜的导热系数是钢的 7 倍，随着温度的升高，差距还要大。大量的热被传导出去，焊件难以局部熔化，必须采用功率大、热量集中的热源，有时还要预热，热影响区很宽。

2. 铜的氧化

铜在常温时不易被氧化，但是当温度超过 300℃时，其氧化能力很快增大，当温度接近熔点时，其氧化能力最强。氧化的结果是生成氧化亚铜（Cu_2O）。焊缝金属结晶时，氧化亚铜和铜形成低熔点（1064℃）的共晶，分布在铜的晶界上，大大降低了焊接接头的力学性能，所以，铜的焊接接头的性能一般低于焊件。

3. 气孔

铜及铜合金产生气孔的倾向远比钢严重。其中一个直接原因是铜导热性好，焊接熔池凝固速度快，液态熔池中气体上浮的时间短来不及逸出，易造成气孔。但根本原因有两点：一是气体溶解度随温度下降而急剧下降，氢来不及逸出，产生扩散气孔；二是化学反应所形成的水蒸气不溶于液态铜，若来不及逸出就会产生反应气孔。因此，焊前必须清理焊件、焊丝，或烘干焊条，焊接时加强保护，加强脱氧，选择合适的焊接参数，降低冷却速度等，这些措施都可以防止气孔产生。

4. 热裂纹

铜及铜合金焊接时在焊缝及熔合区易产生热裂纹。形成热裂纹的原因主要有以下几个方面：

1）铜及铜合金的线胀系数几乎比低碳钢大 50% 以上，由液态转变到固态时的收缩率也较大，对于刚度大的焊件，焊接时会产生较大的内应力。

2）熔池结晶过程中，在晶界易形成低熔点的氧化亚铜-铜的共晶物（$Cu + Cu_2O$）。

3）凝固金属中的过饱和氢向金属的显微缺陷中扩散，或者它们与偏析物（如 Cu_2O）反应生成的 H_2O 在金属中造成很大的压力。

4）焊件中的铋、铅等低熔点杂质在晶界上形成偏析。

5. 接头性能低

焊接铜及铜合金时，由于存在合金元素的氧化及蒸发、有害杂质的侵入、焊缝金属和热影响区组织的粗大，再加上一些焊接缺陷等问题，接头的强度、塑性、导电性、耐蚀性等往往低于母材。因此，应严格控制焊接参数，选择合适的焊接材料，必要时要作焊后热处理。

二、铜及铜合金的焊接工艺

1. 焊前准备和焊后的清理

铜及其合金焊接的焊前准备和焊后清理与铝及铝合金焊接时相似，在此不再叙述。

2. 焊接方法选择

铜及铜合金焊接时可选用的焊接方法很多。通常气焊、焊条电弧焊和钨极氩弧焊多用于厚度小于6mm 的焊件，而熔化极氩弧焊及埋弧焊则用于更大的厚度焊件的焊接。

3. 焊接工艺要求

由于纯铜的密度很大，熔化后铜液流动性好，导热性很强，为了防止铜液热量散失，保证反面成形，在焊接时需要放置垫板（如铜、石墨、石棉等）。铜焊接时尽量少用搭接、角接及 T 形等增加散热速度的接头，一般应采用对接接头。

（1）气焊　在纯铜结构件修理、制造中，气焊用得比较多，常用于焊接厚度比较小、形状复杂、对焊接质量要求不高的焊件。气焊法焊接黄铜，可以防止锌的蒸发、烧损，这是其他焊接方法无法相比的优点，因此应用较广。

1）纯铜的气焊。气焊纯铜时可以用纯铜丝 HS201、HS202 或母材切条作为填充焊丝，熔剂选用 CJ301，火焰采用中性火焰。为了保证熔透，宜选用比较大的火焰能率，一般比焊碳钢时大 1～1.5 倍。焊接时需要进行预热，对中小件，预热温度取 400～500℃；厚大件预热温度取 600～700℃。为防止接头晶粒粗大，焊后对焊件应进行局部或整体退火处理。

2）黄铜的气焊。黄铜气焊时填充金属可选用含硅、锡、铁等元素的焊丝，如 1 号黄铜丝 HS221、2 号黄铜丝 HS222 或 4 号黄铜丝 HS224。气焊熔剂 CJ301，气焊火焰适宜采用轻微的氧化焰，采用含硅焊丝时会使熔池表面形成一层氧化硅薄膜，由这层薄膜阻止锌的进一步蒸发和氧化。焊接薄板时一般不预热；板厚大于 5mm 时，需预热到 400～550℃。为防止应力腐蚀，焊后须进行 270～560℃的退火处理，以消除焊接应力。

（2）氩弧焊　氩弧焊是目前焊接铜及铜合金最广泛的工艺方法，采用氩弧焊焊接铜及其合金，焊缝的强度高，焊件变形小，可以得到高质量的焊接接头。氩弧焊焊接纯铜时，焊件必须预热，焊接黄铜时，通常不预热。

1）手工钨极氩弧焊工艺。手工钨极氩弧焊操作灵活方便，焊接质量高，特别适于铜及铜合金中薄板件的焊接。

纯铜可采用纯铜焊丝（HS201），接头不要求导电性能时也可选择青铜焊丝（HS211）。黄铜常用焊丝牌号为 4 号黄铜丝（HS224），但考虑氩弧焊电弧温度高，黄铜焊丝在焊接过程中锌的蒸发量大，烟雾多，且锌蒸气有毒，故也可用无锌的青铜焊丝，如 HS211 焊丝。纯铜、黄铜手工钨极氩弧焊焊接参数见表 7-11。

表 7-11　纯铜、黄铜手工钨极氩弧焊焊接参数

母材	板厚/mm	坡口形式	焊丝		钨极		焊接电流		气体		预热温度/℃
			材料	直径/mm	材料	直径/mm	种类	电流/A	种类	流量/(L·min^{-1})	
纯铜	~1.5	I	纯铜	2	钍钨极	2.5	直流反接	140~180	Ar	6~8	—
	2~3	I		3		2.5~3		160~280		6~10	—
	4~5	V		3~4		4		250~350		8~12	100~150
	6~10	V		4~5		5		300~400		10~14	100~150
黄铜	1.2	端接	青铜	—	钍钨极	3.2	直流正接	185	Ar	7	不预热
	1.2	V	黄铜			3.2		180		7	

2）熔化极氩弧焊工艺。熔化极氩弧焊时预热温度较低，且接头质量及焊接生产率高，是焊接中厚板的理想方法。电源一律采用直流反接，焊丝的选用与手工钨极氩弧焊相同。

（3）焊条电弧焊　焊条电弧焊焊接铜及铜合金是一种简便的焊接方法，它的生产率比气焊高，但焊接时金属的飞溅和烧损严重，并且焊接烟雾大，焊接劳动条件差，因此一般只用于对接头力学性能要求不高的焊接。

焊接纯铜时采用的焊条有纯铜焊芯焊条 ECu（T107）和锡青铜焊芯焊条 ECuSnB（T227）两种；焊接黄铜时为避免锌的大量蒸发，一般不用黄铜芯焊条，而采用青铜芯的焊条，如 ECuSnB（T227）、ECuAl（T237）或纯铜焊条。焊接时短弧操作，焊条不易作摆动，电源采用直流反接。

【拓展学习】

不锈钢压力容器焊接工艺

铜及铜合金焊接技术

【考级练习与课后思考】

一、判断题

1. 焊接时需要预热的材料焊接性较差，预热温度越高，焊接性越差。（　　）

2. 钢是根据材料的抗拉强度进行分类的。（　　）

3. 为改善铁素体型耐热钢的焊接性，应降低焊缝中碳、氮、氧的质量分数。（　　）

4. 马氏体型耐热钢最常用的焊接方法是焊条电弧焊。（　　）

5. 不锈钢中的铬是提高耐蚀性能的最主要的一种元素，当晶界附近铬的质量分数小于12%时，不锈钢就失去了耐蚀能力。（　　）

6. 奥氏体型不锈钢焊条焊接时药皮易发红，是因为奥氏体型不锈钢焊芯具有较大电阻

的缘故。焊缝中含碳量越多，产生晶间腐蚀的倾向越小。(　　)

7. 预热是防止奥氏体型不锈钢焊缝中产生热裂纹的主要措施。(　　)

8. 与腐蚀介质接触的奥氏体型不锈钢焊缝应最先焊接。(　　)

9. 对奥氏体型不锈钢焊件进行多层焊时，层间温度越高越好。(　　)

10. 同直径的奥氏体型不锈钢焊条的焊接电流要比低碳钢焊条的焊接电流低20%左右。(　　)

11. 冷裂纹主要发生在中碳钢、高碳钢、低合金钢或中合金高强度钢中。(　　)

12. 碳和硅是强烈促进石墨化的元素，所以在铸铁焊缝中应尽量限制其含量。(　　)

13. 手工钨极氩弧焊焊接铝合金时常采用交流电源。(　　)

14. 焊接铝及铝合金时，熔池表面生成的氧化铝薄膜能保护熔池不受空气的侵入，所以对提高焊接质量有好处。(　　)

15. 黄铜焊接时的困难之一是锌的蒸发。(　　)

16. 采用钨极氩弧焊焊接的奥氏体型不锈钢焊接接头具有良好的力学性能。(　　)

17. Q345钢具有良好的焊接性，其淬硬倾向比Q235钢稍小些。(　　)

18. 焊接灰铸铁时，必须保证焊缝具有和母材相同的化学成分。(　　)

19. 热焊灰铸铁的焊条牌号是EZNiFe（Z408）。(　　)

二、选择题

1. 焊接奥氏体型不锈钢采用低碳焊丝的目的是防止（　　）。

A. 热裂纹　　B. 晶间腐蚀　　C. 气孔

2. 不锈钢产生晶间腐蚀的危险温度区是（　　）℃。

A. 150～170　　B. 250～400　　C. 450～850

3. 钢的碳当量为（　　）时，其焊接性优良。

A. $C_E>0.4\%$　　B. $C_E<0.4\%$　　C. $C_E>0.6\%$　　D. $C_E<0.6\%$

4. 下列（　　）方法不宜焊接奥氏体型不锈钢。

A. 焊条电弧焊　　B. 电渣焊　　C. 埋弧焊　　D. 氩弧焊

5. 焊接黄铜时，为阻碍锌的蒸发，通常在焊芯中加入（　　）元素。

A. 碳　　B. 铝　　C. 硅　　D. 锰

6. 冷补焊焊灰铸铁时，采用的焊接工艺措施是（　　）。

A. 小电流、慢速焊　　B. 小电流、快速焊

C. 大电流、慢速焊　　D. 大电流、快速焊

7. 焊接低合金结构钢时，在焊接接头中产生的焊接裂纹有（　　）。

A. 热裂纹、再热裂纹　　B. 冷裂纹、热裂纹和再热裂纹

C. 延迟裂纹　　D. 冷裂纹、再热裂纹

8. 金属材料焊接性的好坏主要取决于（　　）。

A. 材料的化学成分　　B. 焊接方法

C. 采用的焊接材料　　D. 焊接工艺条件

9. （　　）在较低温条件下焊接时应进行适当的预热。

A. Q345钢　　B. 低碳钢　　C. Q235　　D. 20G

10. 铁素体型耐热钢焊后应进行回火处理，回火后应快冷，是为了防止（　　）。

A. 脆化　B. 热裂纹　C. 再热裂纹　D. 晶粒长大

11. 奥氏体型不锈钢中主要元素是（　　）。

A. 锰和碳　B. 铬和镍　C. 铝和钛　D. 铝和硅

12. 铜和铜合金焊接时产生气孔的倾向远比钢（　　）。

A. 小　B. 大　C. 严重　D. 一样

13. 纯铜的熔化极氩弧焊电源采用（　　）。

A. 直流正接　B. 直流反接

C. 交流电　D. 交流电或直流正接

14. 强度级别低的普通低合金结构钢，淬硬和冷裂比较（　　）。

A. 敏感　B. 不敏感　C. 迟钝　D. 适应

15. 金属材料（　　）的好坏主要取决于材料的化学成分。

A. 焊接方法　B. 焊接性　C. 使用条件　D. 工艺条件

16. 强度等级不同的普通低合金钢进行焊接时，应根据（　　）选用预热温度。

A. 焊接性好的材料　B. 焊接性差的材料

C. 其焊接性中部值　D. 焊接性好的差的都可以

17. 普通低合金结构钢焊接时易出现的主要问题之一是（　　）的淬硬倾向。

A. 熔合区　B. 焊缝区　C. 正火区　D. 热影响区

18. Q345 钢在常温条件下焊接一般不必进行（　　）。

A. 冷却　B. 预热　C. 反变形　D. 调质、预热

19. 焊接 Q345 钢板时，宜选用的焊条是（　　）。

A. E4303　B. E308-16　C. E5015　D. E309Mo-15

20. 采用氩弧焊焊接含铬量较高，结构刚度不大的耐热钢结构时，焊前（　　）。

A. 调质、预热　B. 冷却　C. 不需预热　D. 反变形

21. 铁素体型耐热钢是以低碳高铬 Fe-Cr-C 合金为主，并加入 Al、Nb、（　　）等铁素体化元素。

A. Mn、Si　B. Mo、Ti　C. Mn、Ti　D. Mo、Mn

22. 白口是焊接（　　）时最易产生的缺陷之一。

A. 奥氏体型不锈钢　B. 灰铸铁　C. 铝及铝合金　D. 普通低碳钢

三、简答题

1. 影响金属焊接性的主要因素有哪些？
2. 简述轴（35 钢）与法兰焊接的工艺措施。
3. 低合金高强度结构钢的焊接性如何？
4. 铁素体型耐热钢焊接时，应注意哪些工艺要点？
5. 奥氏体型不锈钢产生晶间腐蚀的原因是什么？防止晶间腐蚀的措施有哪些？
6. 铝及铝合金常用焊接方法有哪些？各适用于什么情况？其工艺要点有哪些？
7. 铜及铜合金的焊接性如何？手工钨极氩弧焊和气焊铜及铜合金时，应怎样选用焊接材料？
8. 灰铸铁冷焊的工艺要点有哪些？

模块八 焊接结构生产与检验

【目标导读】

用焊接方法制造的金属结构称为焊接结构。将各种经过轧制的钢板及不同形状、不同规格的型钢或其他毛坯，通过一系列加工，制造成焊接产品的过程，称为焊接结构生产过程。

第一节 焊接结构的种类及生产工艺流程

焊接结构有多种分类方法，按毛坯及原材料加工工艺不同分为板接结构、冲焊结构、锻接结构和铸焊结构；按原材料种类不同又分为钢结构、铝及铝合金结构、钛及钛合金结构等。习惯上，是根据产品结构的承载能力、工作条件和结构的特征进行如下分类。

一、焊接梁

焊接梁是由钢板或型钢焊接成形的实腹受弯构件，主要形式为工字梁和箱形梁。它广泛应用于工业厂房、高层楼房的钢结构中，是框架式起重机的关键部件及各种机器结构的基本受弯件，如图 8-1 所示。

二、焊接柱

焊接柱是由钢板或型钢经焊接成形的受压构件，主要担负着支承梁、桁架结构或构件并将载荷传至基础的作用，如厂房柱、桥梁支柱、起重机臂架等均属于此类。

三、焊接桁架

焊接桁架是指由直杆在节点处通过焊接相互连接组成的，承受横向弯曲的格构式结构。如一般大型的建筑及金属结构、桥梁、门式起重机等常用此结构，如图 8-2 所示。

四、板壳结构

板壳结构可分为两类：其一是用作承受内压、要求密闭

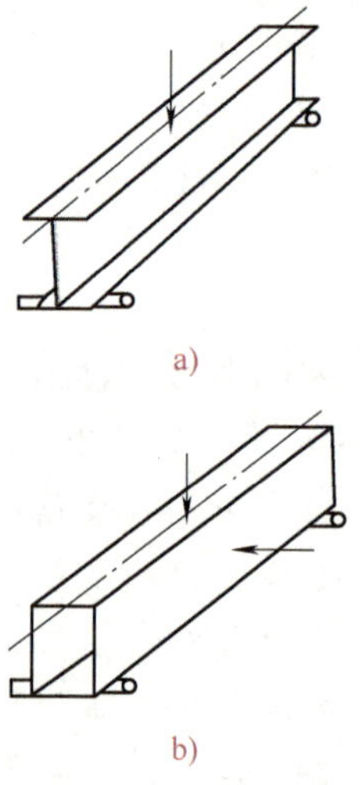

图 8-1 梁的基本结构形式

的结构，如压力容器、锅炉、管道、石油储罐等；其二是用作运输装备，如船体、汽车箱体等。

五、机器结构

机器结构包括机器的机体、底座、床身及大型机器零件，如滚筒、齿轮、轴等。

焊接结构生产工艺流程根据产品的技术要求、结构形式的差异而有所不同，并且企业的设备条件和生产技术水平对生产工艺流程的制订也有一定的影响。虽然不同产品的生产工艺流程不尽相同，但是所涉及的生产步骤基本是一致的，一般按图8-3所示的程序进行。

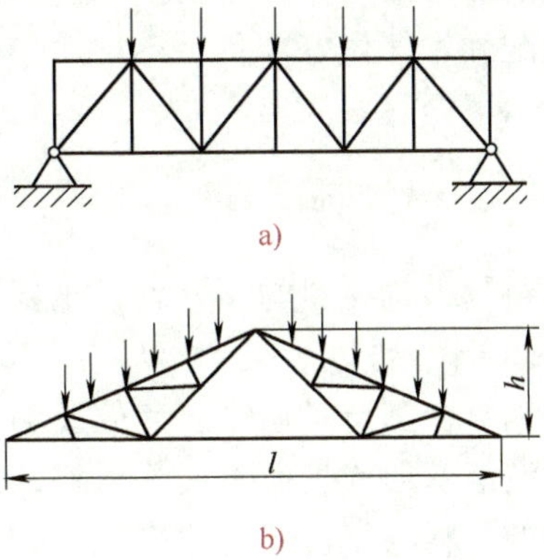

图8-2　桁架基本结构形式

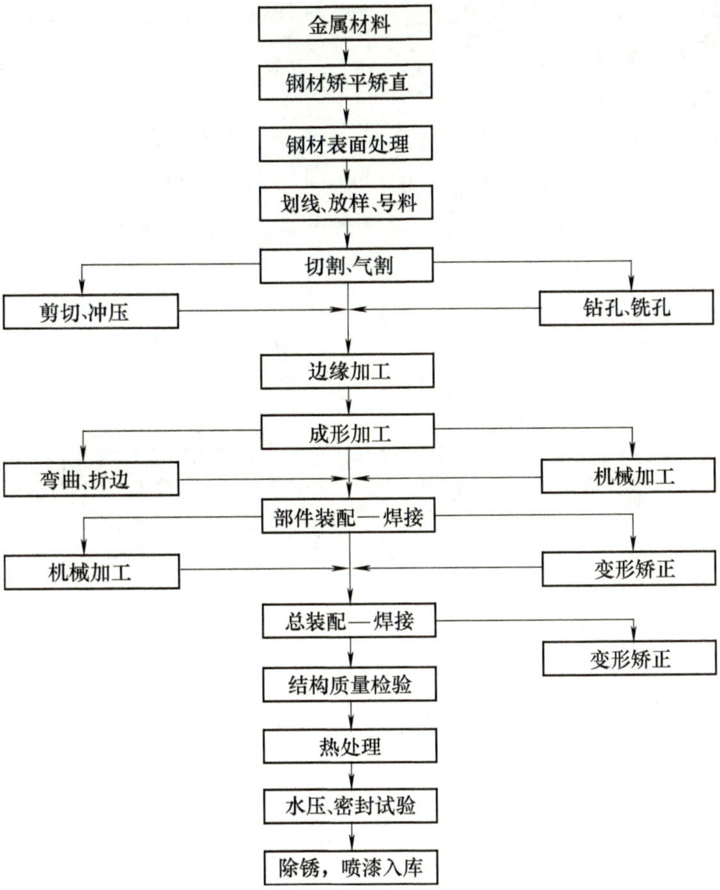

图8-3　焊接结构生产工艺流程

第二节　备料加工

备料加工是结构材料焊前加工的过程，即对用于焊接结构的钢材，按照工艺要求进行一系列的加工准备。其目的是制造出焊接结构所需要的合格的基本元件——零件，为产品结构的装配和焊接做好准备。零件质量的优劣，将直接影响到产品的质量及生产率。备料加工一般有以下内容：

一、材料预处理

金属结构材料的预处理，主要包括钢材在使用前进行矫正和表面处理。

1. 钢材的矫正

钢材在制造、运输、存放及加工过程中，往往会产生各种变形，如整体或局部弯曲、扭曲、波浪变形或表面不平等现象，加工前必须进行钢板的矫平和型钢的矫直，否则，将影响零件的下料与制造的尺寸精度。

平直的钢板在厚度方向上各层纤维的长度基本上是相等的，如果在一段距离内，各层纤维的长度不等，内层受压缩使纤维变短，而外层受拉伸使纤维伸长，导致钢板弯曲变形。矫正的基本原理是通过外力或加热作用使钢材沿断面分布的各层纤维都趋于一致，即利用钢材发生局部塑性变形达到矫正的目的。

2. 钢材的清理及预处理

钢材表面上的锈、油污和氧化物等对产品质量也会产生不利影响，焊前必须清理干净。除采用传统的机械清理与化学清理外，目前已有现代先进的材料预处理流水线，配有抛丸除锈、酸洗、磷化、喷涂底漆和烘干等过程的成套设备，如图8-4所示。

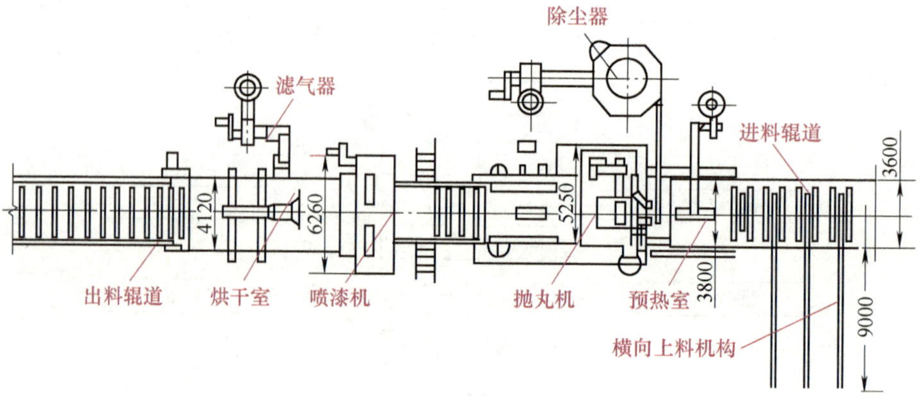

图8-4　钢材预处理成套设备

二、焊接构件加工

焊接构件加工主要包括放样、划线、号料、钢材剪切或气割下料、坡口加工、成形加工等工序。

随着国内外焊接结构制造的自动化水平的提高，以数控切割为主体的备料加工流程，将逐步取代手工划线、放样及切割等工艺。目前，焊接构件加工形成了以实尺放样为主的多种放样方法。

1. 放样

根据构件图样，按一定比例在放样平台上划出，以显示图样上的各图形的相互关系，从中得到所画图形的真实图形和实际尺寸，制成样板和样杆，以供划线使用，这样的工序称为放样。放样主要用于批量大或形状复杂的零部件备料中，可以明显提高生产率和尺寸的精度，减少错误。

实尺放样是根据图样的形状和尺寸，用基本的作图方法，按产品的实际大小划到放样平台上，以求得实际零件尺寸、形状、角度的过程。

实尺放样首先确定放样基准，然后确定放样程序。

放样基准是用来确定构件位置的点、线、面，如图 8-5 所示。

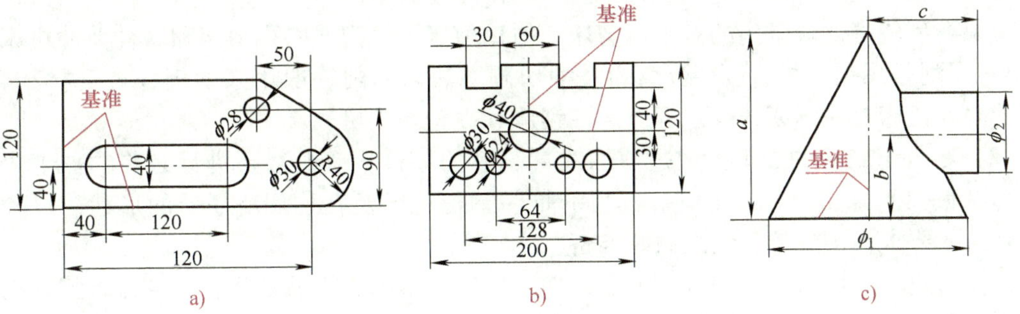

图 8-5　放样基准

放样程序一般包括线型放样、结构放样和展开放样。

1）线型放样就是根据施工需要，绘制构件整体或局部轮廓的投影的基本线型。线型放样必须严格遵循正投影规律，保证构件实形与投影的一致性。

2）结构放样就是在线型放样的基础上，以施工要求进行工艺性处理的过程。需要根据构件的实际情况，正确合理地确定结合部位的位置和连接形式。

3）展开放样是在结构放样的基础上，对不反映实形或需要展开的部件进行展开，以求取实形的过程。即把各种立体表面摊在一个平面上的几何作图。

展开放样的具体内容有板厚处理、画构件的展开图和制作号料样板。

在实际生产中，当构件板厚大于 1.5mm 时，将直接影响到构件展开放样的所需处理，其高度、长度以及相贯构件的接口等尺寸会出现误差，作展开图必须处理板厚对展开图尺寸的影响，否则会使构件形状、尺寸不准确，以致造成废品。展开放样中，根据构件制造工艺，按一定规律除去板厚，画出构件的单线图（即所谓的理论线图），这一过程称为板厚处理。

2. 号料

采用样板或样杆在待下料的材料上划线的工序称为号料。号料是一项细致且较重要的工序，不但要熟知焊接结构的技术要求，还应注意以下事项：

1）号料时应根据工件形状、大小和钢材规格尺寸，利用预先计算法，合理布置进行套裁，提高材料利用率。

2）号料划线时，粉线要细，线条要清晰、准确。

3）号料划线时，中心线两端应各打上 3 个小样冲孔，使其明显区别于切割线。

4）号料、划线及样板和样杆制作时，应考虑公差余量和焊接收缩量。

3. 下料

下料是采用各种方法将零件从钢材上切割下来的过程。常见的下料方法有氧乙炔焰切割、等离子弧切割、剪床切割、锯削，零件下料后要进行必要的加工和成形加工等。

（1）下料方法

1）氧乙炔焰切割包括手工气割、半自动气割、仿形气割、光电跟踪气割及数控气割等。

2）剪床切割是利用剪床上、下切削刃的相对运动切割材料的加工方法。被剪切的工件切口光洁平整，生产率高，适用于各种型钢和中厚度钢板的剪切。

剪床类型较多，较常用的有平口剪床、斜口剪床、龙门式斜口剪床和联合剪冲机床等。

3）锯削是用锯对材料进行分离的一种切割方法。锯削一般用来切割各类型材和管子。常用的割削机床有弓锯床、圆片锯床、带锯床和砂轮切割机。

（2）零件下料后的加工　经过剪切或气割后的零件，一般都要进行必要的加工，如边缘（包括坡口）加工、孔加工等。其目的是使钢板边缘及孔达到所需要的形状、尺寸，以便达到工艺要求，为焊接和装配做好准备。

钢板的边缘及坡口加工的方法很多，如采用手工錾削、机械錾削、气割、碳弧气刨及刨边机刨削等。在焊接结构上制孔，可采用机械加工方法，如冲压、钻削等，也可采用氧乙炔焰切割的方法。

（3）成形加工　从广义上讲，凡变形工序均可称为成形，主要方法包括弯曲、拉延、缩口、翻边等。在焊接结构制造中，板料、杆料或管料有时都要进行成形加工。

常用的设备主要有卷板机、型钢弯曲机、弯管机等。

第三节　装配与焊接

焊接结构的装配与焊接是密切相关，具有各自内容的两个加工工序。装配就是将加工好的零件，按结构图样的技术要求，采用合理的工艺方法，组装成产品结构的工艺方法。焊接则是采用合适的焊接方法及合理的焊接参数，将已经装配好的结构焊接成一个牢固整体的工艺过程。

一、焊接结构的装配

装配是焊接结构制造过程中的重要工序。装配质量决定了产品的几何尺寸和精度，并对焊接质量及施焊的难易程度有明显的影响。

1. 装配前的准备工作

（1）熟悉图样　装配前首先要熟悉产品的总图、主要零部件图及技术条件，了解各个零件的连接方法、焊缝位置、接头形式及坡口尺寸等内容。

（2）清理场地　根据产品的最大尺寸及装配位置清理出足够的工作面积，并配置必需的工具及设备，同时将零部件清点后堆放整齐。在装配焊接结构时，应保证人行道通畅、运输通行无阻。

（3）工量夹具的准备　装配中的工具、量具、夹具应该备齐，还要根据结构的具体情况制作一些专用的工具和夹具。

（4）检查零部件质量　包括检验材质与几何尺寸是否与图样一致。如矩形零件应测量对角线；筒体的相邻筒节要测量圆周长度；不对称零件应检查方向等，有时还应清除零件连接部位的毛刺。

2. 装配-焊接的方案

焊接结构一般由很多零件组成，因而可能有多种不同的装配顺序，故有不同的装配方案可供选择。常用的装配方案有下列几种：

（1）整装-整焊　即按图样将全部零件定位并点焊后再转入焊接工序，一次完成全部焊缝的焊接。这一方案的优点是装配与焊接工作互不干扰，可在各自的工位或装备上进行，辅助时间短、生产率高。但当结构比较复杂时，由于焊缝位置、焊接变形等因素的制约，往往不可能在全部装配完成后再进行焊接，故整装-整焊方案适用于结构简单、零件数量少、生产批量大的产品。

（2）部件装配焊接-总体装配焊接　即将整个产品分解为若干部件，将各个部件装配并完成焊接后再将各个部件总装在一起，焊接全部焊缝。采用这一方案可将几个部件同时装焊，便于组织流水作业和应用先进的工艺方法及装备，也有利于控制焊接应力与变形，故一般可以分解为部件的、较复杂的产品多选用这个方案。

（3）随装随焊　装配与焊接交叉进行，即装好数个零件后，随即焊接零件间的连接焊缝，继续装上若干零件，再焊接相应的焊缝，直至全部工作完毕。这一方案是装配工人与焊工交叉作业，间断时间长，影响工作效率，也不利于使用先进的焊接方法与专用的工艺装备，故一般用于单件或小批量生产的大型结构。

3. 装配方法

装配方案确定后，即应根据产品的结构特点、复杂程度、批量及生产条件来选定完成装配方案的具体方法。常用的装配方法有：

（1）地样装配法　将结构的尺寸按1:1的比例绘制在装配平台上，然后按线将各个零件定位、点固。地样装配法适用于能在平面上表达其公称尺寸的片状结构，如桁架或框架式结构。

（2）仿形复制装配法　装配时先装好单片结构，然后以此单片结构作样板装配另一片。仿形复制装配法可以省去大量的划线工作。它主要用于断面对称结构的装配，如梁、柱、桁架等。

（3）胎模装配法　生产批量大时，部件或整体结构都可以在胎模上进行装配。通常简单的结构可用通用胎模；大批生产的定型产品则由制造单位设计专用胎模。

二、焊接结构的焊接工艺

制订的焊接工艺，既要保证焊接生产质量达到产品图样的各项技术要求，又要有较高的劳动生产率，保证在用户规定的期限内交工，同时还要减少人力、物力等方面的消耗，节约资金。

制订焊接工艺的主要内容有：

1）根据焊接结构的接头形式、母材种类等，选定焊接方法、焊接设备，并确定相应的焊接材料及与之相适应的焊接参数。

2）根据现有的生产条件，为提高生产效率，保证焊接质量，选择便于采用的机械、气动或液压的工艺装备。

3）根据焊接结构的金属材料和结构特点，选择必要的预热、后热和焊后热处理等工艺措施。

第四节　焊接应力和变形

焊接金属结构，不可避免地会产生不同程度的焊接应力和焊接变形，因此，对装配工作也提出了特殊要求。焊接变形会影响结构形状和尺寸精度，而且焊后要进行大量的矫正工作，严重时会使产品报废。而焊接应力往往是造成裂纹的直接原因，会削弱焊接结构的承载能力，降低使用寿命。因此，要了解焊接应力和焊接变形的基本知识，掌握常用的控制工艺措施和方法，以保证焊接结构质量。

一、焊接残余应力和变形产生的原因

焊接过程中，焊件受到局部的、不均匀的加热和冷却，因此，焊接接头各部位金属热胀冷缩的程度不同。由于焊件本身是一个整体，各部位是互相联系、互相制约的，不能自由地伸长和缩短，这就使接头内产生不均匀的塑性变形。所以在焊接过程中就要产生应力和变形。

由焊接热过程引起的应力和变形就是焊接应力和焊接变形，焊后，当焊件温度降至常温时残存于焊件中的应力称为焊接残余应力，焊件上不能恢复的变形称为焊接残余变形。

1. 焊接残余变形类型和产生原因

焊接残余变形类型和产生原因见表8-1。

表8-1　焊接残余变形类型和产生原因

变形类型	示意图	产生原因
横向收缩变形 纵向收缩变形	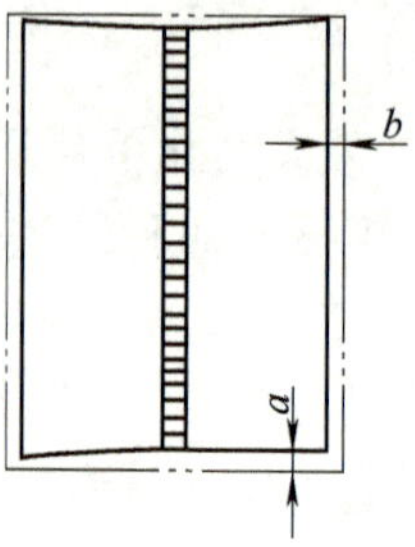	① 纵向收缩量 a 一般是随焊缝长度的增加而增加的。多层焊时，第一层收缩量最大 ② 横向收缩量 b 随母材板厚和焊缝熔宽的增加而增加；同样板厚，坡口角度越大，横向收缩量也越大。缩短量还与许多因素有关，如对接焊缝的横向收缩比角焊缝大，连续焊缝比间断焊缝的横向收缩量大等
角变形		角变形的大小以变形角 α 来进行量度。它是由于横向收缩变形在焊缝厚度方向上分布不均匀所引起的
弯曲变形	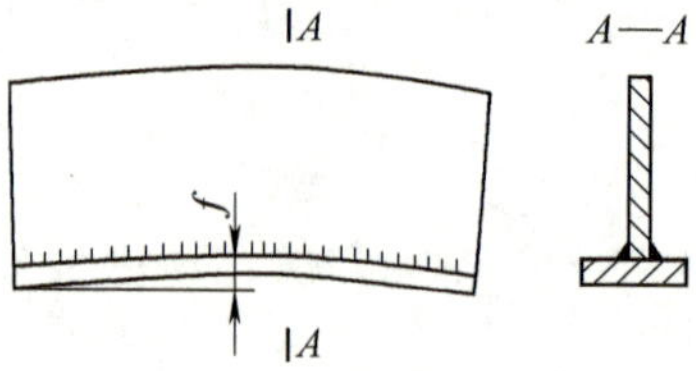	弯曲变形在焊接梁、柱、管道等焊件时尤为常见。弯曲变形的大小以挠度 f 来度量。f 是焊后焊件的中心轴离原焊件中心轴的最大距离。焊缝的纵向收缩和横向收缩都将造成弯曲变形

（续）

变形类型	示　意　图	产生原因
波浪变形		波浪变形容易在厚度小于10mm的薄板结构中产生 原因：① 当薄板结构焊缝的纵向和横向缩短使薄板边缘的应力超过一定数值时，在边缘就会出现波浪变形 ② 由角焊缝的横向收缩引起的角变形所造成的
扭曲变形	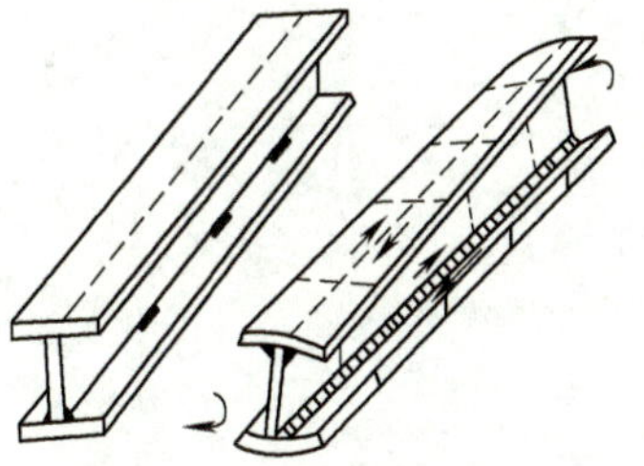 a)　　b) 焊前　　焊后	扭曲变形容易在梁、柱、框架等结构中产生，一旦产生，很难矫正 原因：装配之后的焊件位置和尺寸不符合图样的要求，强行装配；焊件焊接时位置搁置不当；焊接顺序、焊接方向不当等
错边变形	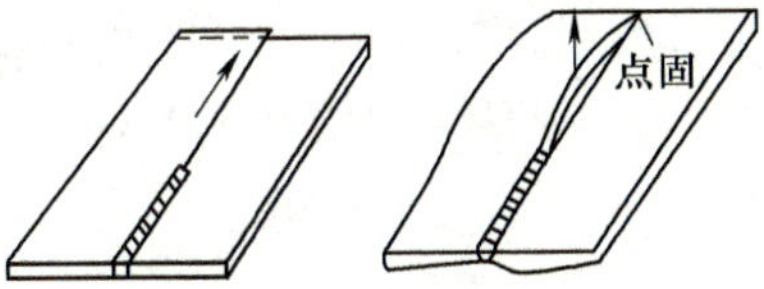	错边变形是指构件厚度方向和长度方向不在一个平面上。 原因：装配不良、装夹时夹紧程度不一致或组成焊件的两零件的刚度不同等

在表8-1列出的六种焊接残余变形中，由分析可见，最基本的变形是焊缝的纵向收缩变形和横向收缩变形，加上不同的影响因素，就构成了其他五种变形形式。

2. 焊接残余应力的类型和产生原因

按引起焊接残余应力的基本原因分类：

（1）温度应力　由于焊接时温度分布不均匀而引起的应力称为温度应力，也称热应力。

（2）相变应力　焊接时由于温度变化而引起的组织变化所产生的应力，也称为组织应力。

（3）拘束应力　在焊接时由于结构本身或外加拘束作用而引起的应力。

二、控制焊接残余变形常用的工艺措施

1. 选择合理的装焊顺序

一般来说，将结构总装后再进行焊接，对于不能采用先总装后焊接的结构，也应选择较佳的装焊顺序，以达到控制变形的目的。

图8-6所示是工字梁的两种装焊顺序。图8-6a是先装配、焊接成丁字形，然后再装配另一块翼板，最后焊成工字梁。采用这种装焊顺序焊接丁字形结构时，由于焊缝分布在中性轴的下方，焊后将产生较大的上拱弯曲变形。即使另一块翼板焊后会产生反向弯曲变形，也难以抵消原来产生的变形（由于结构刚度增加的缘故），最后工字梁将形成上拱弯曲变形。如果采取图8-6b所示的先整体装配成工字梁，然后再进行焊接，此时梁的刚度增加，再采

用对称、分段的焊接顺序，焊后上拱弯曲变形就小得多。这是一项先总装、后焊接的控制结构焊后变形的工艺措施。

2. 选择合理的焊接顺序

（1）长焊缝的不同焊接顺序 长焊缝焊接时，采用连续的直通焊变形最大。在实践中，经常采用图 8-7 所示的不同焊接顺序来控制变形。长度在 1m 以上的焊缝，常采用分段退焊法、分中分段退焊法、跳焊法和交替焊法；长度为 0.5 ~ 1m 的焊缝可用分中对称焊法。

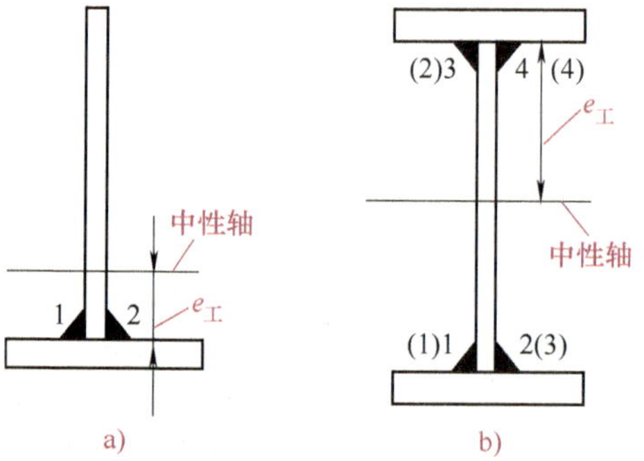

图 8-6 工字梁的两种装焊顺序

（2）对称焊 随着结构刚度不断提高，一般先焊的焊缝容易使结构产生变形。这样，即使焊缝对称的结构，焊后也还会出现变形的现象。所以，当结构具有对称布置的焊缝时，应尽量采用对称焊接。如图 8-6b 所示的工字梁，当采用 1、2、3、4 的焊接顺序时，虽然结构的焊缝对称，焊后仍将产生较大的上拱弯曲变形。所以应该注意焊接顺序，将工字梁 1、2 焊缝的长度分成若干段，采取分段、跳焊的对称焊接，先焊完总长度的 60% ~ 70%，然后将工字梁翻转 180°焊接 3、4 焊缝，也采取分段、跳焊的对称焊，将 3、4 焊缝全部焊完，再将工字梁翻转，采取同样的焊法，焊完 1、2 焊缝，这样通过先后焊缝的熔敷差量来控制变形量，效果较好。

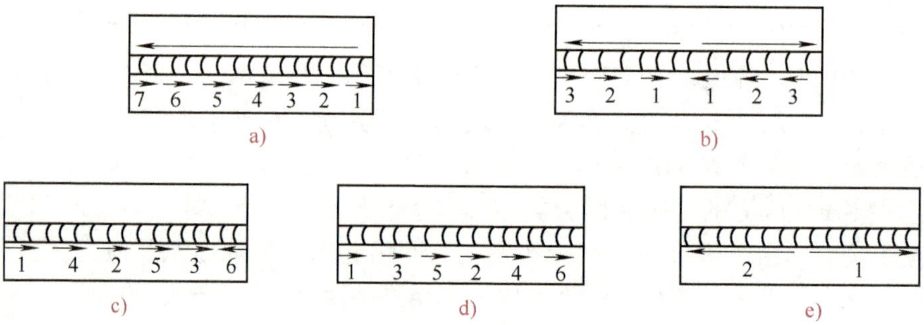

图 8-7 不同的焊接顺序

a）分段退焊法 b）分中分段退焊法 c）跳焊法 d）交替焊法 e）分中对称焊法

（3）先焊焊缝少的一侧 对于不对称焊缝的结构，采用先焊焊缝少的一侧，后焊焊缝多的一侧的方法，使后焊的变形足以抵消前一侧的变形，以使总体变形减小。

3. 反变形法

为了抵消焊接变形，焊前先将焊件向与焊接变形相反的方向进行人为的变形，这种方法叫作反变形法。例如，为了防止对接接头的角变形，可以预先将焊接处垫高，如图 8-8 所示。

4. 刚度固定法

焊前对焊件采用外加刚度拘束，强制焊件在焊接时不能自由变形，这种防止变形的方法叫作刚度固定法，如图 8-9 所示。除了图中所示刚度固定法外，实际生产中还常常会利用临时支撑或焊接夹具来增加结构的刚度或拘束。应当指出，焊后当外加刚度拘束去掉后，焊件上仍会残留一些变形，不过要比没有拘束时小得多。另外，这种方法将使焊接接头中产生较大的焊接应力，所以焊后易裂，应该慎用。

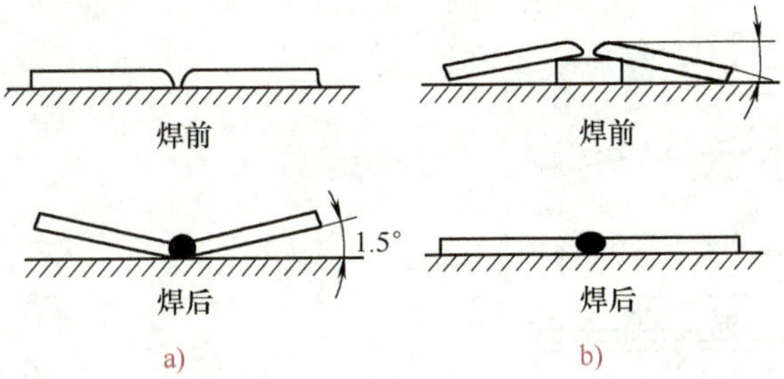

图 8-8　平板对接焊时的反变形

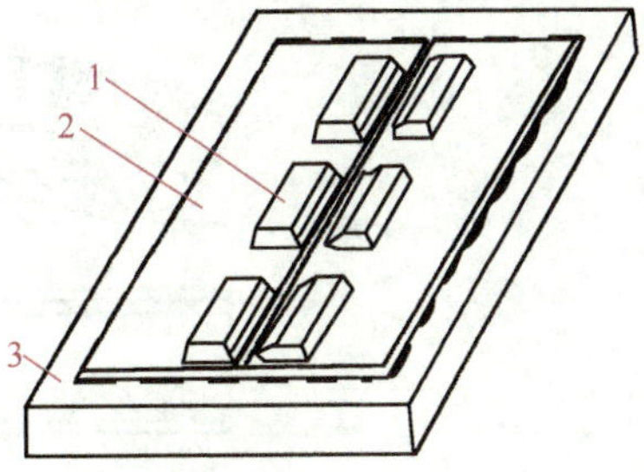

图 8-9　薄板焊接的刚度固定

1—压铁　2—焊件　3—平台

5. 散热法

焊接时用强迫冷却的方法将焊接区的热量散走，使受热面积大为减少，从而达到减少变形的目的，这种方法叫作散热法。散热法不适用于焊接淬硬性较高的材料，如图 8-10 所示。

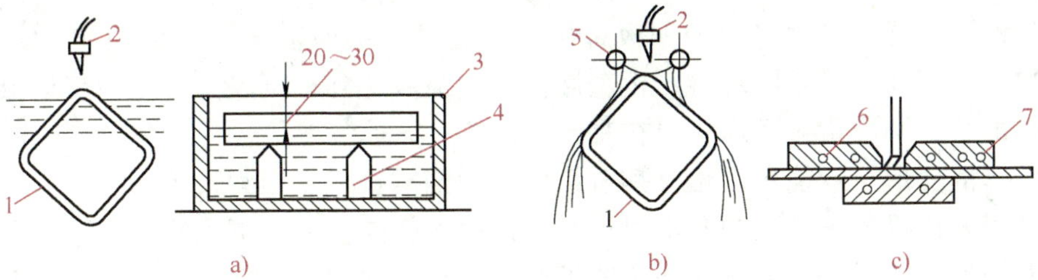

图 8-10　散热法

1—焊件　2—焊炬　3—水槽　4—支承架　5—喷水管　6—冷却水孔　7—纯铜板

6. 自重法

如一焊接梁上部的焊缝明显多于下部，如图 8-11 所示，焊后整根梁将向上弯曲。对这样的结构可利用本身的自重来预防弯曲变形，按图 8-11b 所示装焊，使梁的弯曲有所增加，再按 8-11c 所示进行焊接，由于支墩置于梁的两头，梁的自重弯曲变形与焊缝收缩变形方向相反，所以梁将变得平直。

三、焊接残余变形的矫正方法

根据矫正时作用外力的来源与性质不同，可分为手工矫正、机械矫正、火焰矫正与高频热点矫正等。

1. 手工矫正

将变形的钢材放在平台或专用胎模上，采用锤击的方法使金属纤维短的部分伸长来进行矫正。常用工具有大锤、手锤、平锤和千斤顶等。手工矫正灵活简便，主要应用在缺乏或不便使用矫正设备，尺寸不大的钢材变形的矫正。

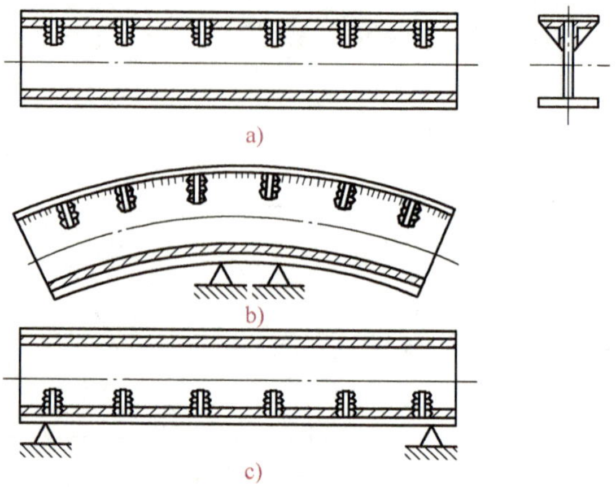

图 8-11 利用自重防止焊接变形

2. 机械矫正

利用各种机械设备对材料进行矫正变形的方法称为机械矫正。常用的机械矫正设备有钢板矫平机、多辊型钢矫正机、型钢撑直机及压力机、卷板机等。机械矫正法质量稳定、效率高、劳动强度小、应用广泛。

薄钢板的矫正通常采用多辊轴钢板矫正机，通过一系列轴辊（一般为 5 ~ 11 根）对板材进行多次正反弯曲，使各层纤维产生塑性伸长，最后达到长度趋于一致而将钢板矫平。

厚钢板的矫平则应用大型水压机在平台上矫正。

型钢的弯曲变形一般使用多辊型钢矫正机、型钢撑直机及压力机等。

多辊型钢矫正机矫正型钢的基本原理与钢板矫平相同，上、下列辊轮交错排列，辊轮形状与型钢断面形状相同，上列辊轮的位置可调节，经过型钢的塑性弯曲达到平直的目的，如图8-12所示。

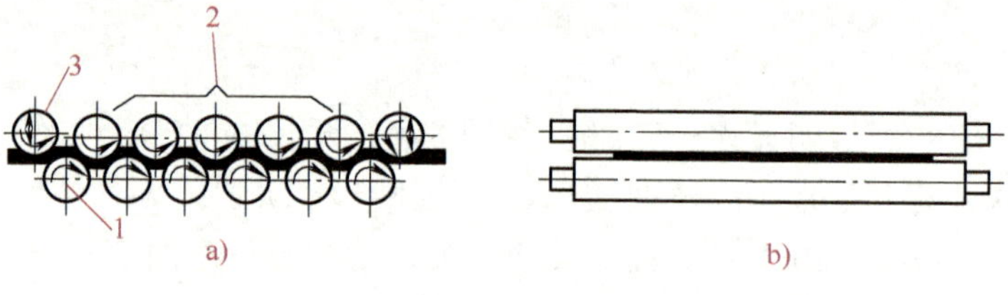

图 8-12 上、下列轴辊轮平行矫正机
a）工作示意图 b）轴辊与板材的关系
1—下列辊 2—上列辊 3—导向辊

型钢撑直机是采用反向弯曲方法来矫直型钢的。撑直机为水平布置，其工作部分如图 8-13 所示。推撑 3 由电动机驱动作水平往复运动，并加力于型钢 1 上，支撑 2 的间距视型钢变形程度而定，经逐段矫正，达到全部矫直为止。

压力机有油压机、水压机、摩擦压力机等。钢材矫正时，通过压力机的适当压力，使钢板产生适量的反向变形，并克服钢材一定量的回弹，以达到矫正的目的。

3. 火焰矫正

火焰矫正是利用火焰局部加热时产生的塑性变形，使较长的金属在冷却后收缩，以达到矫正变形的目的。火焰采用氧乙炔焰或其他可燃气体火焰。火焰矫正多用于矫正大断面的型钢。

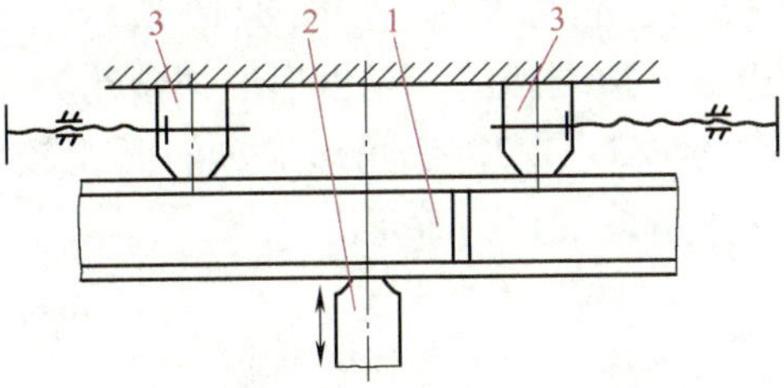

图 8-13 撑直机工作部分
1—型钢 2—支撑 3—推撑

（1）火焰加热的温度 该种矫正法的关键是掌握火焰局部加热时引起变形的规律，以便确定正确的加热位置，否则会得到相反的效果。同时应控制温度和重复加热的次数。这种方法不仅适用于低碳钢结构，而且还适用于部分普低钢结构的矫正，塑性好的材料可用水强制冷却（易淬钢除外）。

对于低碳钢和普通低合金结构钢，加热温度为 600～800℃。正确的加热温度可根据材料在加热过程中表面颜色的变化来识别，见表 8-2。

表 8-2 钢材表面颜色及其相应温度

颜 色	温度/℃	颜 色	温度/℃
深褐红色	550～580	樱红色	770～800
褐红色	580～650	淡樱红色	800～830
暗樱红色	650～730	亮樱红色	830～900
深樱红色	730～770		

（2）火焰加热的方式

1）点状加热。加热区为一圆点，根据结构特点和变形情况，可以加热一点或多点。多点加热常用梅花式，如图 8-14所示。厚板加热点直径 d 要大些，薄板则小些，但一般不得小于 15mm。变形量越大，点与点之间距离 a 就越小，通常 a 在 50～100mm 之间。

2）线状加热。火焰沿直线方向移动，或者在宽度方向作横向摆动，称为线状加热。各种线状加热的形式如图 8-15所示。加热线的横向收缩大于纵向收缩。横向收缩随加热线的宽度增加而增加。加热线宽度应为钢板厚度的0.5～2 倍左右。线状加热多用于变形量较大的结构。

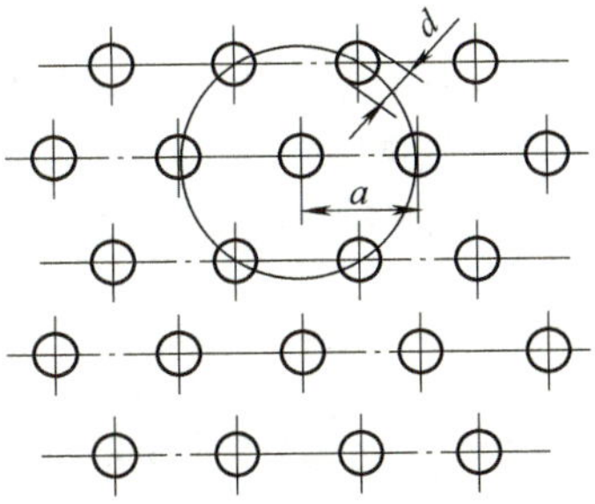

图 8-14 点状加热

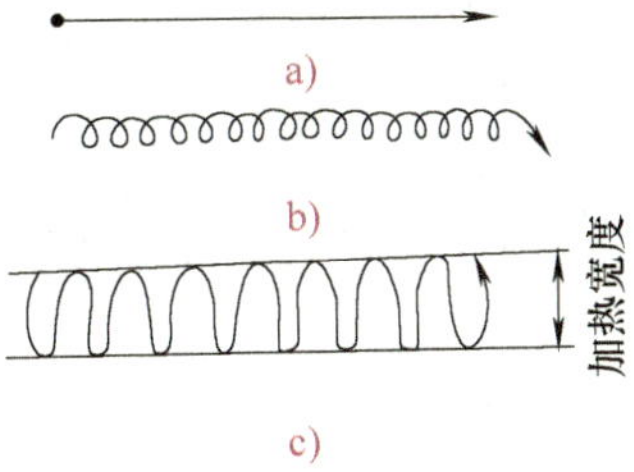

图 8-15 线状加热
a）直通加热 b）链状加热 c）带状加热

3）三角形加热。如图8-16所示，加热区域为一三角形，三角形的底边应在被矫正钢板的边缘，顶端朝内，三角形的顶角约为30°，矫正型材或焊接梁时，三角形的高度应为腹板高度的1/3～1/2。三角形加热的面积较大，因而收缩量也较大，常用于厚度较大、刚度较强构件弯曲变形的矫正。

4. 高频热点矫正

高频热点矫正是利用高频交流电通过感应圈所产生的交变磁场在钢材内部产生感应电流，使钢材局部温度迅速升高，从而进行热矫正。高频热点矫正可以矫正任何钢材的变形，特别是尺寸大、形状复杂的工件效果更为明显，而且生产率高，操作简便。

四、减少焊接残余应力常用的工艺措施

减小焊接残余应力，一般来说，可以从设计和工艺两方面着手。设计焊接结构时，在不影响结构使用性能的前提下，应尽量考虑采用能减小和改善焊接应力的设计方案；另外，在制造过程中，还要采取一些必要的工艺措施，以使焊接应力减小到最低程度。下面介绍几种常用的减小焊接应力的工艺措施。

1. 采用合理的焊接顺序和方向

1）尽可能使焊缝自由收缩。如图8-17所示的大型容器底部的平板拼接，焊接时，焊缝从中间向四周进行，并先焊错开的短焊缝，后焊直通的长焊缝。

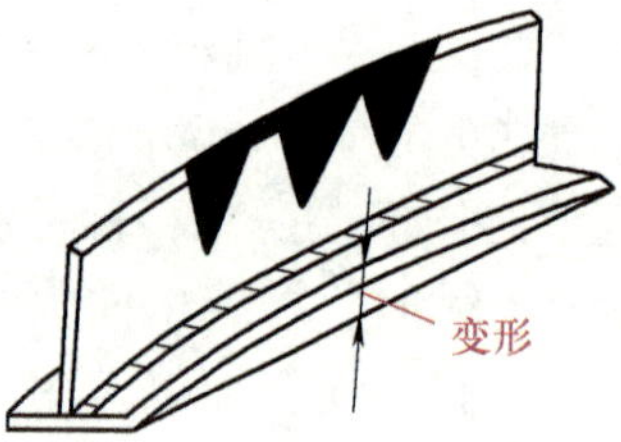

图8-16　三角形加热

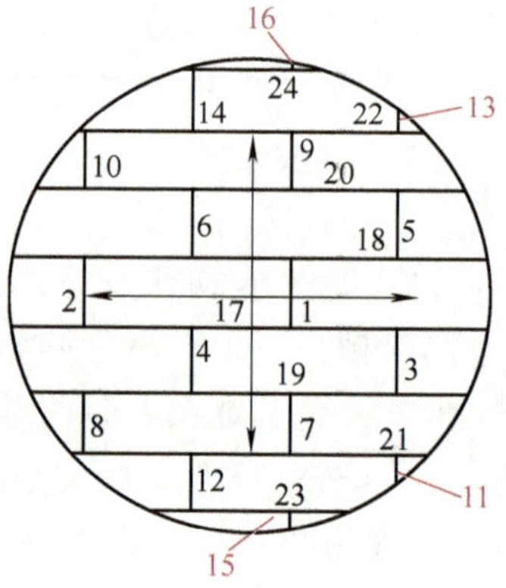

图8-17　大型容器底部的平板拼接

2）先焊收缩量较大的焊缝，使焊缝能较自由地收缩，以最大限度地减少焊接应力。如对接焊缝的收缩量比角焊缝的收缩量大，故同一构件中应先焊对接焊缝。

3）交叉焊缝焊接时，在焊缝的交叉点易产生较大的焊接应力，采用如图8-18所示焊接工艺，可以避免在焊缝的交叉点产生裂纹及夹渣等缺陷。

2. 留裕度法

焊前，留出焊件的收缩裕度，增加收缩的自由度，以此来减小焊接残余应力。例如一钢板欲镶嵌一圆形钢板，形成一圈圆形的封闭焊缝，为减小其切向应力峰值和径向应力，焊接前可将外圈钢板进行扳边或将镶块做成内凹型，使之储存一定的收缩裕度，可使焊缝冷却时较自由地收缩，达到减小焊接残余应力的目的。

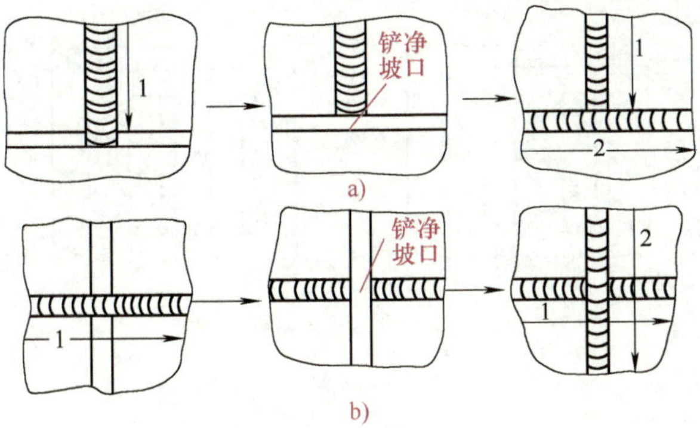

图 8-18 交叉焊缝的焊接

a）T 形焊缝的焊接顺序 b）十字形交叉焊缝的焊接顺序

3. 锤击焊缝区法

利用锤击焊缝来减小焊接应力是行之有效的方法。当焊缝金属冷却时，由于焊缝的收缩而产生应力，锤击焊缝区，应力可减少 1/4 ~ 1/2。

锤击时温度应维持在 100 ~ 150℃之间或在 400℃以上，避免在 200 ~ 300℃之间进行，因为此时锤击焊缝金属极容易断裂。

多层焊时，除第一层和最后一层焊缝外，每层都要锤击。第一层不锤击是为了避免根部裂纹，最后一层是为了防止由于锤击而引起的冷作硬化。

4. 预热法

焊接温差越大，残余应力也越大。因为焊前预热可降低温差和减慢冷却速度，所以可减少焊接应力。

5. 加热减应区法

在焊接或补焊刚度很大的焊件时，选择构件的适当部位，进行加热使之伸长，然后再进行焊接。这样焊接，残余应力可大大减小。这个加热部位叫作“减应区”。减应区原是阻碍焊接区自由收缩的部位，加热了该部位，使它与焊接区近于均匀地冷却和收缩，以减小内应力。图 8-19 和图 8-20 所示为轮辐、轮缘及框架断口采用此法修补示意图。

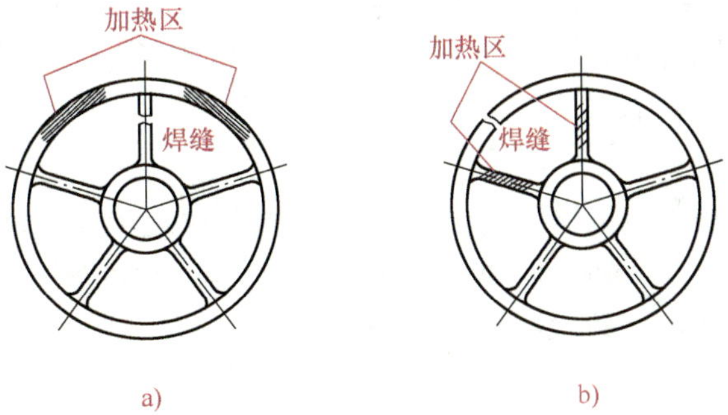

图 8-19 轮辐、轮缘断口的修补

a）轮辐断口焊接 b）轮缘断口焊接

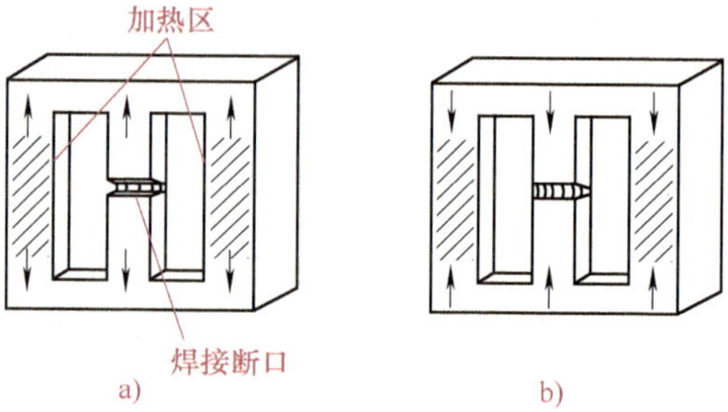

图 8-20　框架断口的修补
a）焊接时　b）冷却时

6. 冷焊法

冷焊法是通过减少焊件受热来减小焊接部位与结构上其他部位间的温度差，焊接时尽可能地选用较小的焊接电流和较快的焊接速度，减小焊接热输入，以减少焊件的受热范围。对于多道施焊焊缝，采用小的焊接参数进行多层多道施焊，并控制道间温度，也有利于减小焊接残余应力。采用冷焊时，环境温度应尽可能高，以防止裂纹的产生。此法主要用于焊接前没有进行预热的焊件。

五、消除焊接残余应力的方法

1. 整体高温回火（消除应力退火）

这个方法是将整个焊接结构加热到一定温度，然后保温一段时间，再冷却。同一种材料，回火温度越高，时间越长，应力就消除得越彻底。通过整体高温回火可以将80%～90%的残余应力消除掉。缺点是当焊接结构的体积较大时，需要用容积较大的回火炉，增加了设备的投资费用。

2. 局部高温回火

只对焊缝及其附近的局部区域进行加热以消除应力。消除应力的效果不如整体高温回火，但方法设备简单。常用于比较简单的、拘束度较小的焊接结构。

3. 机械拉伸法

产生焊接残余应力的根本原因是焊件焊后产生了压缩残余变形。因此，焊后对焊件进行加载拉伸，产生拉伸塑性变形，它的方向和压缩残余变形相反，结果使得压缩残余变形减小，因而残余应力也随之减小。

4. 温差拉伸法（低温消除应力法）

温差拉伸法的基本原理与机械拉伸法相同。具体方法是在焊缝两侧加热到150～200℃，然后用水冷却，使焊缝区域受到拉伸塑性变形，从而消除焊缝纵向的残余应力。常用于焊缝比较规则、厚度不大（<40mm）的板、壳结构。

5. 振动法

对焊缝区域施加振动载荷，使振源与结构发生稳定的共振，利用稳定共振产生的变载应力，使焊缝区域产生塑性变形，以达到消除焊接残余应力的目的。振动法消除碳素钢、不锈钢的内应力可取得较好效果。

【企业实践案例】

钢结构行车梁工艺卡

图号	SDL65-CA01	产品名称	主梁支撑	材料	Q345B
工步	工步内容				
下料	翼板、腹板、加强板使用等离子弧切割下料，长度预留引弧余量，下料尺寸翼板 300mm×2500mm、腹板 1000mm×6000mm、加强板尺寸如图所示；下料后各工件打好标识				
拼前加工	翼板短直边开坡口；腹板短直边开坡口；打磨后去毛刺，翻边后进行拼装工序				
一次拼装	将翼板、腹板各自拼接 将翼板、腹板拼接成主体结构 定位点焊固定拼装。拼装结束后转一次焊接				
焊接	焊接详细信息见钢结构行车梁焊接工艺卡示例（模块三）				
校形	焊接结束后对翼板、腹板使用机械校形。结束后进行消应力处理				
二次拼装	将加强板与主体结构拼接 定位点焊固定拼装。拼装结束后转二次焊接				
二次焊接	焊接详细信息见钢结构行车梁焊接工艺卡示例（模块三）				
消应力	焊接完成进行热处理消除应力，应力消除完毕转喷砂底漆				
喷砂底漆	焊后进行打磨，后转喷砂，喷砂等级 Sa2.5 级（非常彻底的清理等级），并在喷砂后 4h 内喷涂底漆				
校形	底漆结束后进行构件机械校形，校形结束后转油漆工序				
油漆	按规定制作油漆部分，注意加工面的保护，油漆结束后妥善保存				

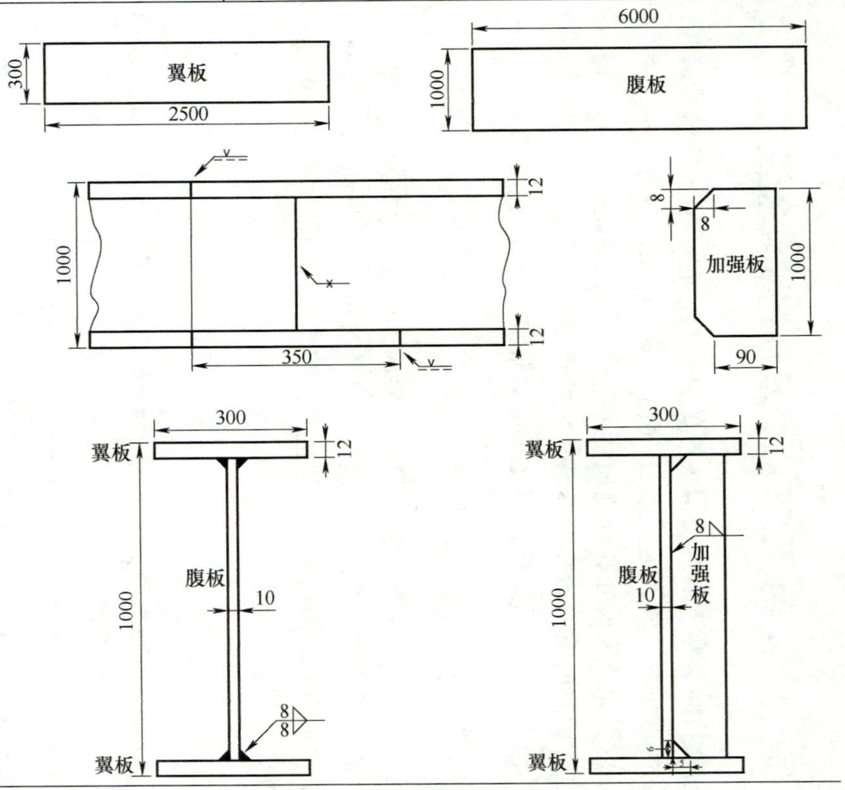

技术要求

1. 等离子弧切割下料，注意切口宽度 3mm。
2. 所有拼装部件都必须检查表面是否有外观缺陷，焊接位置处杂质油污处理。
3. 拼装前必须检查部件平面度，如有挠弯，不平现象。必须校平后再拼装。
4. 预装时腹板、翼板及加强板定位焊点焊脚尺寸不大于 7mm，长度不超过 10mm，间隔不小于 60mm。

尺寸、位置检查
总长度 6000mm ±2mm
总宽度 300mm ±2mm
总高度 1000 ±2mm
—

第五节 焊接结构质量检验

焊接结构质量检验贯穿于焊接结构生产的全过程，包括整体质量检验和焊缝质量检验。在制造全过程的各道工序，特别是关键工序时，虽然已采取一系列保证焊接质量的控制措施，但是仍然难以避免结构尺寸和焊缝质量上存在一定的缺陷。所以，焊接结构在装配和焊接完成之后，进行最终的质量检验是不可缺少的重要环节。

按产品的结构特点和技术要求，最终质量检验常常进行以下的检验。

一、焊接结构的外形尺寸检查

焊接结构的外形尺寸必须按照图样设计的要求逐项测量，如箱型结构式起重机主梁的上拱度、旁弯量、腹板垂直度及波浪边形量、主梁的对角线、四角的水平度等。这些外形尺寸超差都会降低各项结构的使用功能，甚至会大大缩短结构的使用寿命。因此，必须按图样要求进行严格检查。

二、焊缝的外观检验

焊缝的外观检验是一种简便而又实用的检验方法，它是以肉眼直接观察为主，一般可借助于标准样板、焊缝量规或利用低倍（5倍）放大镜进行观察，如图8-21和图8-22所示。外观检验的主要目的是发现焊接接头的表面缺陷，如焊缝的表面气孔、表面裂纹、咬边、焊瘤、烧穿以及焊缝尺寸偏差等。所有超过标准的缺陷，必须按相应的要求进行修正和补焊。

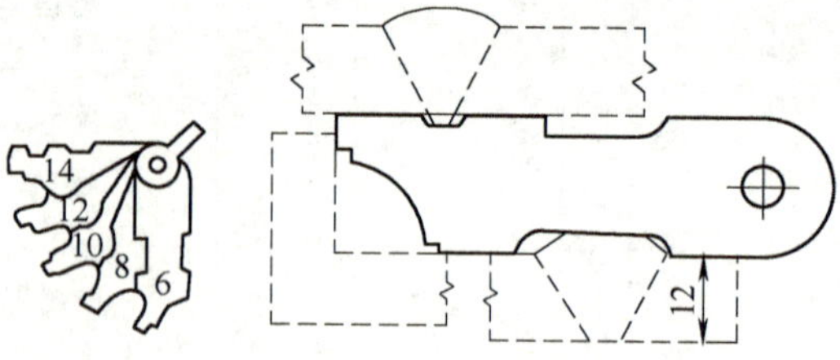

图8-21 样板及其对焊缝的测量

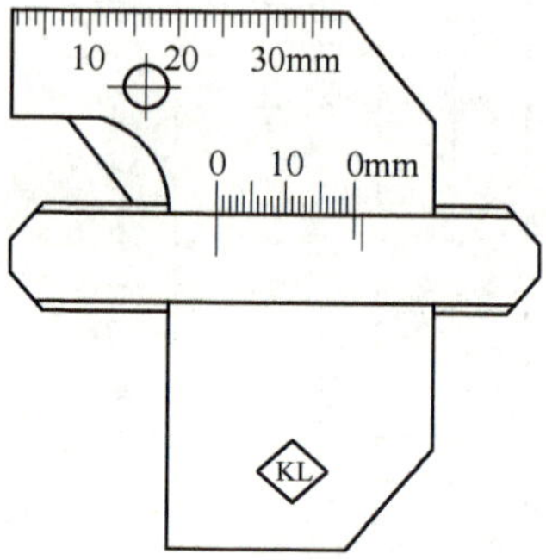

图8-22 焊缝量规的应用

三、焊接接头的无损检验

无损检验是非破坏性检验中的一种特殊的检验方式，它利用渗透、磁粉、超声波、射线等方法来发现焊缝表面的细微缺陷以及存在于焊缝内部的缺陷，这类检验方法已在广泛应用于重要的焊接结构中。

1. 渗透探伤（PT）

渗透探伤包括荧光检验和着色检验两种，几乎适用于所有材料的表面的检查，但多数用于不锈钢、铜、铝及镁合金等非磁性材料。

（1）荧光检验　检验时，先将被检验的焊件预先浸在煤油和矿物油的混合液中数分钟，由于矿物油具有很好的渗透能力，能渗进极细微的裂纹，当焊件取出待表面干燥后，缺陷中仍留有矿物油，此时撒上氧化镁粉末，并将焊件表面氧化镁粉清除干净。在暗室内，用水银石英灯发出的紫外线照射，这时残留在表面缺陷内的荧光粉（氧化镁粉）就会发光，显示了缺陷的状况。荧光检验示意图如图 8-23 所示。

（2）着色检验　着色检验的原理与荧光检验相似。检验时，将擦干净的焊件浸没在着色剂中，流动性和渗透性良好的着色剂便渗入到焊缝表面的细微裂纹中，随后将焊件表面擦净并涂以显现粉，浸入裂纹的着色剂，遇到显现粉，便会显现出缺陷的位置和形状。

2. 磁粉探伤（MT）

磁粉探伤也是用来探测焊缝表面细微裂纹的一种检验方法。它是利用在强磁场中，铁磁性材料表层缺陷产生的漏磁场吸附磁粉的现象而进行检验的。此时可根据被吸附铁粉的形状、多少、厚薄程度来判断缺陷的大小和位置。其原理如图 8-24 所示。

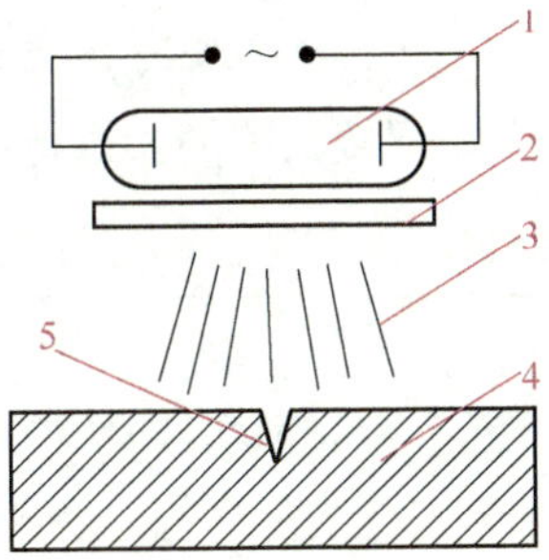

图 8-23　荧光检验

1—紫外线光源　2—滤光板　3—紫外线
4—被检验焊件　5—充满荧光物质的缺陷

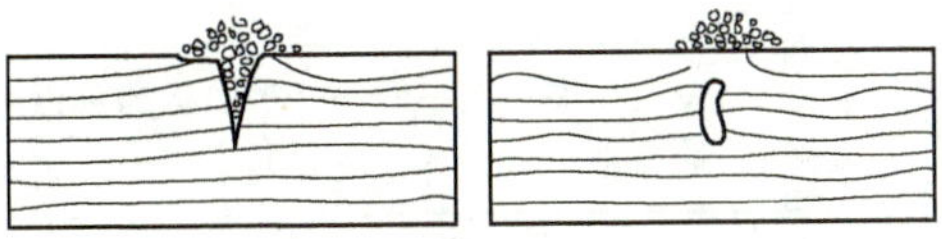

图 8-24　焊缝中有缺陷时产生漏磁的情况

缺陷的显露和缺陷与磁力线的相对位置有关，在实际进行磁粉检验时，为测出焊缝中纵向与横向缺陷，必须对焊缝作交替的纵向充磁和横向充磁。

磁粉探伤适用于薄壁件或焊缝表面裂纹的检验，也能显露出一定深度和大小的未焊透，但难于发现气孔和夹渣，以及隐藏在深处的缺陷。磁粉探伤有干法和湿法两种。干法是当焊缝充磁后，在焊缝处撒上干燥的铁粉；湿法则是在充磁的焊缝表面涂上铁粉的混浊液。

3. 射线探伤（RT）

射线探伤是检验焊缝内部缺陷的一种准确而可靠的方法，它可以显示出缺陷的种类、形状和大小，并可作永久的记录。射线探伤一般使用在重要的结构中，由射线探伤专业人员操作。

射线探伤包括 X 射线探伤、γ 射线探伤和高能射线探伤三种，现以 X 射线探伤应用较多。

（1）X 射线探伤的原理　X 射线的本质与可见光和无线电波一样，都是电磁波，只是它的波长短。X 射线探伤时，由于焊缝内部不同的组织结构（包括缺陷）对射线的吸收能力不同，使通过焊缝后射线强度也不一样。射线透过有缺陷处的强度比无缺陷处的强度大，因而，射线作用在胶片上使胶片感光的程度也较强，经过显影后，有缺陷处就较黑，从而根据胶片上深浅不同的影像，就能将缺陷清楚地显示出来，以此来判断和鉴定焊缝内部的质量。其原理如图 8-25 所示。

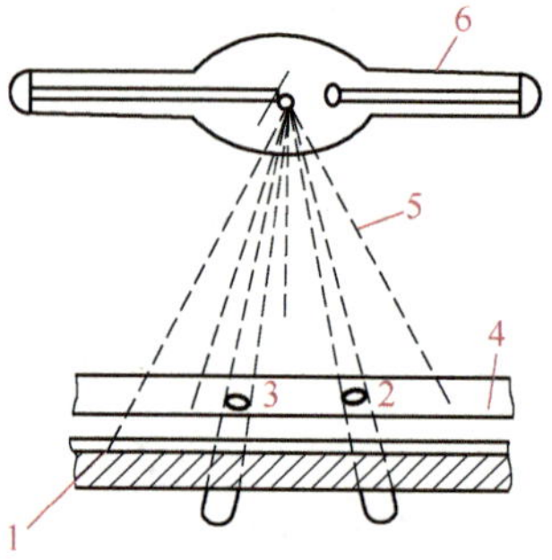

图 8-25　X 射线探伤的原理

1—底片　2、3—内部缺陷　4—焊件　5—X 射线　6—X 射线管

（2）射线探伤时对缺陷的识别　作为焊工，具备一定的评定焊缝射线照片的知识，能够正确判定缺陷的种类和部位，对焊缝返修工作大有好处。常见焊接缺陷的影像特征见表 8-3。

表 8-3　常见焊接缺陷的影像特征

焊接缺陷	缺陷影像特征
裂纹	裂纹在底片上一般呈略带曲折的黑色细条纹，有时也呈现直线细纹，轮廓较为分明，两端较为尖细，中部稍宽，很少有分枝，两端黑度逐渐变浅，最后消失
气孔	气孔在底片上多呈现为圆形或椭圆形黑点，其黑度一般是中心处较大，向边缘处逐渐减少；黑点分布不一致，有密集的，也有单一的
未焊透	未焊透在底片上是一条断续或连续的黑色直线。在不开坡口对接焊缝中，在底片上常是宽度较均匀的黑直线状；V 形坡口对接焊缝中的未焊透，在底片上位置多是偏离焊缝中心，呈断续的线状，即使是连续的也不太长，宽度不一致，黑度也不太均匀；V 形、双 V 形坡口双面焊中的底部或中部未焊透，在底片上呈黑色较规则的线状；角焊缝的未焊透呈断续线状
夹渣	夹渣在底片上多呈不同形状的点状或条状。点状夹渣呈单独黑点，黑度均匀，外形不太规则，带有棱角；条状夹渣呈宽而短的粗线条状；长条状夹渣的线条较宽，但宽度不一致
未熔合	坡口未熔合在底片上呈一侧平直，另一侧有弯曲，颜色浅，较均匀，线条较宽，端头不规则的黑色直线常伴有夹渣；层间未熔合影像不规则，且不易分辨
夹钨	在底片上多呈圆形或不规则的亮斑点，轮廓清晰

4. 超声波探伤（UT）

超声波探伤也是应用很广的无损探伤方法，用来探测大厚度焊件焊缝内部缺陷。它是利用超声波（即频率超过 20kHz，人耳听不见的高频率声波）能在金属内部直线传播，并在遇到两种介质的界面时会发生反射和折射的原理来检验焊缝中缺陷的。

四、焊接接头的密封性检验

密封性检验是用来检验焊接盛器、管道、密闭容器上焊缝或接头是否存在不致密缺陷的方法。常用的密封性检验方法有气密性试验、氨气试验、煤油试验等。

五、焊接结构的耐压试验

压力容器、锅炉、储罐和受压管道等结构，按安全技术监察规程的要求均要做耐压试验。耐压试验的方法有水压试验和气压试验，以检验焊接的致密性和结构的整体强度。

做耐压试验时，要控制介质及壳体的温度，对于碳钢和低合金钢不低于5℃，低合金高强度结构钢和耐热钢不低于15℃。

水压试验压力的大小，视产品工作性质而定，一般为产品设计压力的1.25～1.5倍。在升压过程中，应按规定逐级上升，中间应作短暂停压，当水压达到试验压力最高值后，应持续停压一定时间，随后再将压力缓慢降至产品的工作压力，并沿焊缝边缘15～20mm的地方，用圆头小锤轻轻敲击，同时对焊缝仔细检查，当发现焊缝有水珠、细水流或有潮湿现象时，表明该焊缝处不致密，应把它标注出来，待容器卸载后作返修处理，直至产品水压试验合格为止。由于水压试验一般均在高压状态下进行，所以，受试产品一般应经消除应力热处理后才能进行水压试验。

气压试验是比水压试验更为灵敏和迅速的试验，同时试验后的产品无需作排水处理。但是，气压试验的危险性比水压试验大。其试验压力为设计压力的1.15倍。

六、力学性能试验

力学性能试验属于破坏性检验，是从焊件或试件上切取试样，或以产品（或模拟体）的整体破坏做试验，以检查其各种力学性能的检验方法。

力学性能试验是用来测定焊接材料、焊缝金属和焊接接头在各种条件下的强度、塑性和韧性。主要有拉伸试验、弯曲试验、冲击试验、硬度试验四种。

此外，对于淬硬倾向较高或对热处理温度较敏感的合金钢制结构，除做常规力学性能试验外，还应做宏观和微观金相检验，以查明是否存在不容许存在的淬硬组织及微裂纹。

【全国职业院校技能大赛焊接技术应用赛项赛题示例】

钨极氩弧焊不锈钢焊丝堆焊

一、任务图（敷焊全国职业院校技能大赛会标，见图8-26）

母材材料：Q235，厚度$\delta=10$mm，尺寸150mm×150mm。

焊丝材料：ER308，Φ2.0mm。

技术要求：

1）在Q235钢板上用填丝氩弧焊方法堆焊出如上图的图案。

2）堆焊不允许使用脉冲电流，必须用恒流的直流电流。

3）未注明圆角$R3$mm。

4）焊缝表面须保持焊后状态，盖面焊缝严禁化学清理、钢丝刷打磨。

5）焊缝正面进行外观检查。

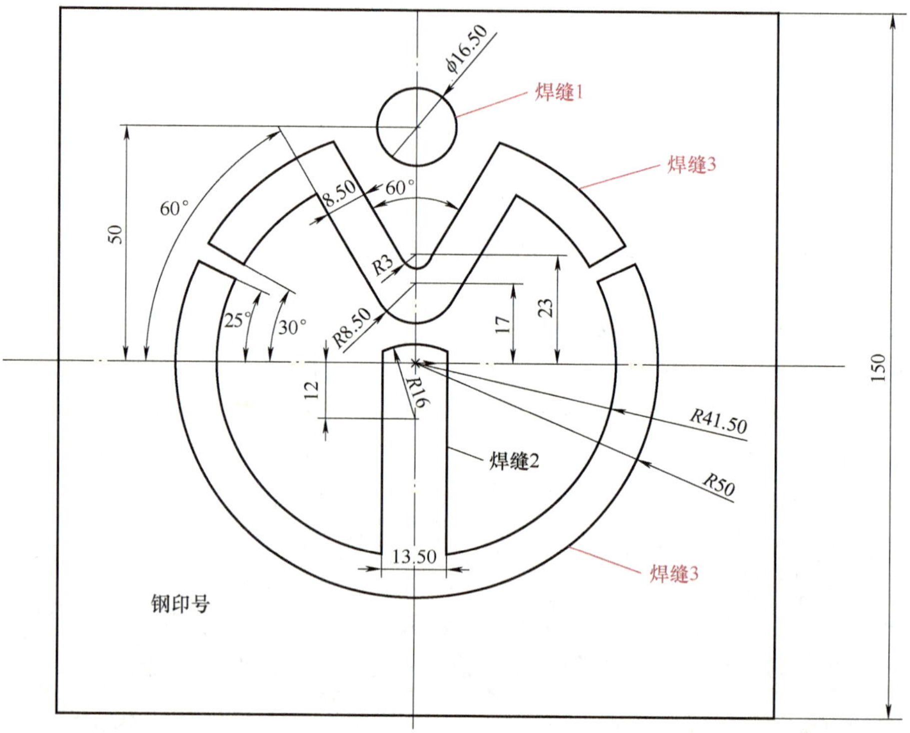

图 8-26 任务图

二、任务分析

此任务主要考核氩弧焊基本功的基础训练，需注意氩弧摆动方法技巧、送丝方法技巧、氩弧摆动与步伐大小的配合，以及送丝速度与焊接电流、熔池温度的内在联系。

本任务为不锈钢焊丝在碳钢板上敷焊，属于异种钢的焊接，焊缝处于水平位置。不锈钢焊丝在氩弧气氛中熔滴张力较大，润湿性较差，为获得焊缝与母材的良好熔合，需要较大的焊接电流；但太大的焊接电流会产生合金元素的烧损，也使焊缝外观颜色变差，因此选择较小焊接电流、合适的焊接参数和焊接顺序至关重要。

三、任务实施

（一）相关实践知识介绍

企业实践岗位操作任务程序如图 8-27 所示。

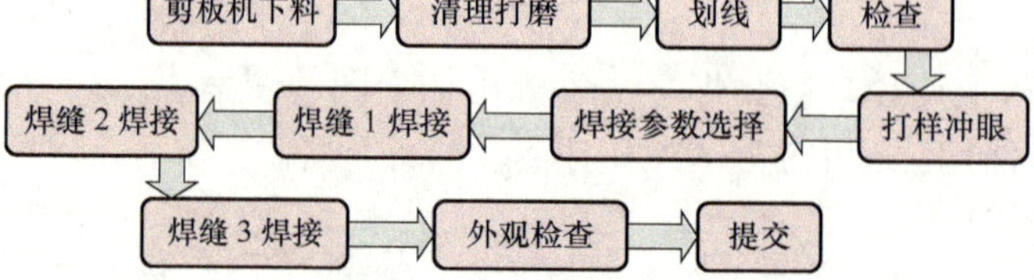

图 8-27 操作任务程序示意图

（二）焊接操作

1. 焊前准备

做好安全防护用具、焊接设备、焊接辅机具、焊接母材、焊接材料的准备。

2. 确定焊接参数（见表 8-4，此表为参考数值）

表 8-4　焊接参数

焊接参数	钨极直径/mm	焊接电流/A	喷嘴尺寸/mm	气体流量/(L/min)	极性
焊缝 1	ϕ2.5	110～115	8～10	10～12	正接
焊缝 2	ϕ2.5	110～115	8～10	10～12	正接
焊缝 3	ϕ2.5	100～105	8～10	10～12	正接

3. 焊接操作（见图 8-28，操作方法仅做参考）

（1）焊缝 1　调试设置焊接参数，设置提前送气约 3s，起始焊接电流 20A，上坡时间 2s，焊接电流 115A，下坡时间 4s，收弧电流 60A，延时停气 4s。选择喷嘴直径为 10mm，钨极伸出长度为 5mm。调整焊枪角度，按下开关，引燃电弧，将焊丝送入保护区预热。再次按下开关，焊接电流开始上升，待母材局部熔化，将焊丝端部插入熔池，快速回抽，摆动电弧沿逆时针方向前进，形成新的熔池后再将焊丝端部插入熔池。电弧做月牙形摆动。

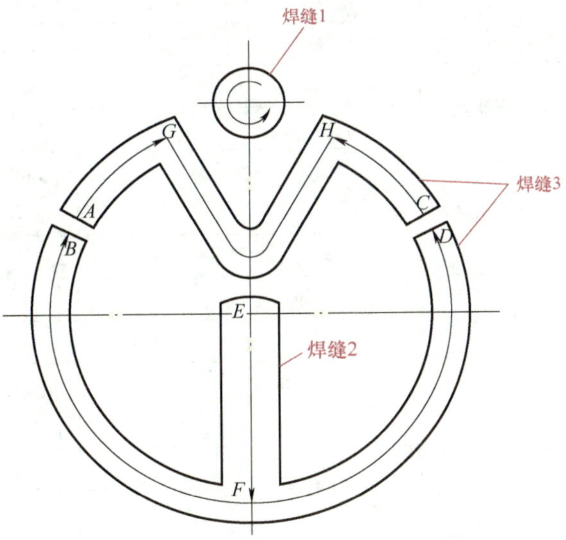

图 8-28　焊接操作示意图

当焊至起焊处覆盖已焊焊缝 3～5mm 时，减少焊丝填加量，再次按下开关，焊接电流开始下降，同时电弧向圆心移动，在熔化的圆心形成熔池，填加焊丝，待熔池饱满，逐渐提高焊枪。再次按下开关，电弧熄灭。

（2）焊缝 2　调整焊接电流为 110A，沿 *E-F* 方向由圆心向圆周焊接。将焊枪喷嘴靠在试件上，钨极靠近图样轮廓引燃电弧，先熔化两侧，形成熔池后填加焊丝，两侧焊肉饱满后，焊枪向 *F* 点前进。焊至接近 *F* 点时，减少焊丝填加；焊枪摆动时，注意观察电弧作用熔化区域大小，不要超出图样轮廓线，保证焊缝宽度 13～14mm，余高 1～1.5mm。

（3）焊缝 3　随着焊接进行，焊缝逐渐增多，试件温度也升高，此时，应调节焊接参数，将焊接电流降低到 100A，然后按照 *G-I-H*、*A-G*、*C-H* 的方向和顺序焊接"M"字，钨极对准 *G* 点处轮廓，按下开关，引燃电弧，电流爬升，焊丝进入保护区，待 *G* 点处轮廓熔化，填加焊丝，焊枪摆动电弧，沿 *G-I-H* 方向焊接，焊至 *H* 点处时，松开开关，电流开始衰减，直到电弧熄灭，不要急于拿开焊枪喷嘴，以避免产生缩孔。按同样方法，焊接 *A-G*、*C-H*。最后分两段焊接"山"字，由 *F* 点分别向 *F-B* 方向、*F-D* 方向焊接，焊接方法同 *A-G*、*C-H*。

【技术指导】

合金元素的烧损是不锈钢焊接中经常出现的问题，焊缝的颜色从银白或金黄至蓝、红灰、灰、黑色，合金元素烧损逐渐严重；为避免合金元素烧损，在焊接操作中注意以下几点：

1）提高焊接速度，降低焊缝熔池温度。

2）增加送丝速度（焊丝吸热），降低焊缝熔池温度。

3）选择合适的气体流量。

4. 清理和检查评分（见表8-5）

表8-5 钨极氩弧焊不锈钢敷焊外观评分标准

姓名		评分人员签名			合计分	
检查项目	标准、分数	焊缝等级				实际得分
		Ⅰ	Ⅱ	Ⅲ	Ⅳ	
堆焊高度	标准/mm	1~1.5	>1.5，≤2	>2，≤3	<1，>3	
	分数	10	7	4	0	
焊缝高低差	标准/mm	≤0.5	>0.5，≤1	>1，≤1.5	>1.5	
	分数	10	7	4	0	
焊缝2宽度	标准/mm	>13，≤14	>14，≤14.5 >12.5，≤13	>14.5，≤15 >12，≤12.5	≤12，>15	
	分数	10	7	4	0	
焊缝2宽窄差	标准/mm	≤1	>1，≤2	>2，≤3	>3	
	分数	10	7	4	0	
焊缝3宽度	标准/mm	>8，≤9	>9，≤9.5 >7.5，≤8	>9.5，≤10 >7，≤7.5	≤7，>10	
	分数	10	7	4	0	
焊缝3宽窄差	标准/mm	≤1	>1，≤2	>2，≤3	>3	
	分数	10	7	4	0	
焊缝1直径	标准/mm	>16，≤17	>17，≤17.5 >15.5，≤16	>17.5，≤18 >15，≤15.5	≤15，>18	
	分数	10	7	4	0	
焊缝3直径	标准/mm	>100，≤101	>101，≤102 >99，≤100	>102，≤103 >98，≤99	≤98，>103	
	分数	10	7	4	0	
外观成形	标准/mm	成形美观，焊波均匀、细密，高低宽窄一致	成形较好，焊波均匀、平整	成形尚可，焊缝整齐	成形较差	
	分数	20	16	12	0	

注：1. 焊缝未完成，重熔，或试件做舞弊标记则该单项作0分处理。

2. 凡焊缝表面有气孔、夹渣、裂纹、未熔合、焊瘤等缺陷之一的，该试件外观为0分。

3. 评分后乘以30%为实际得分。

【拓展学习】

X 射线探伤

超声波探伤

【考级练习与课后思考】

一、判断题

1. 焊接结构生产工艺流程是根据产品的技术要求，结构形式以及企业的设备条件和生产技术水平情况而制订。(　　)

2. 弯曲变形的大小以弯曲的角度来进行度量。(　　)

3. 焊接应力和变形在焊接时是必然要产生的，是无法避免的。(　　)

4. 辗压法可以消除薄板变形。(　　)

5. 焊接变形的大小是由外力所引起的应力大小来决定的。(　　)

6. 焊接变形会严重影响焊接生产和焊件的使用。(　　)

7. 展开放样的具体内容有板厚处理、画构件的展开图和制作号料样板。(　　)

8. 对于厚度较大、刚度较强的焊件的弯曲变形，可利用三角形加热矫正其焊接残余变形。(　　)

9. 易淬火钢用散热法来减少焊接变形。(　　)

10. 焊接电流越大，焊接变形越小。(　　)

11. 如果焊缝对称于焊件的中性轴上，则焊后焊件会产生弯曲变形。(　　)

12. 增加结构的刚度，则焊接残余变形增大。(　　)

13. 板越厚，坡口角度越大，横向收缩量越大。(　　)

14. 焊前装配不良，在焊接过程中会产生错边变形。(　　)

15. 焊后锤击焊缝产生塑性变形的目的是为了改善焊缝金属的力学性能。(　　)

16. 火焰矫正法只适用于淬硬倾向较大的钢材。(　　)

17. 采用刚度固定法以后，焊件就不会产生焊接残余应力和残余变形了。(　　)

18. 焊接结构，按原材料种类不同又分为钢结构、铝及合金结构、钛及合金结构等。(　　)

19. 备料加工在焊接结构生产中，不是主要的生产加工阶段。(　　)

20. 焊接检验的方法很多，主要应根据产品的使用要求和图样的技术条件进行选用。(　　)

21. 对焊接质量的检验，就是对焊接成品的检验。(　　)

22. 着色探伤属于无损检验，而氨气试验、气压试验属于破坏检验，但硬度试验不属于破坏检验。(　　)

23. 由于超声波探伤对人体有害，从而限制了超声波探伤的大量推广应用。(　　)

24. 焊接构件加工主要包括放样、划线、号料、钢材剪切或气割下料、坡口加工、成形加工等工序。(　　)

25. 放样主要用于批量大或形状复杂的零部件备料中。(　　)

26. 整装-整焊方案适用于单件或小批量生产的大型结构。(　　)

27. 弯曲试验是测定焊接接头的塑性。(　　)

28. 在磁粉探伤过程中，根据被吸附铁粉的形状、数量、厚薄程度即可判断缺陷的大小和位置。(　　)

29. 焊缝外观尺寸检验有焊缝宽度、余高、角变形、错边等。(　　)

30. 渗透探伤用溶液系易燃、微毒液体。(　　)

31. 气压试验一般用潮湿的空气进行试验。(　　)

32. 焊接容器进行水压试验时，同时具有降低焊接残余应力的作用。(　　)

二、选择题

1. (　　) 放样就是根据施工需要，绘制构件整体或局部轮廓的投影的基本线型。

A. 结构　　B. 线型　　C. 展开　　D. 实尺

2. 备料加工不包括 (　　)。

A. 使用前矫正　　B. 表面处理　　C. 钢材清理及预处理　　D. 坡口加工

3. 焊缝离断面中性轴越远，则 (　　) 越大。

A. 弯曲变形　　B. 波浪变形　　C. 扭曲变形　　D. 角变形

4. 为了减少焊件变形，应该选择 (　　)。

A. V 形坡口　　B. X 形坡口　　C. U 形坡口　　D. Y 形坡口

5. (　　) 工件的变形矫正主要用辗压法。

A. 厚板　　B. 薄板　　C. 工字梁　　D. 丁字形工件

6. (　　) 对结构影响较小，同时也易于矫正。

A. 弯曲变形　　B. 整体变形　　C. 局部变形　　D. 波浪变形

7. 在焊接生产中常用 (　　) 选择合理的减少焊接变形的方法。

A. 收缩量　　B. 先焊顺序　　C. 后焊顺序　　D. 装配焊顺序

8. 焊接结构最基本的变形形式为 (　　)。

A. 收缩变形　　B. 弯曲变形　　C. 局部变形和整体变形　　D. 波浪变形

9. 薄板结构中很容易产生 (　　)。

A. 弯曲变形　　B. 角变形　　C. 波浪变形　　D. 扭曲变形

10. 焊后残留在焊接结构内部的焊接应力，就叫作焊接 (　　)。

A. 温度应力　　B. 残余应力　　C. 凝缩应力　　D. 组织应力

11. 由于焊接时温度分布不均匀而引起的应力称为 (　　)。

A. 相变应力　　B. 拘束应力　　C. 温度应力　　D. 残余应力

12. 平板对接焊产生残余应力的根本原因是焊接时 (　　)。

A. 中间加热部分产生塑性变形　　B. 中间加热部分产生弹性变形

C. 两侧金属产生弹性变形　　D. 焊缝区成分变化

13. 焊接变形的种类虽多，但基本上都是由于（　　）引起的。
A. 焊缝的纵向收缩或横向收缩
B. 角变形
C. 弯曲变形
14. 轮辐补焊时，降低焊接残余应力常用的方法是（　　）。
A. 采用反变形法　B. 加热减应区法　C. 散热法　D. 刚度固定法
15. 减小焊接残余应力的措施正确的是（　　）。
A. 先焊收缩较小的焊缝　B. 尽量增大焊缝的数量和尺寸
C. 焊接平面交叉时，先焊纵向焊缝　D. 对构件预热
16. 分段退焊法可以（　　）。
A. 减小焊接变形　B. 减小应力　C. 降低硬度
17. 为了减小焊接应力，合理的工艺措施是（　　）。
A. 反变形法　B. 刚度夹紧　C. 尽可能使焊缝自由收缩
18. 既便于组织流水作业和应用先进的工艺方法及装备，又有利于控制焊接应力与变形的装配-焊接的方案是（　　）。
A. 整装整焊
B. 部件装配焊接-总体装配焊接
C. 随装随焊
19. 锅炉、管道、石油储罐、船体、汽车箱体等焊接金属结构件，属于（　）结构。
A. 焊接梁　B. 焊接柱　C. 机器结构　D. 板壳结构
20. 在实际生产中，当构件板厚大于1.5mm时，在（　　）放样中，根据构件制造工艺，需按一定规律除去板厚。
A. 线型　B. 结构　C. 展开
21. 号料、划线及样板和样杆制作时，不但要熟知焊接结构的技术要求，还应考虑(　　)。
A. 公差余量　B. 放样基准　C. 装配方法　D. 工量夹具
22. 断面对称的梁、柱、桁架等焊接结构件，常用的装配方法是（　　）。
A. 地样装配法　B. 胎膜装配法
C. 工件移动式装配法　D. 仿形复制装配法
23. （　　）不能减少焊接应力。
A. 锤击焊缝法　B. 尽可能使焊缝自由收缩
C. 先焊收缩量小的焊缝　D. 预热法
24. 非破坏性检验包括（　　）、致密性检验、磁粉检验、射线检验和超声波检验。
A. 拉伸试验　B. 外观检验　C. 冲击试验　D. 弯曲试验
25. 外观检验能发现的焊缝缺陷是（　　）。
A. 内部夹渣　B. 内部气孔　C. 咬边　D. 未熔合
26. 外观检验方法一般以肉眼为主，有时也可利用（　　）的放大镜进行观察。
A. 3～5倍　B. 5～10倍　C. 8～15倍　D. 10～20倍
27. 水压试验可以用来检验焊缝的（　　）。
A. 内部气孔　B. 未焊透　C. 强度　D. 致密性

28. 水压试验压力应为受压容器设计压力的（　　）。
A. 1.0~1.25倍　　B. 1.25~1.5倍
C. 1.5~1.75倍　　D. 1.75~2.0倍
29. 磁粉检测主要用于（　　）材料。
A. 铝及铝合金　　B. 铜及铜合金　　C. 不锈钢　　D. 钢铁
30. 照相底片上呈略带曲折的黑色细条纹或直线细纹，轮廓较分明，两端细、中部稍宽，不大分枝，两端黑度较浅最后消失的缺陷是（　　）。
A. 裂纹　　B. 未焊透　　C. 夹渣　　D. 气孔
31.（　　）在照相底片上多呈现为圆形或椭圆形黑点。
A. 未焊透　　B. 气孔　　C. 夹渣　　D. 裂纹
32. 渗透检测适用于几乎所有材料的（　　）检查。
A. 表面及近表面缺陷　　B. 内部缺陷
C. 外部缺陷　　D. 深度缺陷
33. 测定焊缝外形尺寸的检验方法是（　　）。
A. 外观检验　　B. 破坏性检验　　C. 致密检验　　D. 探伤检验
34. 超声波检验用来探测（　　）焊件焊缝内部缺陷。
A. 薄　　B. 中厚度　　C. 大厚度　　D. 各种
35. 下列不属于焊缝的致密性试验的是（　　）。
A. 水压试验　　B. 气压试验
C. 煤油试验　　D. 力学性能试验
36. 下列试验方法中属于破坏性试验的是（　　）。
A. 氨气检验　　B. 弯曲试验　　C. 水压试验　　D. 磁粉试验
37. 下列试验方法中属于破坏性试验的是（　　）。
A. 力学性能试验　　B. 外观检验
C. 气压试验　　D. 无损探伤试验
38. 破坏性检验是从焊件或试件上切取试样，或以产品的整体破坏做试验，以检查其各种（　　）等的检验方法。
A. 力学性能、成品性能　　B. 力学性能、耐蚀性能
C. 力学性能、材料性能　　D. 力学性能、物理性能

三、简答题

1. 试述焊接结构生产的工艺流程。
2. 造成原材料变形的原因有几种？焊接应力和变形是如何形成的？
3. 钢材矫正的基本原理是什么？试述各种钢材的矫正方法。
4. 火焰矫正的基本原理是什么？有几种加热方式？
5. 什么是划线、放样和号料？有什么区别？
6. 什么是板厚处理？
7. 坡口加工的方法有哪几种？
8. 焊件在焊后一般尺寸要缩小，为什么焊缝中还会存在残余拉应力？

9. 在确定焊接顺序时，焊缝比较集中的一侧应该先焊还是后焊？
10. 常用的消除残余应力的方法有哪些？
11. 常用的装配方案有哪些？各自的运用范围是什么？
12. 焊接检验包括哪几个阶段？它们各有哪些主要检验项目？
13. 荧光检验和着色检验在用途和原理方面有哪些相同和不同之处？
14. 磁粉检验的原理和用途是什么？如何操作才更容易显露焊缝的缺陷？
15. 简述几种无损检验方法的比较。
16. 试述焊接结构生产的工艺流程。

附　录

附录A　焊条分类及其代号

焊条型号		焊条牌号			
焊条大类（按化学成分分类）		焊条大类（按用途分类）			
名称	代号	类别	名称	代号	
				拼音	汉字
碳钢焊条	E	1	结构钢焊条	J	结
低合金钢焊条	E	1	结构钢焊条	J	结
		2	钼及铬钼耐热钢焊条	R	热
		3	低温焊条	W	温
不锈钢钢焊条	E	4	铬不锈钢焊条	G	铬
			铬镍不锈钢焊条	A	奥
堆焊焊条	ED	5	堆焊焊条	D	堆
铸铁焊条	EZ	6	铸铁焊条	Z	铸
镍及镍合金焊条	E	7	镍及镍合金焊条	Ni	镍
铜及铜合金焊条	E	8	铜及铜合金焊条	T	铜
铝及铝合金焊条	T	9	铝及铝合金焊条	L	铝
—	—	10	特殊用途焊条	T	特

附录B　焊条牌号后面加注字母符号含义

字母符号	含　义
D	底层焊条
DF	低尘低毒（低氟）焊条
Fe	铁粉焊条
Fe13	铁粉焊条，其名义熔敷率 139%

（续）

字母符号	含 义
Fe18	铁粉焊条，其名义熔敷率 180%
G	高韧性焊条
GM	盖面焊条
GR	高韧性压力容器用焊条
H	超低氢焊条
LMA	低吸潮焊条
R	压力容器用焊条
RH	高韧性低氢焊条
SL	渗铝钢焊条
X	向下立焊用焊条
XG	管子用向下立焊用焊条
Z	重力焊条
Z15	重力焊条，其名义熔敷率 150%
CuP	含 Cu 和 P 的耐大气腐蚀焊条
CrNi	含 Cr 和 Ni 的耐海水腐蚀焊条

附录 C 试件形式、位置及代号

试件形式	试件位置		代 号
板材对接焊缝试件	平焊		1G
	横焊		2G
	立焊		3G
	仰焊		4G
管材对接焊缝试件	水平转动		1G
	垂直固定		2G
	水平固定	向上焊	5G
		向下焊	5GX
	45°固定	向上焊	6G
		向下焊	6GX
管板角接头试件	水平转动		2FRG
	垂直固定平焊		2FG
	垂直固定仰焊		4FG
	水平固定		5FG
	45°固定		6FG
螺柱焊试件	平焊		1S
	横焊		2S
	仰焊		4S

附录D　焊接工艺评定报告

焊接工艺评定是指为验证所拟定的焊件焊接工艺参数的正确性而进行的试验过程和结果评价。其目的是验证所拟订的焊接工艺参数的正确性。焊接工艺评定是保证产品焊接质量的重要措施。

焊接工艺评定报告（示例）

单位名称　＊＊＊＊＊ 有限公司

焊接工艺评定报告编号：PQR2018-01　　预焊接工艺规程编号：PWPS2018-01

焊接方法：GTAW　　机械化程度（手工、半自动、自动）：手工

试件编号：2018-01

接头简图：（坡口形式、尺寸、衬垫、每种焊接方法或焊接工艺、焊缝金属厚度）

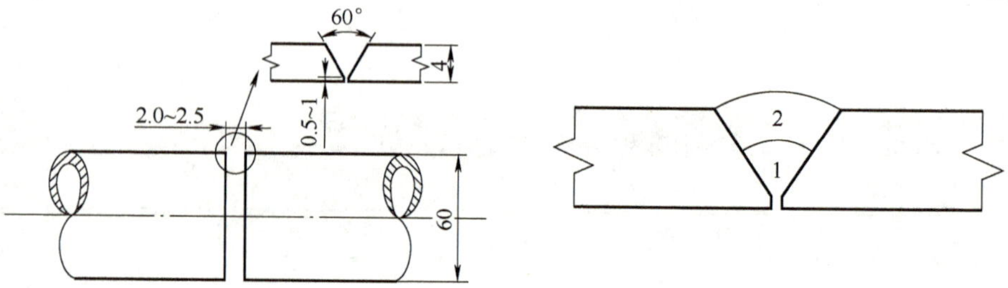

母材： 钢材标准号：________ 钢号：________ 类、组别号：________与类、组别号：____相焊 厚度：4mm 直径：60mm 其他：	焊后热处理： 热处理温度：______ 保温时间：______
	保护气体： 　　气体　混合比　流量/(L/min) 保护气体：Ar　99.9%　15 背面保护气：无　—　—
填充金属： 焊丝类别：________ 焊材标准：________ 焊材型号：________ 焊材牌号：________ 焊材规格：ϕ2.5mm 焊缝金属厚度：____ 其他：	电特性： 电流种类：直流 极性：正接 钨极尺寸：ϕ2.4mm 焊接电流/A：60～100 电弧电压/V：10～13 其他：

（续）

<table>
<tr>
<td>焊接位置：
对接焊缝位置：____方向（向上、向下）
角焊缝位置：</td>
<td rowspan="2">技术措施：
焊接速度/(cm/mim)：________
摆动或不摆动：摆动
摆动参数：________
多道焊或单道焊（每面）：多层焊
单丝焊或多丝焊：单丝
其他：________</td>
</tr>
<tr>
<td>预热：
预热温度：≤　℃
道间温度：≤　℃
其他：</td>
</tr>
</table>

参考文献

[1] 陈祝年. 焊接工程师手册 [M]. 北京：机械工业出版社，2004.
[2] 英若采. 焊接生产基础 [M]. 北京：机械工业出版社，2009.
[3] 邱葭菲. 焊接方法与工艺 [M]. 北京：机械工业出版社，2004.
[4] 劳动和社会保障部中国就业培训技术指导中心. 国家职业资格培训教程（初级技能　中级技能　高级技能）[M]. 北京：中国劳动社会保障出版社，2005.
[5] 朱正. 焊接结构生产 [M]. 北京：高等教育出版社，2008.
[6] 杨跃，扈成林. 电弧焊技能项目教程 [M]. 北京：机械工业出版社，2013.
[7] 机械工业职业技能鉴定指导中心. 中级电焊工技术 [M]. 北京：机械工业出版社，1999.
[8] 王长忠. 焊工工艺与技能训练 [M]. 北京：中国劳动社会保障出版社，2005.